SolidWorks 工程应用精解丛书

SolidWorks 钣金件与焊件教程
（2020 中文版）

北京兆迪科技有限公司　编著

机 械 工 业 出 版 社

本书系统地介绍了使用 SolidWorks 2020 中文版进行钣金件和焊件设计的过程、方法与技巧。全书分为两篇：第 1 篇介绍了钣金件设计，包括钣金设计入门、钣金法兰、折弯钣金体、钣金成形、钣金的其他处理方法、钣金工程图设计及钣金设计综合实例等内容；第 2 篇介绍了焊件设计，包括焊件设计入门、结构构件、剪裁/延伸、顶端盖、角撑板、圆角焊缝、子焊件、焊件工程图及焊件设计综合实例等内容。

本书在内容安排上，结合范例对 SolidWorks 钣金中的一些抽象概念、使用方法和技巧进行讲解，这些范例都是实际工程设计中具有代表性的例子，这样安排能使读者较快地进入钣金设计实战状态。书中所选用的范例、实例或应用案例覆盖了不同行业，具有很强的实用性和广泛的适用性。本书附赠多项学习资源，制作了大量 SolidWorks 钣金设计教学视频，并进行了详细的语音讲解，学习资源还包含本书所有的素材源文件以及 SolidWorks 的配置文件。

本书可作为工程技术人员的 SolidWorks 钣金件和焊件设计自学教程和参考书籍，也可作为大中专院校学生以及各类培训学校学员的 SolidWorks 课程上课或上机练习教材。

图书在版编目（CIP）数据

SolidWorks钣金件与焊件教程：2020中文版/北京兆迪科技有限公司编著. —北京：机械工业出版社，2021.7（2023.9重印）

（SolidWorks工程应用精解丛书）

ISBN 978-7-111-68253-0

Ⅰ.①S⋯　Ⅱ.①北⋯　Ⅲ.①钣金工—计算机辅助设计—应用软件—教材②焊接—计算机辅助设计—应用软件—教材Ⅳ.①TG382-39②TG409

中国版本图书馆CIP数据核字（2021）第093155号

机械工业出版社（北京市百万庄大街22号　邮政编码100037）
策划编辑：丁　锋　责任编辑：丁　锋
责任校对：王　欣　封面设计：张　静
责任印制：刘　媛
涿州市般润文化传播有限公司印刷
2023年9月第1版第4次印刷
184mm×260mm·17.5印张·395千字
标准书号：ISBN 978-7-111-68253-0
定价：69.90元

电话服务　　　　　　　网络服务
客服电话：010-88361066　机　工　官　网：www.cmpbook.com
　　　　　010-88379833　机　工　官　博：weibo.com/cmp1952
　　　　　010-68326294　金　书　网：www.golden-book.com
封底无防伪标均为盗版　机工教育服务网：www.cmpedu.com

前　　言

钣金件和焊件模块是 SolidWorks 软件中功能完全不同的两个模块，本书重点对 SolidWorks 钣金设计的核心技术、方法与技巧进行了介绍，对焊件的设计也进行了详尽的讲解，其特色如下。

- 内容全面。包括钣金件和焊件两个模块，其中钣金件模块包括钣金设计入门、钣金的许多创建与处理方法以及钣金工程图的创建等。焊件模块包括焊件设计入门、创建焊件以及焊件设计综合实例。
- 讲解详细，条理清晰，图文并茂。对于意欲成为钣金设计师和希望了解 SolidWorks 焊件设计的读者，本书是一本不可多得的快速入门、快速见效的指南。
- 实例丰富。读者通过对实例的学习，可迅速提高钣金和焊件设计水平。
- 写法独特。采用 SolidWorks 软件中真实的对话框、按钮等进行讲解，使初学者能够直观、准确地操作软件，从而大大提高学习效率。
- 附加值高。本书附赠多项学习资源，制作了大量讲解钣金件和焊件设计技巧以及针对性实例的教学视频，并进行了详细的语音讲解，可以帮助读者轻松、高效地学习。

本书由北京兆迪科技有限公司编著，参加编写的人员有詹友刚、王焕田和刘静。本书经过多次审校，但仍不免有疏漏之处，恳请广大读者予以指正。

本书学习资源中含有"读者意见反馈卡"的电子文档，请读者认真填写本反馈卡，并 E-mail 给我们。E-mail: 兆迪科技 zhanygjames@163.com，丁锋 fengfener@qq.com。

咨询电话：010–82176248，010–82176249。

编　者

读者购书回馈活动

为了感谢广大读者对兆迪科技图书的信任与支持，兆迪科技面向读者推出"免费送课"活动，即日起，读者凭有效购书证明，可领取价值 100 元的在线课程代金券 1 张，此券可在兆迪科技网校（http://www.zalldy.com/）免费换购在线课程 1 门。活动详情可以登录兆迪网校或者关注兆迪公众号查看。

兆迪网校　　　兆迪公众号

本 书 导 读

为了能更好地学习本书的知识，请您仔细阅读下面的内容。

读者对象

本书可作为工程技术人员学习 SolidWorks 2020 中文版钣金和焊件设计的自学教程和参考书，也可作为大中专院校学生以及各类培训学校学员的 SolidWorks 课程上课及上机的练习教材。

写作环境

本书使用的操作系统为 64 位的 Windows 7，系统主题采用 Windows 经典主题。

本书采用的写作蓝本是 SolidWorks 2020 中文版。

学习资源使用

为方便读者练习，特将本书所有素材文件、已完成的范例文件、配置文件和视频语音讲解文件等放入随书附赠的学习资源中，读者在学习过程中可以打开相应的素材文件进行操作和练习。

本书附赠学习资源，建议读者在学习本书前，先将学习资源中的所有文件复制到计算机硬盘的 D 盘中。在 D 盘上 sw20.4 目录下共有三个子目录。

（1）sw19_system_file 子目录：包含一些系统配置文件。

（2）work 子目录：包含本书所有的教案文件、范例文件和练习素材文件。

（3）video 子目录：包含本书的视频文件。读者在学习时，可在该子目录中按顺序查找所需的视频文件。

学习资源中带有 ok 扩展名的文件或文件夹表示已完成的范例。

本书约定

● 本书中有关鼠标操作的简略表述说明如下。

   ☑ 单击：将鼠标指针移至某位置处，然后按一下鼠标的左键。

   ☑ 双击：将鼠标指针移至某位置处，然后连续快速地按两次鼠标的左键。

   ☑ 右击：将鼠标指针移至某位置处，然后按一下鼠标的右键。

   ☑ 单击中键：将鼠标指针移至某位置处，然后按一下鼠标的中键。

   ☑ 滚动中键：只是滚动鼠标的中键，而不能按中键。

   ☑ 选择（选取）某对象：将鼠标指针移至某对象上，单击以选取该对象。

☑ 拖移某对象：将鼠标指针移至某对象上，然后按下鼠标的左键不放，同时移动鼠标，将该对象移动到指定的位置后再松开鼠标的左键。

● 本书中的操作步骤分为 Task、Stage 和 Step 三个级别，说明如下。

☑ 对于一般的软件操作，每个操作步骤以 Step 字符开始。

☑ 每个 Step 操作视其复杂程度，其下面可含有多级子操作，例如 Step1 下可能包含（1）、（2）、（3）等子操作，（1）子操作下可能包含①、②、③等子操作，①子操作下可能包含 a）、b）、c）等子操作。

☑ 如果操作较复杂，需要几个大的操作步骤才能完成，则每个大的操作冠以 Stage1、Stage2、Stage3 等，Stage 级别的操作下再分 Step1、Step2、Step3 等子操作。

☑ 对于多个任务的操作，每个任务冠以 Task1、Task2、Task3 等，每个 Task 操作下则可包含 Stage 和 Step 级别的操作。

● 已建议读者将随书学习资源中的所有文件复制到计算机硬盘的 D 盘中，所以书中在要求设置工作目录或打开学习资源文件时，所述的路径均以"D："开始。

技术支持

本书是根据北京兆迪科技有限公司给国内外一些著名公司（含国外独资和合资公司）编写的培训教案整理而成的，具有很强的实用性，其参编人员均来自北京兆迪科技有限公司。该公司专门从事 CAD/CAM/CAE 技术的研究、开发、咨询及产品设计与制造服务，并提供 SolidWorks、CATIA、UG、ANSYS、ADAMS 等软件的专业培训及技术咨询，读者在学习本书的过程中如果遇到问题，可通过访问该公司的网校 http://www.zalldy.com/ 来获得技术支持。

为了感谢广大读者对兆迪科技图书的信任与厚爱，兆迪科技面向读者推出免费送课、资源下载、最新图书信息咨询、与主编在线直播互动交流等服务。

● 免费送课。读者凭有效购书证明，可领取价值 100 元的在线课程代金券 1 张，此券可在兆迪科技网校（http://www.zalldy.com/）免费换购在线课程 1 门，活动详情可以登录兆迪网校查看。

咨询电话：010-82176248，010-82176249。

目 录

第 2 篇 焊 件 设 计

第1篇
钣金件设计

第 1 章　钣金设计入门

本章提要

　　本章主要介绍钣金件在实际中的应用及 SolidWorks 钣金设计的特点，它们是钣金设计入门的必备知识，希望读者在认真学习本章后对钣金的基本知识有一定的了解。

1.1　钣金设计概述

　　钣金件是利用金属的可塑性，针对金属薄板（一般是指 5mm 以下）通过弯边、冲裁、成形等工艺，制造出单个零件，然后通过焊接、铆接等组装成完整的工件。其最显著的特征是同一零件的厚度一致。钣金成形具有材料利用率高、重量轻、设计及操作方便等特点，钣金件的应用十分普遍，几乎涉及所有行业，日常生活中也十分常见，如机床行业、电器外壳、仪器仪表、汽车行业和航空航天等。在一些产品中钣金零件占全部金属制品质量的 80% 左右，图 1.1.1 所示为几种常见的钣金件。

　　使用 SolidWorks 软件创建钣金件的过程一般如下。

　　（1）新建一个"零件"文件，进入建模环境。

　　（2）以钣金件所支持或保护的内部零部件大小和形状为基础，创建基体 – 法兰（基础钣金）。例如设计机床床身护罩时，先要按床身的形状和尺寸创建基体 – 法兰。

　　（3）创建其余法兰。在基体 – 法兰创建之后，往往需要在其基础上创建其他的钣金，即边线 – 法兰、斜接 – 法兰等。

　　（4）在钣金模型中，还可以随时创建一些实体特征，如切削拉伸特征、孔特征、圆角特征和倒角特征等。

（5）进行钣金的折弯。

（6）进行钣金的展开。

（7）创建钣金件的工程图。

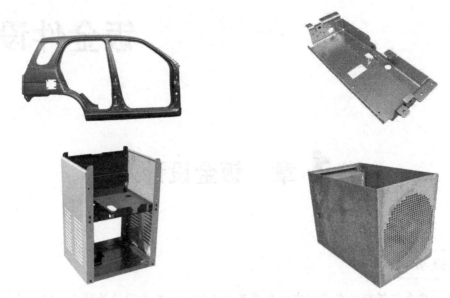

图 1.1.1　几种常见的钣金件

1.2　SolidWorks 2020 工作界面介绍

在学习本节时，请先打开 D:\sw20.4\work\ch01\disc.SLDPRT 钣金件模型文件。SolidWorks 2020 SP0.0 版本的工作界面包括设计树、下拉菜单区、工具栏按钮区、状态栏、图形区、任务窗格等（图 1.2.1）。

1. 设计树

设计树中列出了活动文件中的所有零件、特征以及基准和坐标系统等，并以树的形式显示模型结构，通过设计树可以很方便地查看及修改模型。

通过设计树可以使以下操作更为简洁快速。

- 通过双击特征的名称来显示特征的尺寸。
- 通过右击某特征，然后选择 🖼 特征属性... ⓤ 命令来更改特征的名称。
- 通过右击某特征，然后选择 父子关系... ⓘ 命令来查看特征的父子关系。
- 通过右击某特征，然后选择 🔧 命令来修改特征要素。
- 重排序特征。可以在设计树中拖动并放置来重新调整特征的生成顺序。

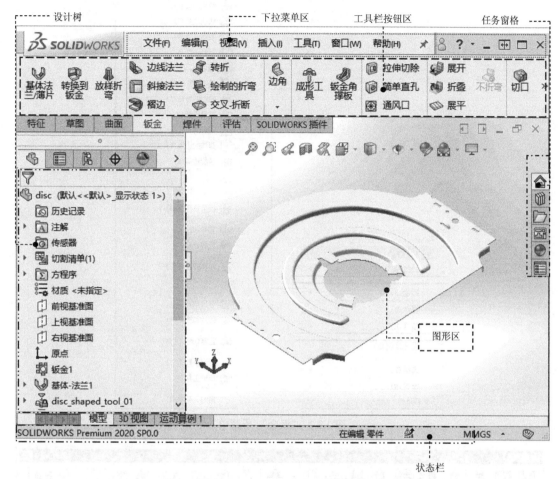

图 1.2.1　SolidWorks 工作界面

2. 下拉菜单区

下拉菜单中包含创建、保存、修改模型和设置 SolidWorks 环境的一些命令。钣金设计的命令主要分布在 插入(I) ➡ 钣金(H) ▶ 子菜单中，如图 1.2.2 所示。

3. 工具栏按钮区

工具栏中的命令按钮为快速进入命令及设置工作环境提供了极大的方便，用户可以根据具体情况定制工具栏。在工具栏处右击，在系统弹出的快捷菜单中确认 钣金(H) 选项被激活（ 钣金(H) 前的 按钮被按下），"钣金（H）"工具栏（图 1.2.3）显示在工具栏按钮区。

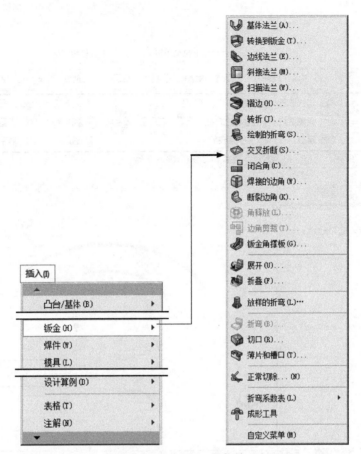

图 1.2.2 "钣金"子菜单

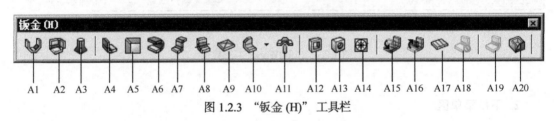

图 1.2.3 "钣金 (H)"工具栏

A1：基体 – 法兰 / 薄片   A11：成形工具

A2：转换到钣金   A12：拉伸切除

A3：放样折弯   A13：简单直孔

A4：边线法兰   A14：通风口

A5：斜接法兰   A15：展开

A6：褶边   A16：折叠

A7：转折   A17：展开

A8：绘制的折弯   A18：不折弯

A9：交叉 – 折断   A19：插入折弯

A10：边角   A20：切口

注意：用户会看到有些菜单命令和按钮处于非激活状态（呈灰色，即暗色），这是因为它们目前还没有处在发挥功能的环境中，一旦它们进入有关的环境，便会自动激活。

4. 状态栏

在用户操作软件的过程中，消息区会实时地显示当前操作、当前状态以及与当前操作相关的提示信息等，以引导用户操作。

5. 图形区

SolidWorks 各种模型图像的显示区。

6. 任务窗格

SolidWorks 的任务窗格包括以下内容。

- 　（SolidWorks 资源）：包括 "开始" "社区" "在线资源" 区域等。使用该工具可以登录 Internet 访问 SolidWorks 官方网站。

- 　（设计库）：用于保存可重复使用的零件、装配体和其他实体，包括库特征。用户可以将常用的零件及特征储存到设计库中，以方便下次调用，也可以在整个团队间共享自己的设计库。

- 　（文件探索器）：相当于 Windows 资源管理器，以树状分支结构显示当前文件夹中的所有文件，可以方便地查看和打开模型。

- 　（视图调色板）：用于插入工程视图，包括要拖动到工程图图样上的标准视图、注解视图和剖面视图等。

- 　（外观、布景和贴图）：包括外观、布景和贴图等。对模型设置外观颜色、材质纹理以及展示布景，使模型与真实产品外观更接近。

- 　（自定义属性）：用于自定义属性标签编制程序。自定义属性常用于设置模型的零件号、附件说明等参数，以便能自动编制符合公司标准的零件清单。

- 　（SolidWorks Forum）：SolidWorks 论坛，可以与其他 SolidWorks 用户在线交流。

第2章 钣金法兰

本章提要

本章详细介绍了基体–法兰、边线–法兰、斜接法兰、褶边和平板的各种创建方法和过程，通过典型实例的讲解，读者可以快速掌握这些命令的操作技巧，并领会其实际含义。另外，本章还介绍了折弯系数的设置和释放槽的创建过程。

2.1 基体 – 法兰

2.1.1 基体 – 法兰概述

使用"基体–法兰"命令可以创建出一个厚度一致的薄板，它是一个钣金零件的"基础"，其他的钣金特征（如成形、折弯、切除拉伸等）都需要在这个"基础"上创建，因而基体–法兰特征是整个钣金件中最重要的部分。

1. 选择"基体 – 法兰"命令的两种方法

方法一：从下拉菜单中获取特征命令。选择下拉菜单 插入(I) ➡ 钣金 (H) ➡ 基体法兰 (A)... 命令（图 2.1.1）。

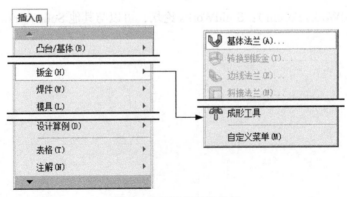

图 2.1.1 下拉菜单的位置

　　方法二：从工具栏中获取特征命令。在"钣金（H）"工具栏中单击"基体 – 法兰"按钮 🔽，如图 2.1.2 所示。

　　注意：只有当模型中不含有任何钣金特征时，"基体 – 法兰"命令才可用，否则"基体 – 法兰"命令将会成为"薄片"命令，并且每个钣金零件模型中最多只能存在一个基体 – 法兰特征。

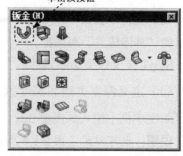

图 2.1.2　"基体 – 法兰"按钮的位置

　　2. 基体 – 法兰的类型

　　基体 – 法兰特征与实体建模中的凸台 – 拉伸特征相似，都是通过特征的横断面草图拉伸而成，而基体特征的横断面草图可以是单一开放环草图、单一封闭环草图或者多重封闭环草图，根据不同类型的横断面草图创建的基体 – 法兰也各不相同。下面将详细讲解这三种不同类型的基体 – 法兰特征的创建过程。

2.1.2　创建基体 – 法兰的一般过程

　　1. 使用"开放环横断面草图"创建基体 – 法兰

　　在使用"开放环横断面草图"创建基体 – 法兰时，需要先绘制钣金壁的侧面轮廓草图，然后给定钣金厚度值和拉伸深度值，则系统将轮廓草图延伸至指定的深度，形成基体 – 法兰特征，如图 2.1.3 所示。

图 2.1.3　用"开放环横断面草图"创建基体 – 法兰 1

　　下面以图 2.1.3 所示的模型为例来说明使用"开放环横断面草图"创建基体 – 法兰 1 的一般操作步骤。

　　Step1. 新建模型文件。选择下拉菜单 文件(F) ➡ 📄 新建 (N)... 命令，在系统弹出的"新建 SOLIDWORKS 文件"对话框中选择"零件"模块，单击 确定 按钮，进入建模环境。

　　Step2. 选择命令。选择下拉菜单 插入(I) ➡ 钣金 (H) ➡ 🔽 基体法兰 (A)... 命令，或单击"钣金（H）"工具栏上的"基体 – 法兰"按钮 🔽。

　　Step3. 定义特征的横断面草图。

（1）定义草图基准面。选取前视基准面作为草图基准面。

（2）定义横断面草图。在草绘环境中绘制图 2.1.4 所示的横断面草图。

（3）选择下拉菜单 插入(I) ➡ □ 退出草图 命令，退出草绘环境，此时系统弹出图 2.1.5 所示的"基体法兰"对话框。

Step4. 定义钣金参数属性。

（1）定义深度类型和深度值。在 方向 1(1) 区域的 ↗ 下拉列表中选择 给定深度 选项，在 Ⓓ₁ 文本框中输入深度值 30。

说明：也可以拖动图 2.1.6 所示的箭头改变深度和方向。

（2）定义钣金参数。在 钣金参数(S) 区域的 Ⓣ₁ 文本框中输入厚度值 3，选中 ☑ 反向(E) 复选框，在 ↖ 文本框中输入折弯半径值 3。

（3）定义钣金折弯系数。在 ☑ 折弯系数(A) 区域的下拉列表中选择 K 因子 选项，把 K 文本框的 K 因子系数值改为 0.4。

（4）定义钣金自动切释放槽类型。在 ☑ 自动切释放槽(T) 区域的下拉列表中选择 矩形 选项，选中 ☑ 使用释放槽比例(A) 复选框，在 比例(T): 文本框中输入比例系数值 0.5。

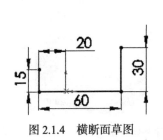

图 2.1.4 横断面草图

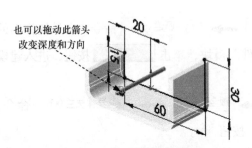

图 2.1.6 设置深度和方向

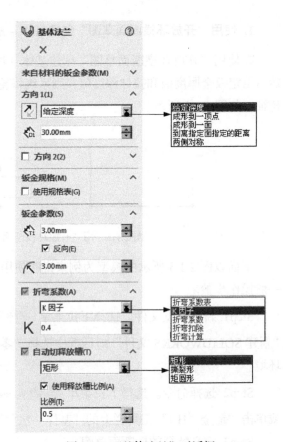

图 2.1.5 "基体法兰"对话框

Step5. 单击 ✅ 按钮，完成基体–法兰 1 的创建。

说明： 当完成基体–法兰 1 的创建后，系统将自动在设计树中生成 ▸ 📖 钣金 和

▸ 📄 平板型式 两个特征。用户可对 ▸ 📄 平板型式 特征进行压缩或解压缩，把模型折叠或展平。

Step6. 选择下拉菜单 文件(F) ➡ 💾 保存(S) 命令，将模型命名为 Base_Flange_01，
保存钣金模型。

关于"开放环横断面草图"的几点说明。

● 在单一开放环横断面草图中不能包含样条曲线。

● 单一开放环横断面草图中的所有尖角无需添加圆角，系统
会根据设定的折弯半径在尖角处生成"基体折弯"特征。
从上面例子的设计树上可以看到，系统自动生成了两个
"基体折弯"特征，如图 2.1.7 所示。

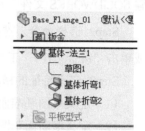

图 2.1.7　设计树

图 2.1.5 所示的**"基体法兰"**对话框中各选项的说明如下。

● 方向1 区域的下拉列表用于设置基体–法兰的拉伸类型。

　　☑ 给定深度 选项：可以创建确定深度尺寸类型的特征。

　　☑ 成形到一顶点 选项：特征在拉伸方向上延伸，直至与指定顶点所在的面相交（此面
必须与草图基准面平行）。

　　☑ 成形到一面 选项：特征在拉伸方向上延伸，直到与指定的平面相交。

　　☑ 到离指定面指定的距离 选项：若选择此选项，需先选取一个面，并输入指定的距离
值，特征将从拉伸起始面开始到离所选面指定距离处终止。

　　☑ 两侧对称 选项：可以创建对称类型的特征，此时特征将在拉伸起始面的两侧进行
拉伸，输入的深度值被拉伸起始面平均分割，起始面两边的深度值相等。

● 钣金规格(M) 区域用于设定钣金零件的规格表。

　　☑ ☑ 使用规格表(G) 复选框：是否使用钣金规格表。

● 钣金参数(S) 区域用于设置钣金的一些参数。

　　☑ ⬚ 文本框：设置钣金的厚度。

　　☑ ☑ 反向(E) 复选框：设置厚度的方向（图 2.1.8）。

　　☑ ⬚ 文本框：设置钣金的折弯半径。

图 2.1.8　设置厚度的方向

2. 使用"封闭环横断面草图"创建基体 – 法兰

使用"封闭环横断面草图"创建基体 – 法兰时，需要先绘制钣金壁的正面轮廓草图（必须为封闭的轮廓），然后给定钣金厚度值即可。

下面以图 2.1.9 所示的模型为例来说明用"封闭环横断面草图"创建基体 – 法兰 1 的一般操作步骤。

Step1. 新建模型文件。选择下拉菜单 文件(F) ➡ 新建(N)... 命令，在系统弹出的"新建 SOLIDWORKS 文件"对话框中选择"零件"模块，单击 确定 按钮，进入建模环境。

Step2. 选择命令。选择下拉菜单 插入(I) ➡ 钣金(H) ➡ 基体法兰(A)... 命令，或单击"钣金（H）"工具栏上的"基体 – 法兰"按钮 。

Step3. 定义特征的横断面草图。

（1）定义草图基准面。选取前视基准面作为草图基准面。

（2）定义横断面草图。在草绘环境中绘制图 2.1.10 所示的横断面草图。

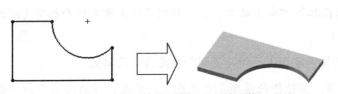

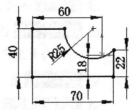

图 2.1.9　用"封闭环横断面草图"创建基体 – 法兰 1　　　　图 2.1.10　横断面草图

（3）选择下拉菜单 插入(I) ➡ 退出草图 命令，退出草绘环境，此时系统弹出"基体法兰"对话框。

Step4. 定义钣金参数属性。

（1）定义钣金参数。在 钣金参数(S) 区域的 文本框中输入厚度值 3。

（2）定义钣金折弯系数。在 折弯系数(A) 区域的下拉列表中选择 K 因子 选项，把 K 文本框的 K 因子系数值改为 0.4。

（3）定义钣金自动切释放槽类型。在 自动切释放槽(T) 区域的下拉列表中选择 矩形 选项，选中 使用释放槽比例(A) 复选框，在 比例(T): 文本框中输入比例系数值 0.5。

Step5. 单击 按钮，完成基体 – 法兰 1 的创建。

Step6. 选择下拉菜单 文件(F) ➡ 保存(S) 命令，将模型命名为 Base_Flange_02，保存零件模型。

3. 使用"多重封闭环横断面草图"创建基体 – 法兰

下面以图 2.1.11 所示的模型为例来说明用"多重封闭环横断面草图"创建基体 – 法兰 1

的一般操作步骤。

Step1. 新建模型文件。选择下拉菜单 文件(F) ➡️ 🗋 新建(N)... 命令，在系统弹出的 "新建 SOLIDWORKS 文件" 对话框中选择 "零件" 模块，单击 确定 按钮，进入建模环境。

Step2. 选择命令。选择下拉菜单 插入(I) ➡️ 钣金(H) ▶ ➡️ 🔩 基体法兰(A)... 命令，或单击 "钣金（H）" 工具栏上的 "基体 – 法兰" 按钮 🔩。

Step3. 定义特征的横断面草图。

（1）定义草图基准面。选取前视基准面作为草图基准面。

（2）定义横断面草图。在草绘环境中绘制图 2.1.12 所示的横断面草图。

（3）选择下拉菜单 插入(I) ➡️ 🔲 退出草图 命令，退出草绘环境，此时系统弹出 "基体法兰" 对话框。

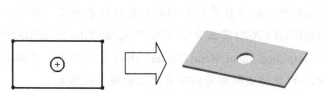

图 2.1.11　用 "多重封闭环横断面草图" 创建基体 – 法兰 1

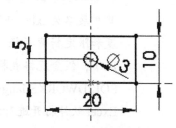

图 2.1.12　横断面草图

Step4. 定义钣金参数属性。

（1）定义钣金参数。在 钣金参数(S) 区域的 🔩 文本框中输入厚度值 0.5。

（2）定义钣金折弯系数。在 ☑ 折弯系数(A) 区域的下拉列表中选择 K因子 选项，把 K 文本框的 K 因子系数值改为 0.4。

（3）定义钣金自动切释放槽类型。在 ☑ 自动切释放槽(T) 区域的下拉列表中选择 矩形 选项，选中 ☑ 使用释放槽比例(A) 复选框，在 比例(T): 文本框中输入比例系数值 0.5。

Step5. 单击 ✅ 按钮，完成基体 – 法兰 1 的创建。

Step6. 选择下拉菜单 文件(F) ➡️ 💾 保存(S) 命令，将模型命名为 Base_Flange_03，保存零件模型。

2.1.3　钣金特征与平板形式特征

当完成基体 – 法兰 1 的创建后，系统将自动在设计树中生成 ▶ 🔲 钣金 和 🔲 平板型式 两个特征，此时的设计树如图 2.1.13 所示。这些特征用来管理该零件并定义零件的默认设置。

1. 钣金特征

在图 2.1.13 所示的设计树中右击 ▶ 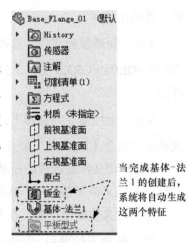 钣金 特征，从系统弹出的快捷菜单（图 2.1.14）中选择 🗾 命令，系统弹出"钣金"对话框，选中 ☑ 使用规格表(G) 复选框后的对话框如图 2.1.15 所示，在该对话框中可以设定并修改"钣金规格""折弯参数""折弯系数""自动切释放槽"等参数。这些参数将对整个零件都起作用。

图 2.1.15 所示的"钣金"对话框中各选项的功能说明如下。

当完成基体-法兰 1 的创建后，系统将自动生成这两个特征

图 2.1.13 设计树

● 钣金规格(M) 区域用于设定钣金零件的规格表。

☑ 使用规格表(G) 复选框：是否使用钣金规格表。钣金规格表是 Excel 文件（图 2.1.16），其扩展名为 .xls。可以在钣金规格表中为钣金零件选择一个规格，以设定钣金厚度和限定折弯半径。SolidWorks 2020 软件自带铝和钢的钣金规格表样本，默认情况下，钣金规格表样本在 SolidWorks 2020 安装目录下的 \Program Files\SolidWorks\ SOLIDWORKS\lang\chinese–simplified\Sheet Metal Gauge Tables 文件夹中。可以用 Excel 软件打开进行编辑，也可以根据实际需要创建自定义的钣金规格表。

图 2.1.14 快捷菜单

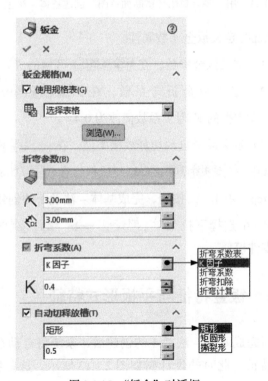

图 2.1.15 "钣金"对话框

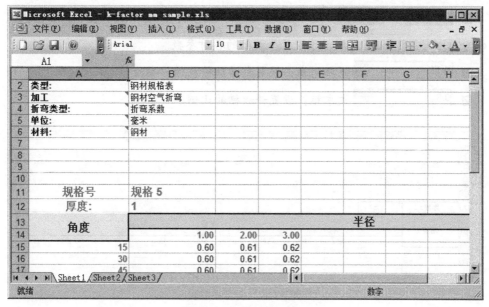

图 2.1.16 钣金规格表

☑ ⊞ 下拉列表：根据实际情况，从列表中选择合适的规格表。

☑ 浏览(W)... 按钮：单击此按钮，系统弹出"浏览文件夹"对话框，从指定的路径中找到规格表。

● 折弯参数(B) 区域用于设置折弯的参数。

    ☑ ▱：单击定义固定的面或边线。

    ☑ ◸ 文本框：设置折弯半径。

    ☑ ◿ 文本框：设置钣金材料的厚度。

● ☐ 折弯系数(A) 区域用于设置整个钣金零件的折弯系数，关于折弯系数的设置将在 2.1.4 节"折弯系数"中详细介绍。

    ☑ 折弯系数表：折弯系数表是各种材料（如钢、铝等）具体折弯参数的表格，其中包含利用材料厚度和折弯半径进行的一系列折弯计算。折弯系数表可以通过选择下拉菜单 插入(I) ➡ 钣金(H) ➡ 折弯系数表(L) 命令，然后选择子菜单中的 从文件(F)... 或者 新建(N)... 命令，用 SolidWorks 2020 软件自带的示例文件来创建，也可以在"钣金"对话框中选择 折弯系数表 来创建。折弯系数表是 Excel 文件（图 2.1.17），其扩展名为 .xls。SolidWorks 2020 软件自带的示例文件在 SolidWorks 2020 安装目录下的 \Program Files\SolidWorks\SOLIDWORKS\lang\chinese-simplified\Sheet Metal Gauge Tables 文件夹中。

    ☑ K 因子：K 因子是折弯计算中的一个常数，它是内表面到中性面的距离与钣金厚度的比值。

☑ **折弯系数** 和 **折弯扣除**：此参数是根据工厂的实际情况和用户的经验来设定的。

● ☑ **自动切释放槽(T)** 区域用于设置释放槽的各种参数。

☑ **矩形** ▼ 下拉列表：设置自动切释放槽的类型。

☑ **0.5** 文本框：设置释放槽的比例。

	A	B	C	D	E	F	G	H	I	J	K	L
1												
2	单位:	英寸			#	可用单位:	毫米	厘米	米	英寸		英尺
3	类型:	折弯系数			#	可用类型:	折弯系数		折弯扣除			K-因子
4	材料:	软铜和软黄铜										
5	#											
6												
7	厚度:	1/64										
8	角度						半径					
9		1/32	3/64	1/16	3/32	1/8	5/32	3/16	7/32	1/4	9/32	5/16
10	15											
11	30											
12	45											

图 2.1.17　折弯系数表

2. 平板形式特征

▶ **平板型式**（应为"平板形式"）特征位于所有特征的最下方，默认情况下该特征为压缩状态，若对其进行解除压缩操作，则把整个模型展平。

下面以图 2.1.13 所示的模型为例来说明用 ▶ **平板型式** 命令对模型进行压缩和解除压缩的一般操作步骤。

Step1. 打开文件 D：\sw20.4\work\ch02.01\Base_Flange_04.SLDPRT。

Step2. 对模型进行解除压缩。在设计树中右击 ▶ **平板型式** 节点下的 **平板型式(6)**，系统弹出图 2.1.18 所示的快捷菜单，在该菜单中选择 命令，此时钣金模型被展平（图 2.1.19a）。

Step3. 对模型进行压缩。再次右击 **平板型式(6)**，从系统弹出的快捷菜单中选择 命令，也可以直接单击绘图区右上角的 图标，此时钣金模型又恢复到折叠状态（图 2.1.19b）。

2.1.4　折弯系数

折弯系数包括折弯系数表、K 因子和折弯扣除数值。

1. 折弯系数表

折弯系数表包括折弯半径、折弯角度和钣金件的厚度值。可以在折弯系数表中指定钣金零件的折弯系数或折弯扣除值。

选择该命令

特征 (平板型式(6))
评论
父子关系...　(I)
配置特征 (J)
添加到收藏 (L)
保存选择 (M)
特征属性...　(P)
更改透明度 (Q)
调整折弯顺序 (R)
切换平坦显示 (S)
FeatureWorks...
转到... (V)
折叠项目 (V)
隐藏/显示树项目... (Z)
输出到 DXF / DWG (I)

图 2.1.18　快捷菜单

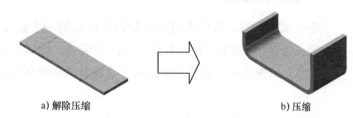

a) 解除压缩　　　　　　　　b) 压缩

图 2.1.19　压缩和解除压缩

一般情况下，有两种格式的折弯系数表：一种是嵌入的 Excel 电子表格，另一种是扩展名为 .btl 的文本文件。

这两种格式的折弯系数表有如下的区别。

嵌入的 Excel 电子表格格式的折弯系数表只可以在 Microsoft Excel 软件中进行编辑，当使用这种格式的折弯系数表与别人共享零件时，折弯系数表自动包括在零件内，因为它已被嵌入；而扩展名为 .btl 的文本文件格式的折弯系数表，其文字表格可在一系列应用程序中编辑，当使用这种格式的折弯系数表与别人共享零件时，必须记住同时也共享其折弯系数表。

可以在单独的 Excel 对话框中编辑折弯系数表。单击编辑、系列零件设计表，在新对话框中编辑表格。

注意：

● 如果有多个折弯厚度表的折弯系数表，半径和角度必须相同。例如，假设将一新的折弯半径值插入有多个折弯厚度表的折弯系数表，必须在所有表中插入新数值。

● 除非有 SolidWorks 2000 或早期版本的旧折弯系数表，否则推荐使用 Excel 电子表格。

2. K 因子

K 因子为中立板相对于钣金零件厚度的位置的比率。

当选择 K 因子作为折弯系数时，可以指定 K 因子折弯系数表。SolidWorks 应用程序自带 Microsoft Excel 格式的 K 因子折弯系数表格，其是位于 SolidWorks 应用程序安装目录下的 \lang\Chinese–Simplified\Sheetmetal Bend Tables 文件夹中的 kfactor base bend table.xls 文件。

也可通过使用钣金规格表来应用基于材料的默认 K 因子定义 K 因子的含义（图 2.1.20）。

带 K 因子的折弯系数使用以下计算公式：

$$BA = \pi (R + KT) A/180$$

式中　BA——折弯系数；

R——内侧折弯半径（mm）；

K——K 因子，$K = t/T$；

T——材料厚度（mm）；

t——内表面到中性面的距离（mm）；

A——折弯角度（经过折弯材料的角度）（°）。

3. 折弯扣除数值

在生成折弯时，可以通过输入数值来给任何一个钣金折弯指定一个明确的折弯扣除数值。定义折弯扣除数值（图 2.1.21）：折弯扣除 $= 2 \times OSSB - BA$。

注意：按照定义，折弯扣除为折弯系数与两倍外部逆转之间的差。

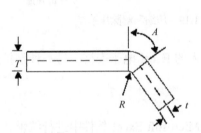

图 2.1.20　定义 K 因子

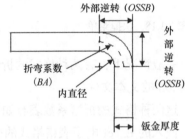

图 2.1.21　定义折弯扣除数值

2.2　边线 – 法兰

2.2.1　边线 – 法兰概述

边线 – 法兰是在已存在的钣金壁边线上，创建出简单的折弯和弯边区域，其厚度与原有钣金厚度相同。

选择"边线 – 法兰"命令的两种方法如下。

方法一：从下拉菜单中获取特征命令。选择下拉菜单 插入(I) ➡ 钣金 (H) ➡ 边线法兰 (E)... 命令（图 2.2.1）。

方法二：从工具栏中获取特征命令。在"钣金（H）"工具栏中单击"边线 – 法兰"按钮 ，如图 2.2.2 所示。

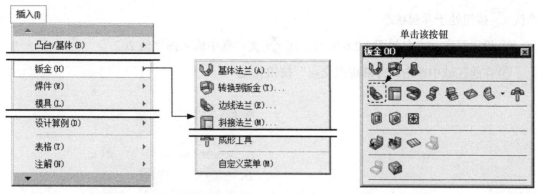

图 2.2.1　下拉菜单的位置　　　　　　图 2.2.2　"边线－法兰"按钮的位置

2.2.2　创建边线－法兰的一般过程

在创建边线－法兰特征时，需先在已存在的钣金中选取某条边线作为边线－法兰钣金壁特征的边线，所选的边线可以是直线，也可以是曲线。其次需要定义边线－法兰特征的尺寸，设置边线－法兰特征与已存在钣金壁夹角的补角值。

1. 实例 1

下面以图 2.2.3 所示的模型为例来说明定义一条特征的边线创建边线－法兰钣金壁的一般操作步骤。

a) 创建前　　　　　　　　　　　　　　　　b) 创建后

图 2.2.3　定义一条特征的边线创建边线－法兰钣金壁

Step1. 打开文件 D：\sw20.4\work\ch02.02\Edge_Flange_01.SLDPRT。

Step2. 选择命令。选择下拉菜单 插入(I) ➞ 钣金(H) ➞ 边线法兰(E)... 命令，或单击"钣金（H）"工具栏中的 按钮。

Step3. 定义特征的边线。选取图 2.2.4 所示的模型边线为边线－法兰特征的边线。

Step4. 定义法兰参数。

（1）定义法兰角度值。在图 2.2.5 所示的"边线－法兰"对话框 角度(G) 区域的 文本框中输入角度值 90。

（2）定义长度类型和长度值。

① 在"边线－法兰"对话框 法兰长度(L) 区域的 下拉列表中选择 给定深度 选项，并

确认 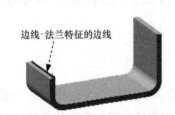 按钮处于弹起状态。

②设置深度和方向如图 2.2.6 所示，在 文本框中输入深度值 20。

③在此区域中单击"外部虚拟交点"按钮 。

边线-法兰特征的边线

图 2.2.4　选取边线 – 法兰特征的边线

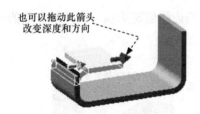

也可以拖动此箭头
改变深度和方向

图 2.2.6　设置深度和方向

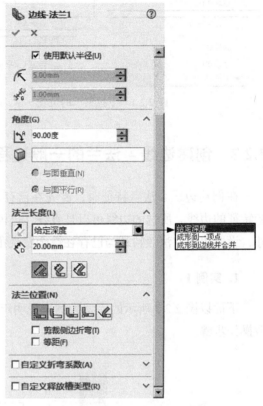

图 2.2.5　"边线 – 法兰"对话框

（3）定义法兰位置。在 **法兰位置(N)** 区域中单击"材料在外"按钮 ，取消选中 **□ 剪裁侧边折弯(T)** 和 **□ 等距(F)** 复选框。

Step5. 单击 按钮，完成边线 – 法兰的创建。

图 2.2.5 所示的"边线 – 法兰"对话框中各选项的说明如下。

- **法兰参数(P)** 区域。

　☑ 图标后的文本框：用于收集所选取的边线 – 法兰的附着边。

　☑ **编辑法兰轮廓(E)** 按钮：单击此按钮后，系统弹出图 2.2.7 所示的"轮廓草图"对话框，并进入编辑草图模式，在此模式下可以编辑边线 – 法兰的草图轮廓。

　☑ **☑ 使用默认半径(U)** 复选框：是否使用默认的半径。

　☑ 文本框：用于设置折弯半径。

图 2.2.7　"轮廓草图"对话框

☑ 🔧_G 文本框：用于设置缝隙距离，如图 2.2.8 所示。

图 2.2.8　设置缝隙距离

● **角度(G)** 区域。

☑ 📐^A 文本框：可以输入折弯角度的值，该值是与原钣金所成角度的补角，几种折弯角度如图 2.2.9 所示。

a) 角度为 30°　　　　　　b) 角度为 90°　　　　　　c) 角度为 120°

图 2.2.9　设置折弯角度值

☑ 🧊 文本框：单击此文本框，激活选择面。

☑ ⊙ **与面垂直(N)** 单选项：创建后的边线 – 法兰与选择的面垂直，如图 2.2.10 所示。

☑ ⊙ **与面平行(R)** 单选项：创建后的边线 – 法兰与选择的面平行，如图 2.2.11 所示。

图 2.2.10　与面垂直

图 2.2.11　与面平行

- **法兰长度(L)** 区域。
  - ☑ **给定深度** 选项：创建确定深度尺寸类型的特征。
  - ☑ ⬈ 按钮：单击此按钮，可切换折弯长度的方向（图 2.2.12）。

向右折弯　　　　　　　　　　　　　　　　　　向左折弯

a) 反向前　　　　　　　　　　　　　　　　　　b) 反向后

图 2.2.12　设置折弯长度的方向

  - ☑ 📐 文本框：用于设置深度值。
  - ☑ 📐（外部虚拟交点）按钮：边线 – 法兰的总长距离是从折弯面的外部虚拟交点处开始计算，直到折弯平面区域的端部为止的距离，如图 2.2.13a 所示。
  - ☑ 📐（内部虚拟交点）按钮：边线 – 法兰的总长距离是从折弯面的内部虚拟交点处开始计算，直到折弯平面区域的端部为止的距离，如图 2.2.13b 所示。
  - ☑ 📐（双弯曲）按钮：边线 – 法兰的总长距离是从折弯面相切虚拟交点处开始计算，直到折弯平面区域的端部为止的距离（只对大于 90° 的折弯有效），如图 2.2.13c 所示。

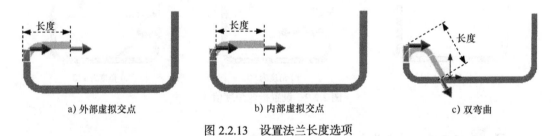

a) 外部虚拟交点　　　　　　　　b) 内部虚拟交点　　　　　　　　c) 双弯曲

图 2.2.13　设置法兰长度选项

  - ☑ **成形到一顶点** 选项：特征在拉伸方向上延伸，直至与指定顶点所在的面相交（此面必须与草图基准面平行），如图 2.2.14 所示。
- **法兰位置(N)** 区域。
  - ☑ ⌐（材料在内）按钮：边线 – 法兰的外侧面与附着边平齐，如图 2.2.15 所示。
  - ☑ ⌐（材料在外）按钮：边线 – 法兰的内侧面与附着边平齐，如图 2.2.16 所示。
  - ☑ ⌐（折弯在外）按钮：把折弯特征直接加在基础特征上来添加材料而不改变基础特征尺寸，如图 2.2.17 所示。
  - ☑ ⌐（虚拟交点的折弯）按钮：把折弯特征加在虚拟交点处，如图 2.2.18 所示。

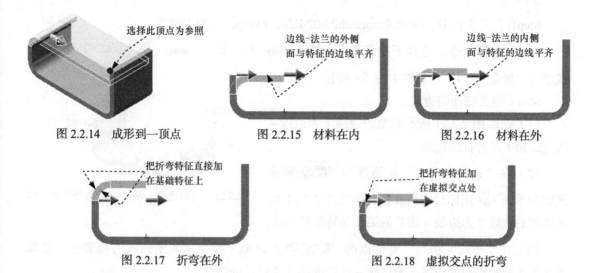

图 2.2.14 成形到一顶点 　　　图 2.2.15 材料在内 　　　图 2.2.16 材料在外

图 2.2.17 折弯在外 　　　　　　　图 2.2.18 虚拟交点的折弯

☑ （与折弯相切）按钮：把折弯特征加在折弯相切处（只对大于 90° 的折弯有效）。

☑ 剪裁侧边折弯(I) 复选框：是否移除邻近折弯的多余材料，如图 2.2.19 所示。

☑ 等距(F) 复选框：选择等距法兰。

a) 取消选中"剪裁侧边折弯"复选框 　　　　　b) 选中"剪裁侧边折弯"复选框

图 2.2.19 设置"剪裁侧边折弯"

2. 实例 2

下面以图 2.2.20 所示的模型为例来说明定义多条特征的边线创建边线 – 法兰钣金壁的一般操作步骤。

a) 创建前 　　　　　　　　　　　　b) 创建后

图 2.2.20 定义多条特征的边线创建边线 – 法兰钣金壁

Step1. 打开文件 D：\sw20.4\work\ch02.02\Edge_Flange_02.SLDPRT。

Step2. 选择命令。选择下拉菜单 插入(I) ➡ 钣金(H) ➡ 边线法兰(E)... 命令，或单击"钣金（H）"工具栏中的 按钮。

Step3. 定义特征的边线。

（1）选取图 2.2.21 所示模型的边线 1 为边线 – 法兰的第 1 条特征的边线。

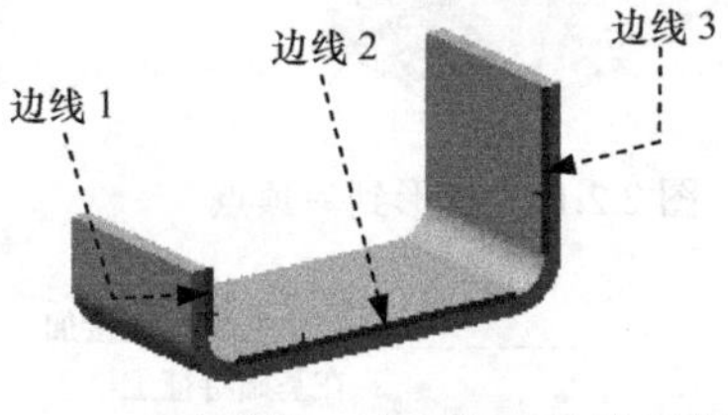

（2）在"边线 – 法兰"对话框的 法兰参数(P) 区域中单击 图标后的列表框，选取图 2.2.21 所示模型的边线 2 为边线 – 法兰的第 2 条特征的边线。

图 2.2.21　选取边线 – 法兰第 1 条特征的边线

（3）在"边线 – 法兰"对话框的 法兰参数(P) 区域中单击 图标后的列表框，选取图 2.2.21 所示模型的边线 3 为边线 – 法兰的第 3 条特征的边线。

Step4. 定义边线 – 法兰属性。

（1）定义长度类型和长度值。

① 在"边线 – 法兰"对话框 法兰长度(L) 区域的 下拉列表中选择 给定深度 选项。

② 在 文本框中输入深度值 25。

③ 在此区域中单击"内部虚拟交点"按钮 。

（2）定义法兰参数。在"边线 – 法兰"对话框 法兰参数(P) 区域的 文本框中输入缝隙距离值 2。

（3）定义法兰角度值。在 角度(G) 区域的 文本框中输入角度值 90。

（4）定义法兰位置。在 法兰位置(N) 区域中单击"折弯在外"按钮 ，取消选中 等距(F) 和 剪裁侧边折弯(T) 复选框。

Step5. 单击 按钮，完成边线 – 法兰的创建。

3. 实例 3

下面以图 2.2.22 所示的模型为例来说明选取弯曲的边线为特征的边线创建边线 – 法兰钣金壁的一般操作步骤。

a) 创建前　　　　　　　b) 创建后

图 2.2.22　选取弯曲的边线为特征的边线创建边线 – 法兰钣金壁

Step1. 打开文件 D: \sw20.4\work\ch02.02\Edge_Flange_03.SLDPRT。

Step2. 选择命令。选择下拉菜单 插入(I) ➡ 钣金 (H) ➡ 边线法兰(E)… 命令。

Step3. 定义特征的边线。选取图 2.2.23 所示的边线为特征的
边线。

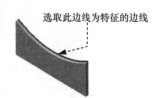

选取此边线为特征的边线

图 2.2.23 选取特征的边线

Step4. 定义边线 – 法兰属性。

（1）定义折弯半径。在"边线 – 法兰"对话框的 法兰参数(P) 区域中取消选中 □ 使用默认半径(U) 复选框，在 ⦨ 文本框中输入折弯半径值 1。

（2）定义法兰角度值。在 角度(G) 区域的 ⟰ 文本框中输入角度值 90。

（3）定义长度类型和长度值。

① 在"边线 – 法兰"对话框 法兰长度(L) 区域的 ↗ 下拉列表中选择 给定深度 选项。

② 在 ↘ 文本框中输入深度值 10。

③ 在此区域中单击"内部虚拟交点"按钮 ⦥ 。

（4）定义法兰位置。在 法兰位置(N) 区域中单击"折弯在外"按钮 ⦜ ，取消选中 □ 剪裁侧边折弯(T) 和 □ 等距(F) 复选框。

Step5. 单击 ✓ 按钮，完成边线 – 法兰的创建。

2.2.3 自定义边线 – 法兰的形状

在创建边线 – 法兰钣金壁后，用户可以自由定义边线 – 法兰的正面形状。下面以图 2.2.24 所示的模型为例，说明自定义边线 – 法兰 1 形状的一般过程。

a) 编辑前   b) 编辑后

图 2.2.24 自定义边线 – 法兰 1 的形状

Step1. 打开文件 D: \sw20.4\work\ch02.02\Edge_Flange_04.SLDPRT。

Step2. 选择编辑特征。在设计树的 🔧 边线-法兰1 上右击，在系统弹出的快捷菜单中选择 ⦿ 命令，系统自动转换为编辑草图模式。

Step3. 编辑草图。修改后的草图如图 2.2.25 所示。

Step4. 选择下拉菜单 插入(I) ➡ ⬜ 退出草图 命令，退出草绘环境，此时系统自动完成边线 – 法兰 1 的创建。

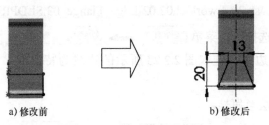

a) 修改前   b) 修改后

图 2.2.25　修改横断面草图

2.2.4　释放槽

当附加钣金壁部分地与附着边相连，并且弯曲角度不为 0°时，需要在连接处的两端创建释放槽，也称减轻槽。

SolidWorks 2020 软件提供的释放槽分为三种：矩形释放槽、矩圆形释放槽和撕裂形释放槽。

1. 第一种释放槽——矩形释放槽

在附加钣金壁的连接处，将主壁材料切割成矩形缺口来构建释放槽，如图 2.2.26 所示。

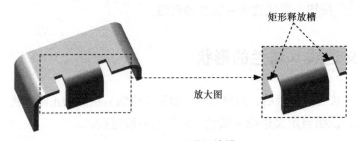

图 2.2.26　矩形释放槽

2. 第二种释放槽——矩圆形释放槽

在附加钣金壁的连接处，将主壁材料切割成长圆弧形缺口来构建释放槽，如图 2.2.27 所示。

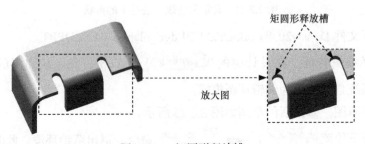

图 2.2.27　矩圆形释放槽

3. 第三种释放槽——撕裂形释放槽

撕裂形释放槽分为两种：切口撕裂形释放槽和延伸撕裂形释放槽。

● 切口撕裂形释放槽。

在附加钣金壁的连接处，通过垂直切割主壁材料至折弯线处来构建释放槽，如图 2.2.28 所示。

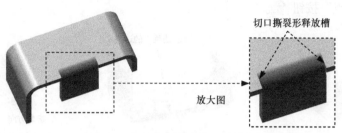

图 2.2.28　切口撕裂形释放槽

● 延伸撕裂形释放槽。

在附加钣金壁的连接处用材料拉伸折弯构建释放槽，如图 2.2.29 所示。

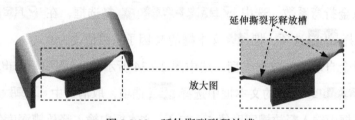

图 2.2.29　延伸撕裂形释放槽

下面以图 2.2.30 所示的模型为例，介绍在边线 – 法兰特征中创建释放槽的一般过程。

a) 源模型　　　　　　　　　　　　b) 添加边线-法兰

图 2.2.30　创建释放槽

Step1. 打开文件 D：\sw20.4\work\ch02.02\Edge_Flange_relief.SLDPRT。

Step2. 创建图 2.2.31 所示的边线 – 法兰 1。

（1）选择命令。选择下拉菜单 插入(I) ➞ 钣金 (H) ➞ 边线法兰 (E)... 命令。

（2）定义特征的边线。选取图 2.2.32 所示的模型中的边线为边线 – 法兰 1 的边线。

（3）定义边线 – 法兰属性。

① 定义折弯半径。在"边线–法兰"对话框的 法兰参数(P) 区域中取消选中 使用默认半径(U) 复选框，在 ⦠ 文本框中输入折弯半径值 3。

② 定义法兰角度值。在"边线–法兰"对话框 角度(G) 区域的 文本框中输入角度值 90。

③ 定义长度类型和长度值。在"边线–法兰"对话框 法兰长度(L) 区域的 下拉列表中选择 给定深度 选项，在 文本框中输入深度值 20，设置折弯方向如图 2.2.33 所示，单击"内部虚拟交点"按钮。

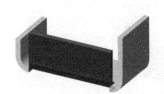

图 2.2.31 创建边线–法兰 1

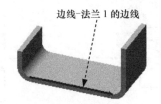

图 2.2.32 定义边线–法兰 1 的边线

图 2.2.33 设置折弯方向

（4）定义法兰位置。在 法兰位置(N) 区域中单击"材料在内"按钮，取消选中 剪裁侧边折弯(T) 和 等距(F) 复选框。

（5）定义钣金折弯系数。选中 自定义折弯系数(A) 复选框，在 自定义折弯系数(A) 区域的文本框中选择 K 因子 选项，把 K 文本框的 K 因子系数值改为 0.4。

（6）定义钣金自动切释放槽类型。选中图 2.2.34 所示的 自定义释放槽类型(R) 复选框，在 自定义释放槽类型(R) 区域的文本框中选择 矩形 选项，取消选中 使用释放槽比例(A) 复选框，在 文本框中输入释放槽宽度值 5，在 文本框中输入释放槽深度值 3。

（7）单击 按钮，完成边线–法兰 1 的创建。

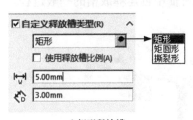

a) 矩形释放槽

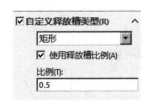

b) 选中"使用释放槽比例"

c) 撕裂形释放槽

图 2.2.34 "自定义释放槽类型"复选框

图 2.2.34 所示的 自定义释放槽类型(R) **复选框中各选项的说明如下。**

● 矩形：将释放槽的形状设置为矩形。

● 矩圆形：将释放槽的形状设置为长圆形。

☑ 使用释放槽比例(A) 复选框：是否使用释放槽比例，如果取消选中此复选框可以在 和 文本框中设置释放槽的宽度和深度。

☑ **比例(I):** 文本框：设置矩形或长圆形切除的尺寸与材料的厚度比例值。

● **撕裂形:** 将释放槽的形状设置为撕裂形。

　　☑ 📄：将释放槽的形状设置为切口撕裂形释放槽。

　　☑ 📄：将释放槽的形状设置为延伸撕裂形释放槽。

Step3. 编辑边线 – 法兰的形状。

（1）选择编辑特征。在设计树的 **边线-法兰1** 上右击，在系统弹出的快捷菜单中选择 ☑ 命令，系统自动转换为编辑草图模式。

（2）编辑草图。修改后的草图如图 2.2.35 所示。

a) 修改前　　　　　　　　　　　　　　　　　　b) 修改后

图 2.2.35　修改横断面草图

（3）选择下拉菜单 **插入(I)** ➡ **退出草图** 命令，退出草绘环境，此时系统自动完成边线 – 法兰 1 的创建。

Step4. 保存零件模型。

2.3　斜 接 法 兰

2.3.1　斜接法兰概述

斜接法兰是将法兰添加到钣金零件的一条或多条边线上。创建斜接法兰时，首先必须以基体 – 法兰为基础生成斜接法兰特征的草图。

选择"斜接法兰"命令有如下两种方法。

方法一： 选择下拉菜单 **插入(I)** ➡ **钣金(H)** ➡ **斜接法兰(M)...** 命令，如图 2.3.1 所示。

方法二： 在"钣金（H）"工具栏中单击 📄 按钮，如图 2.3.2 所示。

2.3.2　在一条边上创建斜接法兰

下面以图 2.3.3 所示的模型为例来说明一条边上创建斜接法兰的一般操作步骤。

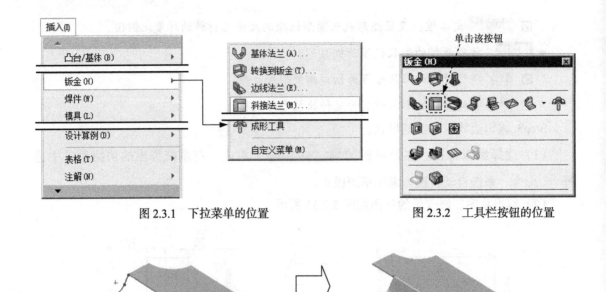

图 2.3.1　下拉菜单的位置　　　　　　　　　　图 2.3.2　工具栏按钮的位置

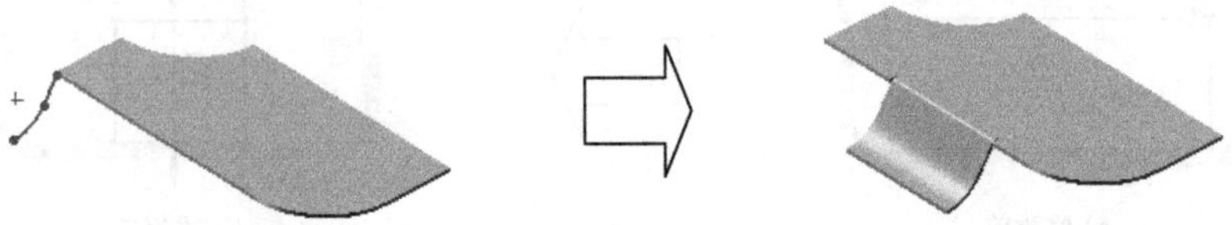

a)创建"斜接法兰"前　　　　　　　　　　　　b)创建"斜接法兰"后

图 2.3.3　在一条边上创建斜接法兰

Step1. 打开文件 D：\sw20.4\work\ch02.03\Miter_Flange_01.SLDPRT。

Step2. 选择命令。选择下拉菜单 插入(I) → 钣金 (H) ▶ → 斜接法兰 (M)...
命令。

Step3. 定义斜接参数。

（1）定义沿边线。选取图 2.3.4 所示的草图，系统弹出图 2.3.5 所示的"斜接法兰"对话框，默认图 2.3.6 所示的边线为沿边线。在图形区中会出现图 2.3.6 所示的初始斜接法兰的预览。

（2）定义法兰位置。在"斜接法兰"对话框的 法兰位置(L)： 区域单击"材料在内"按钮 。

Step4. 定义启始/结束处等距。在"斜接法兰"对话框的 启始/结束处等距(O) 区域中，在 (开始等距距离)文本框中输入数值 10，在 (结束等距距离)文本框中输入数值 5。图 2.3.7 所示为斜接法兰的预览。

Step5. 定义折弯系数。在"斜接法兰"对话框中选中 ☑自定义折弯系数(A) 复选框，在此区域的下拉列表中选择 K 因子 选项，并在 K 文本框中输入数值 0.4。

Step6. 定义释放槽。在"斜接法兰"对话框中选中 ☑自定义释放槽类型(Y)： 复选框，在其下拉列表中选择 矩圆形 选项。在 ☑自定义释放槽类型(Y)： 区域中选中 ☑ 使用释放槽比例(E) 复选框，并在 比率(T)： 文本框中输入数值 0.5。

Step7. 单击"斜接法兰"对话框中的 ✓ 按钮，完成操作。

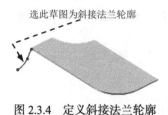

选此草图为斜接法兰轮廓

图 2.3.4　定义斜接法兰轮廓

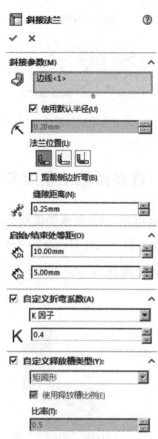

斜接法兰

斜接参数(M)

边线<1>

☑ 使用默认半径(U)

0.20mm

法兰位置(L):

☐ 剪裁侧边折弯(B)

缝隙距离(N):

0.25mm

启始/结束处等距(O)

D1 10.00mm

D2 5.00mm

☑ 自定义折弯系数(A)

K 因子

K 0.4

☑ 自定义释放槽类型(Y):

矩圆形

☑ 使用释放槽比例(E)

比率(T):

0.5

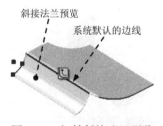

斜接法兰预览

系统默认的边线

图 2.3.6　初始斜接法兰预览

图 2.3.5　"斜接法兰"对话框

Step8. 选择下拉菜单 文件(F) ➡ 另存为 (A)... 命令，将模型命名为 Miter_Flange_01_ok，保存钣金零件模型。

图 2.3.4 所示的"斜接法兰"对话框中的各项说明如下。

● （沿边线）列表框：用于显示用户所选取的边线。

● ☑ 使用默认半径(U) 复选框：取消选中此复选框后，可以在 文本框中输入半径值。

● 法兰位置(L): 区域：提供了与边线－法兰相同的法兰位置。

● 缝隙距离(N): 若同时选择多条边线， 文本框所输入的数值则为相邻法兰之间的距离。

● 启始/结束处等距(O) 区域：用于设置斜接法兰的第一方向和第二方向的长度，如图 2.3.8 所示。

☑ D1 开始等距距离：用于设置斜接法兰附加壁的第一个方向的长度，此长度为附加壁偏移附着边两个端点的尺寸。

☑ D2 结束等距距离：用于设置斜接法兰附加壁的第二个方向的长度，此长度为附加壁偏移特征的边线两个端点的尺寸。

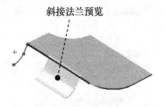
图 2.3.7　设置参数后斜接法兰的预览

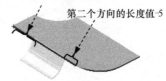
图 2.3.8　设置两个方向的长度

2.3.3　在多条边上创建斜接法兰

下面以图 2.3.9 所示的模型为例来说明多条边上创建斜接法兰的一般操作步骤。

Step1. 打开文件 D：\sw20.4\work\ch02.03\Miter_Flange_02.SLDPRT。

Step2. 选择命令。选择下拉菜单 插入(I) ➡ 钣金(H) ▸ ➡ 🔲 斜接法兰(M)...
命令。

a) 创建"斜接法兰"前　　　　　　　　b) 创建"斜接法兰"后

图 2.3.9　在多条边上创建斜接法兰

Step3. 定义斜接参数。

（1）定义斜接法兰轮廓。选取图 2.3.10 所示的草图为斜接法兰轮廓，将自动预览图 2.3.11 所示的斜接法兰。

（2）定义斜接法兰沿边线。单击图 2.3.11 所示的"相切"按钮 🔲，在图形区会出现图 2.3.12 所示的斜接法兰的预览。

（3）设置法兰位置。在"斜接法兰"对话框的 法兰位置(L): 区域单击"材料在外"按钮 🔲。

（4）定义缝隙距离。在"斜接法兰"对话框的 🔧 （切口缝隙）文本框中输入数值 0.25。

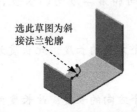
图 2.3.10　定义斜接法兰轮廓

图 2.3.11　定义沿边线

图 2.3.12　斜接法兰的预览

Step4.定义启始 / 结束处等距。在"斜接法兰"对话框的 <kbd>启始/结束处等距(O)</kbd> 区域中，在 <kbd>D1</kbd>（开始等距距离）文本框中输入数值 0，在 <kbd>D2</kbd>（结束等距距离）文本框中输入数值 5。

Step5.定义折弯系数。在"斜接法兰"对话框中选中 <kbd>☑自定义折弯系数(A)</kbd> 复选框，在此区域的下拉列表中选择 <kbd>K因子</kbd> 选项，并在 <kbd>K</kbd> 文本框中输入数值 0.4。

Step6.定义释放槽。在"斜接法兰"对话框中选中 <kbd>☑自定义释放槽类型(Y):</kbd> 复选框，在其下拉列表中选择 <kbd>矩圆形</kbd> 选项。在 <kbd>☑自定义释放槽类型(Y):</kbd> 区域中选中 <kbd>☑使用释放槽比例(E)</kbd> 复选框，并在 <kbd>比率(T):</kbd> 文本框中输入数值 0.5。

Step7.单击"斜接法兰"对话框中的 <kbd>✔</kbd> 按钮，完成操作。

Step8.选择下拉菜单 <kbd>文件(F)</kbd> ➡ <kbd>另存为(A)...</kbd> 命令，将模型命名为 Miter_Flange_02_ok，保存钣金零件模型。

2.4　薄　　片

2.4.1　薄片概述

"薄片"命令是在钣金零件的基础上创建薄片特征，其厚度与钣金零件厚度相同。薄片的草图可以是单一闭环或多重闭环轮廓，但不能是开环轮廓。绘制草图的面或基准面的法线必须与基体 – 法兰的厚度方向平行。

选择"薄片"命令有如下两种方法。

方法一：选择下拉菜单 <kbd>插入(I)</kbd> ➡ <kbd>钣金(H)</kbd> ▶ ➡ <kbd>基体法兰(A)...</kbd> 命令，如图 2.4.1 所示。

方法二：在"钣金（H）"工具栏中单击 <kbd>U</kbd> 按钮，如图 2.4.2 所示。

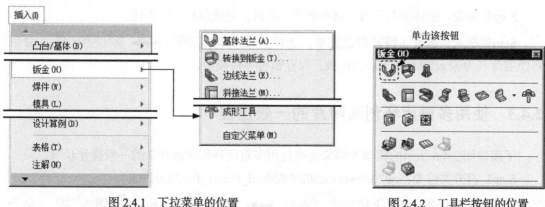

图 2.4.1　下拉菜单的位置　　　　　　图 2.4.2　工具栏按钮的位置

2.4.2　使用单一闭环创建薄片的一般过程

下面以图 2.4.3 所示的模型为例来说明使用单一闭环创建薄片 1 的一般操作步骤。

a) 创建前　　　　　　　　　　　　　　　b) 创建后

图 2.4.3　创建薄片 1

Step1. 打开文件 D：\sw20.4\work\ch02.04\Sheet_Metal_Tab.SLDPRT。

Step2. 选择命令。选择下拉菜单 插入(I) ➡ 钣金(H) ➡ 基体法兰 (A)… 命令，系统弹出"信息"对话框。

Step3. 绘制横断面草图。

（1）定义草图基准面。选取图 2.4.4 所示的模型表面为草图基准面。

（2）定义横断面草图。绘制图 2.4.5 所示的横断面草图。

图 2.4.4　定义草图基准面

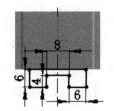

图 2.4.5　横断面草图

（3）选择下拉菜单 插入(I) ➡ 退出草图 命令，退出草绘环境，系统弹出"基体法兰"对话框。

Step4. 单击"基体法兰"对话框中的 ✓ 按钮，完成薄片 1 的创建。

Step5. 至此，薄片 1 特征创建完毕。选择下拉菜单 文件(F) ➡ 另存为(A)… 命令，将模型命名为 Sheet_Metal_Tab_01_ok，保存钣金零件模型。

2.4.3　使用多重闭环创建薄片的一般过程

下面以图 2.4.6 所示的模型为例来说明使用多重闭环创建薄片 2 的一般操作步骤。

Step1. 打开文件 D：\sw20.4\work\ch02.04\Sheet_Metal_Tab.SLDPRT。

Step2. 选择命令。选择下拉菜单 插入(I) ➡ 钣金(H) ➡ 基体法兰 (A)… 命令，系统弹出"信息"对话框。

Step3. 绘制横断面草图。

（1）定义草图基准面。选取图 2.4.4 所示的模型表面为草图基准面。

（2）定义横断面草图。绘制图 2.4.7 所示的横断面草图。

（3）选择下拉菜单 插入(I) ➡ ▢ 退出草图 命令，退出草绘环境，系统弹出"基体法兰"对话框。

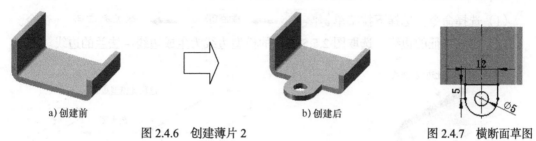

a) 创建前　　　　　　　　　　　　b) 创建后

图 2.4.6　创建薄片 2　　　　　　　　图 2.4.7　横断面草图

Step4. 单击"基体法兰"对话框中的 ✅ 按钮，完成薄片 2 的创建。

Step5. 至此，薄片 2 特征创建完毕。选择下拉菜单 文件(F) ➡ 🔖 另存为(A)... 命令，将模型命名为 Sheet_Metal_Tab_02_ok，保存钣金零件模型。

2.5　本 章 实 例

2.5.1　实例 1

实例概述

本实例主要运用了"基体－法兰""边线－法兰""斜接法兰"等特征命令，通过练习本例，读者可以掌握钣金设计的应用及基本技巧。零件模型如图 2.5.1 所示。

Step1. 新建模型文件。选择下拉菜单 文件(F) ➡ ▢ 新建(N)... 命令，在系统弹出的"新建 SOLIDWORKS 文件"对话框中选择"零件"模块，单击 确定 按钮，进入建模环境。

Step2. 创建图 2.5.2 所示的钣金基础特征——基体－法兰 1。

（1）选择命令。选择下拉菜单 插入(I) ➡ 钣金(H) ▸ ➡ 🔱 基体法兰(A)... 命令。

（2）定义特征的横断面草图。选取前视基准面作为草图基准面。在草绘环境中绘制图 2.5.3 所示的横断面草图。退出草绘环境后系统弹出"基体法兰"对话框。

（3）定义钣金厚度属性。在"基体法兰"对话框的 钣金参数(S) 区域中输入厚度值 0.5。

（4）单击 ✅ 按钮，完成基体－法兰 1 的创建。

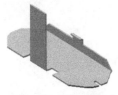

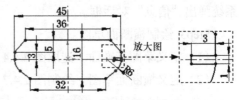

图 2.5.1　零件模型　　　　图 2.5.2　基体 – 法兰 1　　　　　　　图 2.5.3　横断面草图

Step3. 创建图 2.5.4 所示的钣金特征——边线 – 法兰 1。

（1）选择命令。选择下拉菜单 插入(I) ➡ 钣金(H) ➡ 边线法兰(E)... 命令。

（2）定义特征的边线。选取图 2.5.5 所示的模型边线为生成边线 – 法兰的边线。

创建此边线-法兰

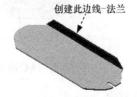

选取此模型边线

放大图

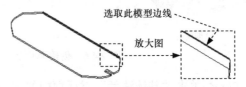

图 2.5.4　创建边线 – 法兰 1　　　　　　　图 2.5.5　定义边线 – 法兰的边线

（3）定义法兰参数。

① 定义法兰角度值。在 角度(G) 区域的 文本框中输入角度值 90。

② 定义长度类型和长度值。在"边线 – 法兰"对话框 法兰长度(L) 区域的 下拉列表中选择 给定深度 选项，在 文本框中输入深度值 3，在此区域中单击"外部虚拟交点"按钮 。

③ 定义法兰位置。在 法兰位置(N) 区域中单击"折弯在外"按钮 。

④ 取消选中 ☐ 使用默认半径(U) 复选框，在 文本框中输入折弯半径值 0.5。其他参数采用系统默认设置值。

（4）单击 按钮，完成边线 – 法兰 1 的初步创建。

（5）编辑边线 – 法兰 1 的草图。在设计树的 边线-法兰1 上右击，在系统弹出的快捷菜单中选择 命令，系统进入草绘环境。绘制图 2.5.6 所示的横断面草图 1。退出草绘环境，完成边线 – 法兰 1 的创建。

Step4. 创建图 2.5.7 所示的钣金特征——薄片 1。

（1）选择命令。选择下拉菜单 插入(I) ➡ 钣金(H) ➡ 基体法兰(A)... 命令。

（2）定义特征的横断面草图。

① 定义草图基准面。选取图 2.5.7 所示的表面作为草图基准面。

② 定义横断面草图。在草绘环境中绘制图 2.5.8 所示的横断面草图 2。

③ 选择下拉菜单 插入(I) ➡ 退出草图 命令，退出草绘环境，在系统弹出的"基体法兰"对话框中单击 按钮，此时系统自动生成薄片 1。

图 2.5.6　横断面草图 1

选取此面为草图基准面

图 2.5.7　创建薄片 1

图 2.5.8　横断面草图 2

Step5. 创建图 2.5.9 所示的钣金特征——斜接法兰 1。

（1）选择命令。选择下拉菜单 插入(I) ➡ 钣金 (H) ▶ ➡ 斜接法兰(M)... 命令，在模型中选取图 2.5.10 所示的边线为斜接法兰线 1，系统自动生成基准面 1，并进入草绘环境。

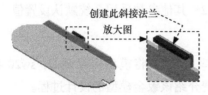

创建此斜接法兰

放大图

图 2.5.9　创建斜接法兰 1

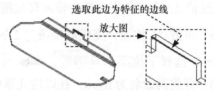

选取此边为特征的边线

放大图

图 2.5.10　定义斜接法兰线 1

（2）定义特征的横断面草图。在草绘环境中绘制图 2.5.11 所示的横断面草图 3。退出草绘环境，系统弹出"斜接法兰"对话框。

（3）定义斜接法兰参数。在 法兰位置(L): 区域中单击"材料在内"按钮 。取消选中 □ 使用默认半径(U) 复选框，在 文本框中输入折弯半径值 0.25。其他参数采用系统默认设置值。

（4）单击 按钮，完成斜接法兰 1 的创建。

Step6. 创建图 2.5.12 所示的钣金特征——斜接法兰 2。

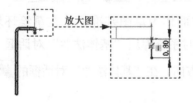

放大图

图 2.5.11　横断面草图 3

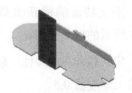

图 2.5.12　创建斜接法兰 2

（1）选择命令。选择下拉菜单 插入(I) ➡ 钣金 (H) ▶ ➡ 斜接法兰(M)... 命令，在模型中选取图 2.5.13 所示的边线为斜接法兰线 2，系统自动生成基准面，并进入草绘环境。

（2）定义特征的横断面草图。在草绘环境中绘制图 2.5.14 所示的横断面草图 4。退出草绘环境，此时系统弹出"斜接法兰"对话框。

（3）定义斜接法兰参数。在 法兰位置(L): 区域中单击"材料在内"按钮 。

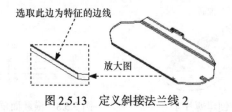

图 2.5.13 定义斜接法兰线 2

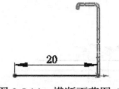

图 2.5.14 横断面草图 4

（4）定义启始 / 结束处等距。在"斜接法兰"对话框的 **启始/结束处等距(O)** 区域中，在 （开始等距距离）文本框中输入数值 12，在 （结束等距距离）文本框中输入数值 12。

（5）定义释放槽。在"斜接法兰"对话框中选中 **自定义释放槽类型(Y):** 复选框，在其下拉列表中选择 **矩形** 选项。取消选中 **使用释放槽比例(E)** 复选框，在 文本框中输入释放槽宽度值 3，在 文本框中输入释放槽深度值 2，其他参数采用系统默认设置值。

（6）单击 按钮，完成斜接法兰 2 的创建。

Step7. 选择下拉菜单 **文件(F)** ➡ **保存 (S)** 命令，将模型保存至 D：\sw20.4\work\ch02.05，并将其命名为 flyco。在以后几章中将接着介绍该钣金模型的设计过程。

2.5.2 实例 2

实例概述

本实例将重点复习各种法兰的创建方法及技巧。零件模型如图 2.5.15 所示。

Step1. 新建模型文件。选择下拉菜单 **文件(F)** ➡ **新建 (N)…** 命令，在系统弹出的"新建 SOLIDWORKS 文件"对话框中选择"零件"模块，单击 **确定** 按钮，进入建模环境。

Step2. 创建图 2.5.16 所示的钣金基础特征——基体 – 法兰 1。

（1）选择命令。选择下拉菜单 **插入(I)** ➡ **钣金 (H)** ➡ **基体法兰 (A)…** 命令。

（2）定义特征的横断面草图。选取上视基准面作为草图基准面。在草绘环境中绘制图 2.5.17 所示的横断面草图 1。退出草绘环境，此时系统弹出"基体法兰"对话框。

（3）定义拉伸深度属性。采用系统默认的深度方向。在"基体法兰"对话框的 **钣金参数(S)** 区域中输入厚度值 0.5。

（4）单击 按钮，完成基体 – 法兰 1 的创建。

图 2.5.15 零件模型

图 2.5.16 基体 – 法兰 1

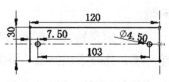

图 2.5.17 横断面草图 1

Step3. 创建图 2.5.18 所示的钣金特征——边线 – 法兰 1。

（1）选择命令。选择下拉菜单 插入(I) ➡ 钣金(H) ➡ 边线法兰(E)... 命令。

（2）定义特征的边线。选取图 2.5.19 所示的模型边线为生成边线 – 法兰的边线。

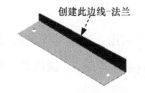

图 2.5.18　创建边线 – 法兰 1

图 2.5.19　定义边线 – 法兰 1 的边线

（3）定义法兰参数。

① 定义法兰角度值。在 角度(G) 区域的 文本框中输入角度值 90。

② 定义长度类型和长度值。在"边线 – 法兰"对话框 法兰长度(L) 区域的 下拉列表中选择 给定深度 选项，在 文本框中输入深度值 15，在此区域中单击"外部虚拟交点"按钮 。

③ 定义法兰位置。在 法兰位置(N) 区域中单击"材料在外"按钮 。

④ 定义折弯半径。在 钣金参数(S) 区域中取消中 使用默认半径(U) 复选框，在 文本框中输入折弯半径值 0.1。

（4）单击 按钮，完成边线 – 法兰 1 的初步创建。

（5）编辑边线 – 法兰 1 的草图。在设计树的 边线-法兰1 上右击，在系统弹出的快捷菜单中选择 命令，系统进入草绘环境。绘制图 2.5.20 所示的横断面草图 2。退出草绘环境，完成边线 – 法兰 1 的创建。

Step4. 创建图 2.5.21 所示的钣金特征——边线 – 法兰 2。

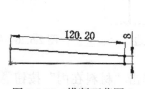

图 2.5.20　横断面草图 2

图 2.5.21　创建边线 – 法兰 2

（1）选择命令。选择下拉菜单 插入(I) ➡ 钣金(H) ➡ 边线法兰(E)... 命令。

（2）定义特征的边线。选取图 2.5.22 所示的模型边线为生成边线 – 法兰的边线。

（3）定义法兰参数。

① 定义法兰角度值。在 角度(G) 区域的 文本框中输入角度值 90。

② 定义长度类型和长度值。在"边线 – 法兰"对话框 法兰长度(L) 区域的 下拉列表中选择 给定深度 选项，在 文本框中输入深度值 15，在此区域中单击"外部虚拟交点"按钮 。

③ 定义法兰位置。在 **法兰位置(N)** 区域中单击"材料在外"按钮 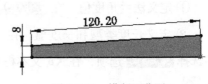。

④ 定义折弯半径。在 **钣金参数(S)** 区域中取消选中 □ 使用默认半径(U) 复选框，在 🗲 文本框中输入折弯半径值 0.1。

（4）单击 ✅ 按钮，完成边线 – 法兰 2 的初步创建。

（5）编辑边线 – 法兰 2 的草图。在设计树的 ⬡ 边线-法兰2 上右击，在系统弹出的快捷菜单中选择 ☑ 命令，系统进入草绘环境。绘制图 2.5.23 所示的横断面草图 3。退出草绘环境，此时系统完成边线 – 法兰 2 的创建。

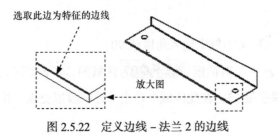

图 2.5.22　定义边线 – 法兰 2 的边线

图 2.5.23　横断面草图 3

Step5. 创建图 2.5.24 所示的钣金特征——斜接法兰 1。

（1）选择命令。选择下拉菜单 插入(I) ➡ 钣金(H) ➡ 斜接法兰(M)... 命令，在模型中选取图 2.5.25 所示的边线为斜接法兰线，系统自动生成基准面 1，并进入草绘环境。

（2）定义特征的横断面草图。在草绘环境中绘制图 2.5.26 所示的横断面草图 4。退出草绘环境后系统弹出"斜接法兰"对话框。

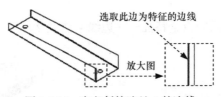

图 2.5.24　创建斜接法兰 1　　　图 2.5.25　定义斜接法兰 1 的边线　　　图 2.5.26　横断面草图 4

（3）定义斜接法兰参数。在 法兰位置(L): 区域中单击"材料在内"按钮 ；取消选中 □ 使用默认半径(U) 复选框，在 🗲 文本框中输入折弯半径值 0.2，其他参数采用系统默认设置值。

（4）单击 ✅ 按钮，完成斜接法兰 1 的创建。

Step6. 创建图 2.5.27 所示的钣金特征——斜接法兰 2。

（1）选择命令。选择下拉菜单 插入(I) ➡ 钣金(H) ➡ 斜接法兰(M)... 命令，在模型中选取图 2.5.28 所示的边线为斜接法兰线，系统自动生成基准面 2，并进入草绘环境。

（2）定义特征的横断面草图。在草绘环境中绘制图 2.5.29 所示的横断面草图 5。退出草绘环境，此时系统弹出"斜接法兰"对话框。

（3）定义斜接法兰参数。在 法兰位置(L): 区域中单击"材料在内"按钮 ；取消选中 使用默认半径(U) 复选框，在 文本框中输入折弯半径值 0.2，其他参数采用系统默认设置值。

（4）单击 按钮，完成斜接法兰 2 的创建。

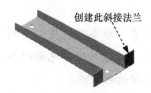
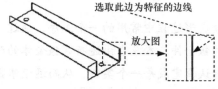

图 2.5.27　创建斜接法兰 2　　　图 2.5.28　定义斜接法兰 2 的边线　　　图 2.5.29　横断面草图 5

Step7. 创建图 2.5.30 所示的切除－拉伸 1。

（1）选择命令。选择下拉菜单 插入(I) ➡ 切除(C) ➡ 拉伸(E)... 命令。

（2）定义特征的横断面草图。

① 定义草图基准面。选取图 2.5.31 所示的模型表面为草图基准面。

② 定义横断面草图。在草绘环境中绘制图 2.5.32 所示的横断面草图 6。

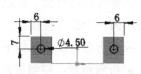

图 2.5.30　创建切除－拉伸 1　　　图 2.5.31　定义草图基准面　　　图 2.5.32　横断面草图 6

③ 选择下拉菜单 插入(I) ➡ 退出草图 命令，完成横断面草图的创建。

（3）定义切除深度属性。采用系统默认的切除深度方向；在"切除－拉伸"对话框 方向1 区域的下拉列表中选择 完全贯穿 选项。

（4）单击该对话框中的 按钮，完成切除－拉伸 1 的创建。

Step8. 选择下拉菜单 文件(F) ➡ 保存(S) 命令，将模型保存至 D: \sw20.4\work\ch02.05，并将其命名为 ply_patch。

第 **3** 章 折弯钣金体

╔══════════╗
║ **本章提要** ║
╚══════════╝

　　对钣金件进行折弯是钣金成形过程中常用的一个工序，通过"折弯"命令可以将钣金的形状进行改变，获得所需要的钣金件。本章在讲述折弯钣金体的时候，对每一种情况都配备了详细的实例操作，建议读者认真完成每一个实例，从而迅速掌握本章的知识点。

3.1　绘制的折弯

3.1.1　概述

　　"绘制的折弯"是将钣金的平面区域以折弯线为基准弯曲某个角度。图 3.1.1 所示的是一个典型的折弯特征。在进行折弯操作时，应注意折弯特征仅能在钣金的平面区域建立，不能跨越另一个折弯特征。

　　钣金折弯特征包括如下三个要素（图 3.1.1）。

- 折弯角度：控制折弯的弯曲程度。
- 折弯半径：折弯部分圆柱面的大小。
- 折弯线：确定折弯位置和折弯形状的几何线。

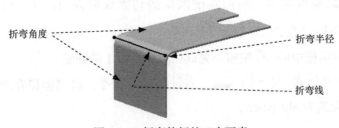

图 3.1.1　折弯特征的三个要素

3.1.2　选择"绘制的折弯"命令

　　选择"绘制的折弯"命令有如下两种方法。

　　方法一： 选择下拉菜单 插入(I) ➡ 钣金(H) ▶ ➡ 📚 绘制的折弯(S)... 命令，如图 3.1.2 所示。

　　方法二： 在 "钣金（H）" 工具栏中单击 "绘制的折弯" 按钮 📚，如图 3.1.3 所示。

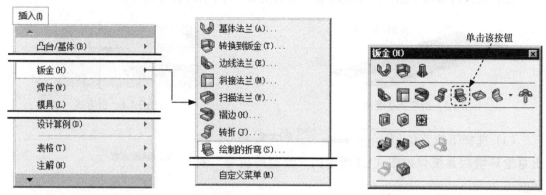

图 3.1.2　下拉菜单的位置　　　　　　图 3.1.3　工具栏按钮的位置

3.1.3　创建绘制的折弯特征的一般过程

绘制的折弯特征的一般创建步骤如下。

（1）选择命令。

（2）定义特征的折弯线。

（3）定义折弯固定面。

（4）编辑折弯参数（角度、半径等）。

（5）完成绘制的折弯特征的创建。

Task1. 折弯线为一条直线的折弯特征的创建

下面以图 3.1.4 所示的模型为例，介绍创建折弯线为一条直线的折弯特征的一般过程。

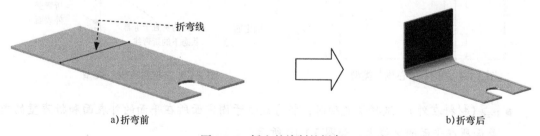

a）折弯前　　　　　　　　　　　　　b）折弯后

图 3.1.4　钣金的绘制的折弯

Step1. 打开文件 D：\sw20.4\work\ch03.01\sketched_bend_1.SLDPRT。

Step2. 选择下拉菜单 插入(I) ➡ 钣金(H) ▶ ➡ 📚 绘制的折弯(S)... 命令，或单击

"钣金（H）"工具栏上的"绘制的折弯"按钮 。

Step3. 定义特征的折弯线。

（1）定义折弯线基准面。选取图 3.1.5 所示的模型表面作为草图基准面。

（2）定义折弯线草图。在草绘环境中绘制图 3.1.6 所示的折弯线。

折弯线基准面

图 3.1.5　折弯线基准面

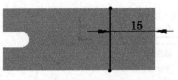

图 3.1.6　折弯线

（3）选择下拉菜单 插入(I) ➡️ 退出草图 命令，退出草绘环境后系统弹出图 3.1.7 所示的"绘制的折弯"对话框。

说明：在钣金零件的平面上绘制一条或多条直线作为折弯线，各直线应保持方向一致且不相交；折弯线的长度可以是任意的。

图 3.1.7 所示的"绘制的折弯"对话框中各项说明如下。

图 3.1.7　"绘制的折弯"对话框

- （固定面）：固定面是指在创建钣金折弯特征中固定不动的平面，该平面位于折弯线的一侧。

- （折弯中心线）：选择该选项时，创建的折弯区域将均匀地分布在折弯线两侧，如图 3.1.8 所示。

- （材料在内）：选择该选项时，折弯线将位于固定面所在平面与折弯壁的外表面所在平面的交线上，如图 3.1.9 所示。

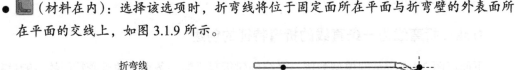

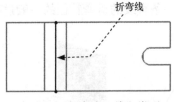

折弯线

图 3.1.8　"折弯中心线"类型

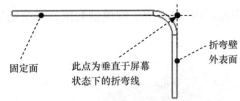

固定面　　此点为垂直于屏幕状态下的折弯线　　折弯壁外表面

图 3.1.9　"材料在内"类型

- （材料在外）：选择该选项时，折弯线位于固定面所在平面的外表面和折弯壁的内表面所在平面的交线上，如图 3.1.10 所示。

- （折弯在外）：选择该选项时，折弯区域将置于折弯线的某一侧，如图 3.1.11 所示。

- 反向按钮：该按钮用于更改折弯方向。单击该按钮，可以将折弯方向更改为系统给定的相反方向。再次单击该按钮，将返回原来的折弯方向。

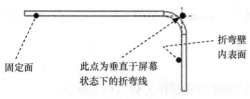

图 3.1.10 "材料在外"类型

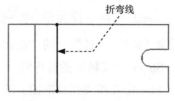

图 3.1.11 "折弯在外"类型

- 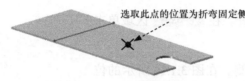文本框：在该文本框中输入的数值为折弯特征折弯部分的角度值。

- ☑ 使用默认半径(U) 复选框：该复选框默认为选中状态，取消选中该复选框后才可以对折弯半径进行编辑。

- 文本框：在该文本框中输入的数值为折弯特征折弯部分的半径值。

Step4. 定义折弯线位置。在 折弯位置：区域单击"材料在内"按钮 。

Step5. 定义折弯固定侧。在图 3.1.12 所示的位置处单击，确定折弯固定侧。

选取此点的位置为折弯固定侧

图 3.1.12 要选取的固定侧

Step6. 定义折弯参数。在 文本框中输入角度值 90；取消选中 □ 使用默认半径(U) 复选框，在 文本框中输入半径值 2；其他参数采用系统默认设置值。

说明：如果想要改变折弯方向，可以单击"反向"按钮 。

Step7. 单击 按钮，完成折弯特征的创建。

Task2. 折弯线为多条直线的折弯特征的创建

折弯线可以是一条或多条直线，各折弯线应保持方向一致且不相交，其长度无需与折弯面的长度相同。下面以图 3.1.13 所示的模型为例，介绍折弯线为多条直线时折弯特征创建的一般过程。

Step1. 打开文件 D:\sw20.4\work\ch03.01\sketched_bend_2.SLDPRT。

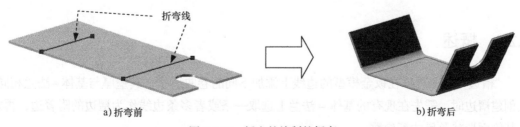

a) 折弯前　　　　　　　　　　　　　　　　　　　　b) 折弯后

图 3.1.13 钣金的绘制的折弯

Step2. 选择下拉菜单 插入(I) ➡ 钣金(H) ➡ 绘制的折弯(S)... 命令，或单击 "钣金（H）"工具栏上的"绘制的折弯"按钮 。

Step3. 定义特征的折弯线。

（1）定义折弯线基准面。选取图 3.1.14 所示的模型表面作为折弯线基准面。

（2）定义折弯线草图。在草绘环境中绘制图 3.1.15 所示的折弯线。

图 3.1.14　折弯线基准面

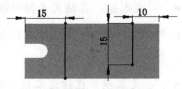

图 3.1.15　折弯线

（3）选择下拉菜单 插入(I) ➡ 退出草图 命令，退出草绘环境，此时系统弹出"绘制的折弯"对话框。

Step4. 定义折弯线位置。在 折弯位置: 区域单击"材料在外"按钮 。

Step5. 定义折弯固定侧。在图 3.1.16 所示的位置处单击，确定折弯固定侧。

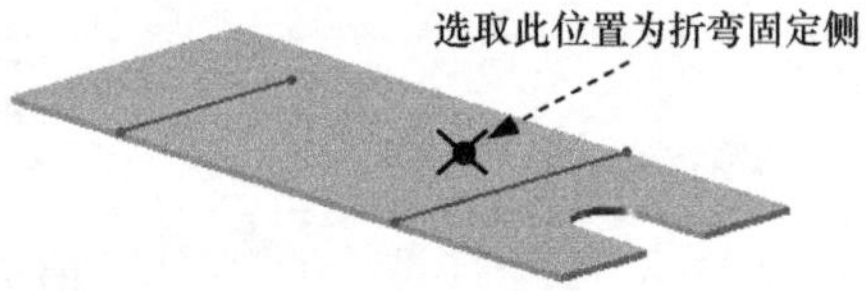

图 3.1.16　要选取的固定侧

Step6. 定义折弯参数。在 文本框中输入角度值 60；取消选中 使用默认半径(U) 复选框，在 文本框中输入半径值 2；接受系统默认的其他参数设置值。

说明：如果想要改变折弯方向，可以单击"反向"按钮 。

Step7. 单击 按钮，完成折弯特征的创建，完成后的特征如图 3.1.13b 所示。

Step8. 选择下拉菜单 文件(F) ➡ 另存为(A)... 命令，将模型命名为 sketched_bend_2_ok，保存零件模型。

3.2　褶　　边

3.2.1　概述

"褶边"命令可以在钣金模型的边线上添加不同的卷曲形状，其壁厚与基体–法兰相同。在创建褶边时，需先在现有的基体–法兰上选取一条或者多条边线作为褶边的附着边，再定义其侧面形状及尺寸等参数。

选择"褶边"命令有如下两种方法。

方法一：选择下拉菜单 插入(I) ➡ 钣金(H) ▶ ➡ 褶边(H)... 命令，如图 3.2.1
所示。

方法二：在"钣金（H）"工具栏中单击"褶边"按钮，如图 3.2.2 所示。

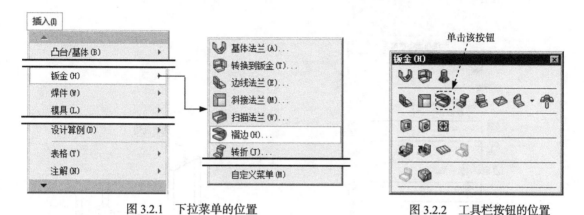

图 3.2.1　下拉菜单的位置　　　　　　　　图 3.2.2　工具栏按钮的位置

3.2.2　创建褶边特征的一般过程

Task1. 在一条边上创建褶边

下面以图 3.2.3 所示的模型为例来说明在一条边上创建褶边的一般过程。

a) 创建褶边前　　　　　　　　b) 创建褶边后

图 3.2.3　创建褶边特征

Step1. 打开文件 D：\sw20.4\work\ch03.02\Hem_01.SLDPRT。

Step2. 选择命令。选择下拉菜单 插入(I) ➡ 钣金(H) ▶ ➡ 褶边(H)... 命令，系
统弹出图 3.2.4 所示的"褶边"对话框。

Step3. 定义褶边边线。选取图 3.2.5 所示的边线为褶边边线。

注意：褶边边线必须为直线。

Step4. 定义褶边位置。在"褶边"对话框的 边线(E) 区域中单击"折弯在外"按
钮。

图 3.2.4 "褶边"对话框

图 3.2.5 定义褶边边线

Step5. 定义类型和大小。

（1）定义类型。在"褶边"对话框的 **类型和大小(T)** 区域中单击"打开"按钮 ⬡。

（2）定义大小。在 ⬡（长度）文本框中输入数值 15，在 ⬡（缝隙距离）文本框中输入数值 2。

Step6. 定义折弯系数。在"褶边"对话框中选中 **☑ 自定义折弯系数(A)** 复选框，在此区域的下拉列表中选择 **K-因子** 选项，并在 **K** 文本框中输入数值 0.4。

Step7. 单击"褶边"对话框中的 ✔ 按钮，完成褶边的创建。

Step8. 选择下拉菜单 **文件(F)** ➡ **💾 保存(S)** 命令。

图 3.2.4 所示的"褶边"对话框中的各项说明如下。

● **边线(E)** 列表框：显示用户选取的褶边边线。

● ↗（反向）：单击该按钮，可以切换褶边的生成方向，如图 3.2.6 所示。

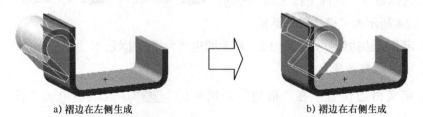

a) 褶边在左侧生成　　　　　　　　　　　　　　　b) 褶边在右侧生成

图 3.2.6 切换褶边的生成方向

- 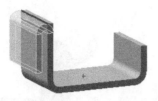 ⬚（材料在内）：在成型状态下，褶边边线位于褶边区域的外侧，如图 3.2.7 所示。
- ⬚（折弯在外）：在成型状态下，褶边边线位于褶边区域的内侧，如图 3.2.8 所示。

图 3.2.7　"材料在内"褶边

图 3.2.8　"折弯在外"褶边

- **类型和大小(T)** 区域中提供了四种褶边形式，选择每种形式都需要设置不同的几何参数。
  - ☑ ⬚（闭合）：创建图 3.2.9 所示的褶边时，单击选择此类型后整个褶边特征的内壁面与附着边之间的垂直距离为 0.10，此距离不能改变。
  - ☑ ⬚（长度）：在此文本框中输入不同的数值，可以改变褶边的长度，如图 3.2.10 所示。

图 3.2.9　"闭合"的褶边

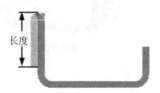

图 3.2.10　"长度"示意图

  - ☑ ⬚（打开）：创建图 3.2.11 所示的褶边时，单击选择此类型后，可以定义褶边特征的内壁面与附着边之间的缝隙距离。
  - ☑ ⬚（缝隙距离）：在此文本框中输入不同的数值，可改变褶边特征的内壁面与特征的边线之间的垂直距离，如图 3.2.12 所示。

图 3.2.11　"打开"的褶边

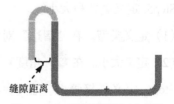

图 3.2.12　"缝隙距离"示意图

  - ☑ ⬚（撕裂形）：创建撕裂形的褶边特征，如图 3.2.13 所示。
  - ☑ ⬚（角度）：此角度只能在 181°～269°。
  - ☑ ⬚（半径）：在此文本框中输入不同的数值，可改变撕裂形褶边内侧半径的大小，如图 3.2.14 所示。

☑ （滚轧）：此类型包括"角度"和"半径"文本框，角度值在 1° ～ 359°，如图 3.2.15 所示。

 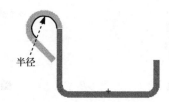 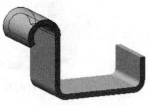

图 3.2.13 "撕裂形"的褶边   图 3.2.14 "半径"示意图   图 3.2.15 "滚轧"的褶边

Task2. 在多条边上创建褶边

下面以图 3.2.16 所示的模型为例来说明在多条边上创建褶边的一般过程。

a) 创建褶边前   b) 创建褶边后

图 3.2.16 创建褶边特征

Step1. 打开文件 D: \sw20.4\work\ch03.02\Hem_02.SLDPRT。

Step2. 选择命令。选择下拉菜单 插入(I) ➝ 钣金 (H) ➝ 褶边 (H)... 命令，系统弹出"褶边"对话框。

Step3. 定义褶边边线。选取图 3.2.17 所示的边线为褶边边线。

注意：同时在多条边线上添加褶边时，这些边线必须处于同一个平面上。

Step4. 定义褶边位置。在"褶边"对话框的 边线(E) 区域中单击"材料在内"按钮 。

Step5. 定义类型和大小。

（1）定义类型。在"褶边"对话框的 类型和大小(T) 区域中单击"滚轧"按钮 。

（2）定义大小。在 （角度）文本框中输入数值 200，在 （半径）文本框中输入数值 2。

Step6. 定义斜接缝隙。在 斜接缝隙 区域的 （斜接缝隙）文本框中输入数值 2，如图 3.2.18 所示。

Step7. 定义折弯系数。在"褶边"对话框中选中 ☑ 自定义折弯系数(A) 复选框，在此区域的下拉列表中选择 K-因子 选项，并在 K 文本框中输入数值 0.4。

Step8. 单击"褶边"对话框中的 按钮，完成褶边操作。

Step9. 选择下拉菜单 文件(F) ➡️ 🖫 保存(S) 命令，保存钣金零件模型。

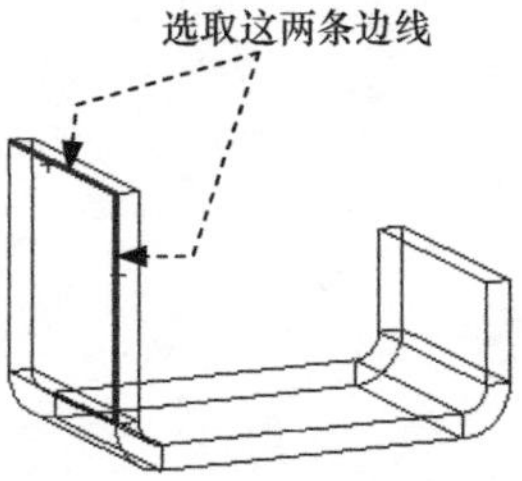

图 3.2.17　定义褶边边线 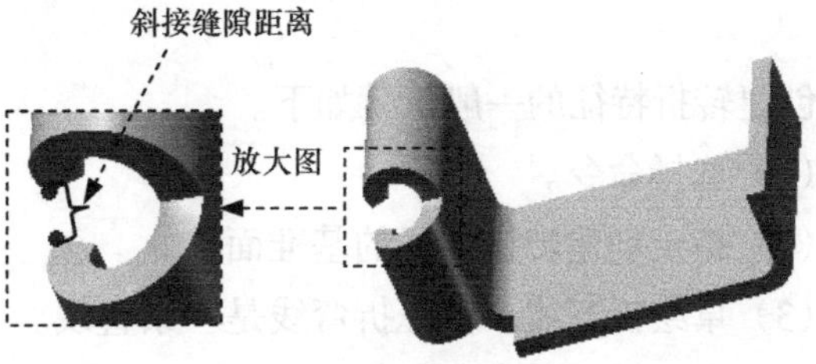　　　　　　图 3.2.18　斜接缝隙

3.3　转　　折

3.3.1　概述

转折特征是在钣金件平面上创建两个成一定角度的折弯区域，并且在转折特征上添加材料。转折特征的折弯线位于放置平面上，并且必须是一条直线，该直线不必是"水平"或"垂直"直线，折弯线的长度不必与折弯面的长度相同。

3.3.2　选择"转折"命令

选择"转折"命令有如下两种方法。

方法一：选择下拉菜单 插入(I) ➡️ 钣金(H) ▶ ➡️ 🗐 转折(J)… 命令，如图 3.3.1 所示。

方法二：在"钣金（H）"工具栏中单击"转折"按钮 🗐，如图 3.3.2 所示。

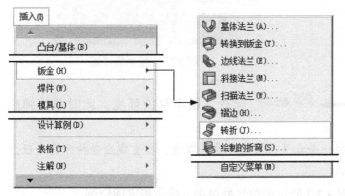

图 3.3.1　下拉菜单的位置

图 3.3.2　工具栏按钮的位置

3.3.3 创建转折特征的一般过程

创建转折特征的一般步骤如下。

（1）选择命令。

（2）指定创建转折特征的基准面。

（3）草绘折弯线，保证折弯线是一条直线。

（4）定义转折的固定平面。

（5）定义转折的参数（转折等距、转折位置和转折角度等）。

（6）完成转折特征的创建。

下面以图 3.3.3 所示的模型为例，说明创建转折特征的一般过程。

a) 转折前　　　　　　　　　　　　　　　　　　　b) 转折后

图 3.3.3　创建转折的一般过程

Step1. 打开文件 D: \sw20.4\work\ch03.03\jog.SLDPRT。

Step2. 选择下拉菜单 插入(I) ➡ 钣金(H) ▶ ➡ 转折(J)... 命令，或单击"钣金（H）"工具栏上的"转折"按钮。

Step3. 定义特征的折弯线。

（1）定义折弯线基准面。选取图 3.3.4 所示的模型表面作为折弯线基准面。

（2）定义折弯线草图。在草绘环境中绘制图 3.3.5 所示的折弯线。

图 3.3.4　基准面　　　　　　　　　　　　　　图 3.3.5　绘制折弯线

（3）选择下拉菜单 插入(I) ➡ 退出草图 命令，退出草绘环境，此时系统弹出图 3.3.6 所示的"转折"对话框。

说明：在钣金零件的平面上绘制一条或多条直线作为折弯线，各直线应保持方向一致且不相交；折弯线的长度可以是任意的。

Step4. 定义折弯固定平面。在图 3.3.7 所示的位置处单击，确定折弯固定侧。

　　Step5. 定义折弯参数。取消选中 ☐ 使用默认半径(U) 复选框，在 ⤜ 文本框中输入半径值 3.5；在 转折等距(O) 区域的 ↗ 下拉列表中选择 给定深度 选项；在 ⬳ 文本框中输入距离值 20；在 尺寸位置: 区域单击 "外部等距" 按钮 ⎗；在 转折位置(P) 区域单击 "折弯中心线" 按钮 ▥；在 ⬀ 文本框中输入角度值 90；接受系统默认的其他参数设置值。

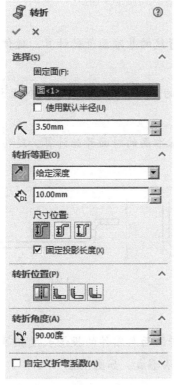

图 3.3.6 　"转折" 对话框

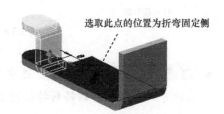

选取此点的位置为折弯固定侧

图 3.3.7 　要选取的固定侧

　　说明： 如果想要改变折弯方向，可以单击 "转折等距" 下面的 "反向" 按钮 ↗。

　　Step6. 单击 ✓ 按钮，完成转折特征的创建。

　　Step7. 至此，零件模型创建完毕。选择下拉菜单 文件(F) ➡ 另存为 (A)... 命令，将模型命名为 jog_ok，即可保存零件模型。

　　图 3.3.6 所示的 "转折" 对话框中各项的功能说明如下。

- ⬁（固定面）：固定面是指在创建钣金折弯特征时作为钣金折弯特征放置面的某一模型表面。
- ☑ 使用默认半径(U) 复选框：该复选框默认为选中状态，取消该选项后才可以对折弯半径进行编辑。
- ⤜ 文本框：在该文本框中输入的数值为折弯特征折弯部分的半径值。

- 反向按钮：该按钮用于更改折弯方向。单击该按钮，可以将折弯方向更改为系统给定的相反方向。再次单击该按钮，将返回原来的折弯方向。

- 下拉列表：该下拉列表用来定义"转折等距"的终止条件，包含 给定深度、成形到一顶点、成形到一面、到离指定面指定的距离 四个选项。

- 文本框：在该文本框中输入的数值为折弯特征折弯部分的高度值。

- 尺寸位置：区域各选项控制折弯高度类型。
  - ☑ (外部等距)：转折的顶面高度距离是从折弯线的基准面开始计算，延伸至总高，如图 3.3.8a 所示。
  - ☑ (内部等距)：转折的等距距离是从折弯线的基准面开始计算，延伸至总高，再根据材料厚度来偏置距离，如图 3.3.8b 所示。
  - ☑ (总尺寸)：转折的等距距离是从折弯线的基准面的对面开始计算，延伸至总高，如图 3.3.8c 所示。

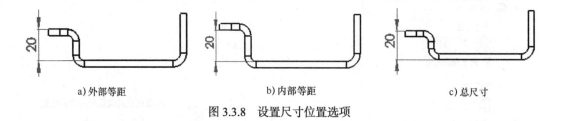

a) 外部等距   b) 内部等距   c) 总尺寸

图 3.3.8 设置尺寸位置选项

- ☑ 固定投影长度(X) 复选框：选中此复选框，则转折的面与零件的投影长度相等；取消选中此复选框，则转折特征因不能添加材料而无法形成，如图 3.3.9 所示。

a) 选中该复选框   b) 不选中该复选框

图 3.3.9 设置"固定投影长度"复选框

- 转折位置(P) 区域各选项控制折弯线所在位置的类型。
  - ☑ (折弯中心线)：选择该选项时，第一个转折折弯区域将均匀地分布在折弯线两侧，如图 3.3.10a 所示。
  - ☑ (材料在内)：选择该选项时，折弯线位于固定面所在面和折弯壁的外表面之间的交线上，如图 3.3.10b 所示。
  - ☑ (材料在外)：选择该选项时，折弯线位于固定面所在面和折弯壁的内表面所在平面的交线上，如图 3.3.11a 所示。

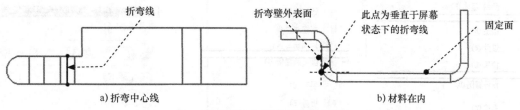

a) 折弯中心线　　　　　　　　　　　b) 材料在内

图 3.3.10　设置"转折位置"选项

☑ 　（折弯在外）：选择该选项时，折弯特征将置于折弯线的某一侧，如图 3.3.11b
所示。

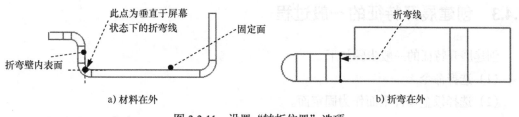

a) 材料在外　　　　　　　　　　　b) 折弯在外

图 3.3.11　设置"转折位置"选项

● 　文本框：在该文本框中输入的数值为转折特征折弯部分的角度值。

3.4　展　　开

3.4.1　概述

在钣金设计中，如果需要在钣金件的折弯区域创建裁剪或孔等特征，可以首先用展开命令将折弯特征展平，然后就可以在展平的折弯区域创建裁剪或孔等特征。这种展开与"平板形式"解除压缩来展开整个钣金零件是不一样的。

3.4.2　选择"展开"命令

选择"展开"命令有如下两种方法。

方法一：选择下拉菜单 插入(I) ➡ 钣金 (H) ➡ 展开(U)... 命令，如图 3.4.1
所示。

方法二：在"钣金（H）"工具栏中单击"展开"按钮 ，如图 3.4.2 所示。

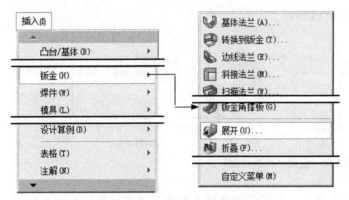

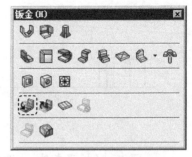

图 3.4.1　下拉菜单的位置　　　　　　　　　　　图 3.4.2　工具栏按钮的位置

3.4.3　创建展开特征的一般过程

创建展开特征的一般步骤如下。

（1）选择命令。

（2）选择钣金零件平面作为固定面。

（3）选择一个或多个折弯特征作为"要展开的折弯"，或单击 收集所有折弯(A) 按钮来选择零件中所有合适的折弯。

（4）单击"确定"按钮 ，将所选的折弯展开。

下面以图 3.4.3 所示的模型为例，介绍创建展开特征的操作过程。

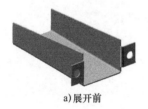
a)展开前

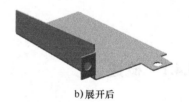
b)展开后

图 3.4.3　钣金的展开

Step1. 打开文件 D：\sw20.4\work\ch03.04\unfold.SLDPRT。

Step2. 选择下拉菜单 插入(I) ➡ 钣金 (H) ➡ 展开 (U)… 命令，或在"钣金（H）"工具栏中单击"展开"按钮 ，系统弹出图 3.4.4 所示的"展开"对话框（一）。

图 3.4.4 所示的"展开"对话框各项的说明如下。

- （固定面）：激活该选项（该选项为默认选项），可以选取钣金零件的平面表面作为平板实体的固定面，在选定固定面后系统将以该平面为基准将钣金零件展开。

- （要展开的折弯）：激活该选项，可以根据需要选取模型中可展平的折弯特征，然后以已选取的参考面为基准将钣金零件展开，创建钣金实体。

● 收集所有折弯(A) 按钮：单击此按钮，系统自动将模型中所有可以展平的折弯特征全部选中。

Step3. 定义固定面。选取图 3.4.5 所示的模型表面为固定面。

Step4. 定义展开的折弯特征。在模型上单击图 3.4.6 所示的两个折弯特征，系统将刚才所选的可展平的折弯特征显示在 要展开的折弯: 列表框中，如图 3.4.7 所示。

说明： 如果不需要将所有的折弯特征全部展开，则可以在 要展开的折弯: 列表框中选择不需要展开的特征，右击，在系统弹出的快捷菜单中选择 删除 (B) 命令。

图 3.4.4 "展开"对话框（一）

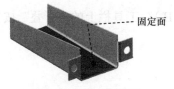

图 3.4.5 定义固定面

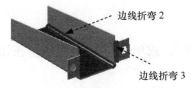

图 3.4.6 定义展开的折弯特征

图 3.4.7 "展开"对话框（二）

Step5. 在"展开"对话框中单击"确定"按钮 ✓ ，所选中的折弯特征将全部展平，完成展开特征后的钣金件如图 3.4.3b 所示。

说明： 在钣金设计中，首先用"展开"命令可以取消折弯钣金件的折弯特征，然后就可以在展平的折弯区域创建裁剪或孔等特征，最后通过"折叠"命令将展开的钣金件折叠起来。

Step6. 选择下拉菜单 文件(F) ➡ 📳 保存(S) 命令，保存零件。

3.5 折　　叠

3.5.1 概述

折叠与展开的操作方法相似，但是作用相反，通过折叠特征可以使展开的钣金零件重新回到原样，如图 3.5.1c 所示。

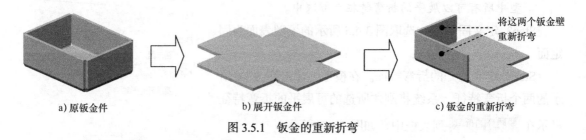

a) 原钣金件　　　　　　b) 展开钣金件　　　　　　c) 钣金的重新折弯

图 3.5.1　钣金的重新折弯

选择"折叠"命令的两种方法。

方法一： 从下拉菜单中获取特征命令。选择下拉菜单 插入(I) ➡ 钣金(H) ➡ 折叠(F)... 命令。

方法二： 从工具栏中获取特征命令。单击"钣金（H）"工具栏上的"折叠"按钮 。

3.5.2　创建折叠特征的一般过程

创建"折叠"特征的一般步骤如下。

（1）选择命令。

（2）选择钣金零件平面作为固定面。

（3）选择一个或多个折弯特征作为"要折叠的折弯"，或单击 收集所有折弯(A) 按钮来选择零件中所有合适的折弯。

（4）单击"确定"按钮 ，完成折弯折叠。

下面以图 3.5.2 所示的模型为例，说明"折叠"的一般过程。

a) 重新折弯前　　　　　　b) 切除-拉伸　　　　　　c) 重新折弯后

图 3.5.2　"折叠"的一般过程

Task1. 打开一个现有的零件模型，并创建切除 – 拉伸特征

Step1. 打开文件 D：\sw20.4\work\ch03.05\fold_02.SLDPRT。

Step2. 在展开的钣金件上创建图 3.5.3 所示的切除 – 拉伸 1 特征。

（1）选择命令。选择下拉菜单 插入(I) ➡ 切除(C) ➡ 拉伸(E)... 命令。

（2）定义特征的横断面草图。

① 定义草图基准面。选取图 3.5.4 所示的模型表面作为草图基准面。

② 定义横断面草图。在草绘环境中绘制图 3.5.5 所示的横断面草图。

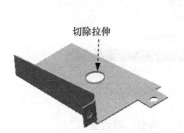

图 3.5.3　切除－拉伸 1

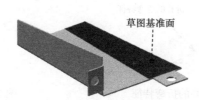

图 3.5.4　草图基准面

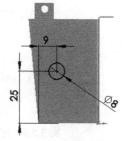

图 3.5.5　横断面草图

（3）定义切除深度属性。在"切除－拉伸"对话框 方向1 区域的 下拉列表中选择 完全贯穿 选项，选中 ☑ 正交切除(N) 复选框，其他参数采用系统默认设置值。

（4）单击"切除－拉伸"对话框中的 按钮，完成切除－拉伸 1 的创建。

Task2. 创建折叠特征

Step1. 选择特征命令。从下拉菜单中获取特征命令。选择下拉菜单 插入(I) ➡ 钣金(H) ➡ 折叠(F)... 命令，系统弹出图 3.5.6 所示的"折叠"对话框（一）。

图 3.5.6 所示的"折叠"对话框中各项的说明如下。

图 3.5.6　"折叠"对话框（一）

- （固定面）：激活该选项（该选项为默认选项），可以选择钣金零件的平面表面作为平板实体的固定面，在选定固定面后系统将以该平面为基准将展开的折弯特征折叠起来。

- （要折叠的折弯）：激活该选项，可以根据需要选择模型中可折叠的折弯特征，然后以已选择的参考面为基准将钣金零件折叠，创建钣金实体。

- 收集所有折弯(A) 按钮：单击此按钮，系统自动将模型中所有可以折叠的折弯特征全部选中。

Step2. 定义固定面。系统自动选取图 3.5.7 所示的模型表面为固定面。

Step3. 定义折叠的折弯特征。在模型上选取图 3.5.8 所示的折弯特征，此时的"折叠"对话框如图 3.5.9 所示。

Step4. 单击 按钮，完成折叠特征的创建。

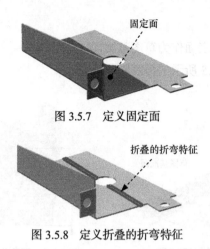

图 3.5.7　定义固定面

图 3.5.8　定义折叠的折弯特征

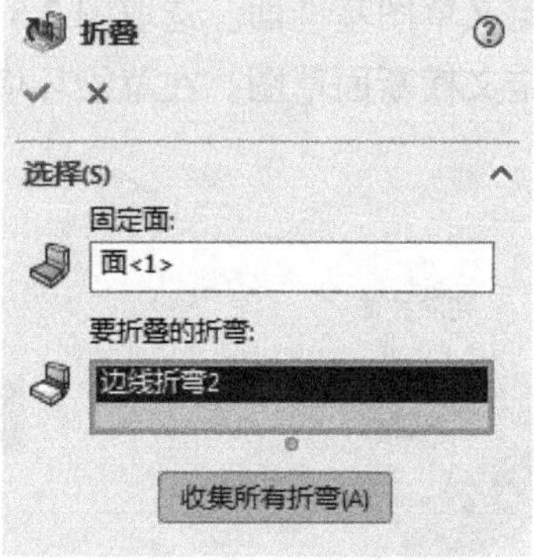

图 3.5.9　"折叠"对话框（二）

Step5. 选择下拉菜单 文件(F) ➡ 保存 (S) 命令，保存零件模型。

3.6　放样的折弯

3.6.1　概述

在以放样的方式产生钣金壁的时候，需要先定义两个不封闭的横断面草图，然后给定钣金的参数，系统便将这些横断面放样成薄壁实体。放样的折弯相当于以放样的方式生成一个基体－法兰，因此放样的折弯不与基体－法兰特征一起使用。

3.6.2　选择"放样的折弯"命令

选择"放样的折弯"命令有如下两种方法。

方法一：选择下拉菜单 插入(I) ➡ 钣金 (H) ▶ 放样的折弯(L)… 命令，如图 3.6.1 所示。

方法二：在"钣金（H）"工具栏中单击"放样的折弯"按钮 ，如图 3.6.2 所示。

3.6.3　创建放样的折弯特征的一般过程

创建放样的折弯的一般步骤如下。

（1）绘制两个单独的不封闭的横断面草图，且开口同向对齐。

（2）在钣金工具栏上单击命令按钮。

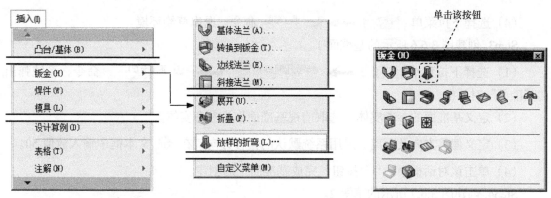

图 3.6.1　下拉菜单的位置　　　　　　　图 3.6.2　工具栏按钮的位置

（3）定义放样轮廓。

（4）查看路径预览。

（5）定义放样的厚度值。

（6）定义折弯线控制的形式。

（7）单击"确定"按钮 ✔，完成放样的折弯特征的创建。

下面以图 3.6.3 所示的模型为例，介绍创建放样的折弯特征的操作过程。

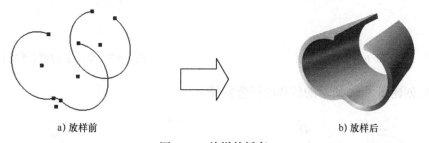

a）放样前　　　　　　　　　　　　b）放样后

图 3.6.3　放样的折弯

Step1. 新建一个零件模型文件，进入建模环境。

Step2. 创建图 3.6.4 所示的草图 1。

（1）选择命令。选择下拉菜单 插入(I) ➡ ▢ 草图绘制 命令。

（2）定义草图基准面。选取前视基准面作为草图基准面。

（3）绘制草图。在草绘环境中绘制图 3.6.5 所示的草图。

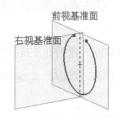

图 3.6.4　草图 1（建模环境）

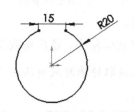

图 3.6.5　草图 1（草绘环境）

（4）选择下拉菜单 插入(I) ➡ 退出草图 命令，退出草绘环境。

Step3. 创建图 3.6.6 所示的基准面 1。

（1）选择下拉菜单 插入(I) ➡ 参考几何体(G) ➡ 基准面(P)... 命令，系统弹出"基准面"对话框。

（2）定义基准面的参考实体。选取前视基准面作为参考实体。

（3）定义偏移方向及距离。采用系统默认的偏移方向，在 文本框中输入数值 50。

（4）单击该对话框中的 按钮，完成基准面 1 的创建。

Step4. 创建图 3.6.7 所示的草图 2。

（1）选择命令。选择下拉菜单 插入(I) ➡ 草图绘制 命令。

（2）定义草图基准面。选取基准面 1 作为草图基准面。

（3）绘制草图。在草绘环境中绘制图 3.6.8 所示的草图。

（4）选择下拉菜单 插入(I) ➡ 退出草图 命令，退出草图设计环境。

说明：两个横断面草图必须是不封闭的，开口同向对齐。

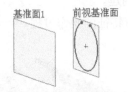

图 3.6.6　创建基准面 1

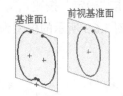

图 3.6.7　草图 2（建模环境）

Step5. 创建图 3.6.9 所示的放样的折弯特征。

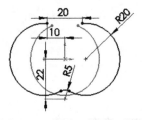

图 3.6.8　草图 2（草绘环境）

图 3.6.9　放样的折弯

（1）选择命令。选择下拉菜单 插入(I) ➡ 钣金(H) ➡ 放样的折弯(L)... 命令，或在"钣金（H）"工具栏中单击"放样的折弯"按钮 ，系统弹出图 3.6.10 所示的"放样折弯"对话框。

（2）定义放样轮廓。依次选取草图 1 和草图 2 作为放样的折弯特征的轮廓（图 3.6.11）。

说明：在选取轮廓时应确认在"放样折弯"对话框的 制造方法(M) 区域中 ⊙ 成型 选项处于选中状态。

（3）查看路径预览。单击"上移"按钮 来调整轮廓的顺序（图 3.6.12）。

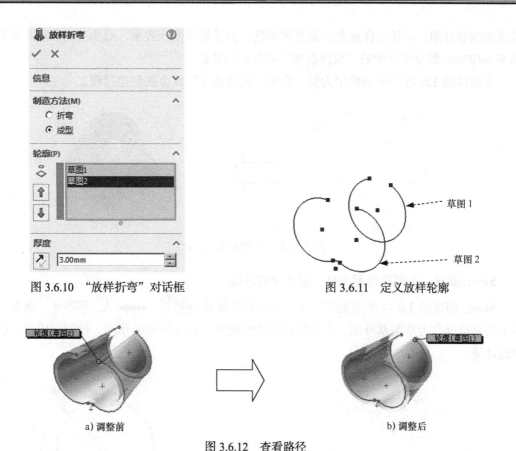

图 3.6.10 "放样折弯"对话框   图 3.6.11 定义放样轮廓

a) 调整前   b) 调整后

图 3.6.12 查看路径

（4）定义放样的厚度值。在"放样折弯"对话框 **厚度** 区域的文本框中输入数值 3。

说明：如果想要改变加材料方向，可以单击 **厚度** 区域文本框前面的"反向"按钮 ↗。

（5）单击"放样折弯"对话框中的 ✓ 按钮，完成放样折弯特征的创建。

Step6. 选择下拉菜单 文件(F) ➡ 💾 保存 (S) 命令，将模型命名为 lofted_bend，保存零件模型。

图 3.6.10 所示的"放样折弯"对话框中各项的说明如下。

● 单击"上移"按钮 ⬆ 或"下移"按钮 ⬇ 来调整轮廓的顺序，或重新选择草图将不同的点连接在轮廓上。

● **厚度** 区域：用来控制"放样折弯"的厚度值。

● ↗ 反向按钮：单击此按钮可以改变加材料方向。

3.6.4 创建"天圆地方"钣金

"天圆地方"是钣金工程中的常用件，其模型如图 3.6.13 所示。如果采用手工放样的方式来绘制展开图，不仅工作量大，而且效率低。为了提高生产效率，减少劳动强度，可以使用 SolidWorks 钣金设计中的"放样折弯"功能进行绘制。

下面以图 3.6.13 所示的模型为例，介绍"天圆地方"钣金的创建过程。

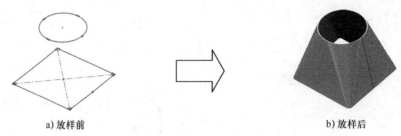

a) 放样前　　　　　　　　　　b) 放样后

图 3.6.13　"天圆地方"钣金

Step1. 新建一个零件模型文件，进入建模环境。

Step2. 创建图 3.6.14 所示的草图 1。选择下拉菜单 插入(I) ➡ 草图绘制 命令，选取上视基准面作为草图基准面，在草绘环境中绘制图 3.6.15 所示的草图，绘制完成后，退出草绘环境。

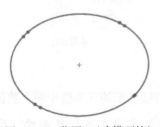

图 3.6.14　草图 1（建模环境）

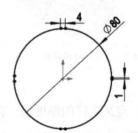

图 3.6.15　草图 1（草绘环境）

说明：图 3.6.15 所示的草图中，右侧为宽度 1mm 的开口，上下和左侧为长度 4mm 的直线。

Step3. 创建图 3.6.16 所示的基准面 1。选取上视基准面作为参考对象，向下方偏移 100mm。

Step4. 创建草图 2。选取基准面 1 作为草图基准面，在草绘环境中绘制图 3.6.17 所示的草图，绘制完成后，退出草绘环境。

说明：图 3.6.17 所示的草图中，正方形的 4 个角均为 R4 的圆角，右侧边线中间为宽度 1mm 的开口，与草图 1 中的开口对齐。

Step5. 创建放样的折弯特征。

（1）选择命令。选择下拉菜单 插入(I) ➡ 钣金(H) ▶ ➡ 放样的折弯(L)… 命令，或在"钣金（H）"工具栏中单击"放样的折弯"按钮，系统弹出"放样折弯"对话框。

（2）定义放样轮廓。依次选取草图 1 和草图 2 作为放样的折弯特征的轮廓。

（3）设置参数。在"放样折弯"对话框中设置图 3.6.18 所示的参数。

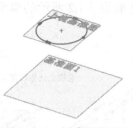

图 3.6.16　创建基准面 1

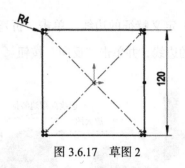

图 3.6.17　草图 2

（4）单击"放样折弯"对话框中的 按钮，完成放样折弯特征的创建。

Step6. 保存零件模型。

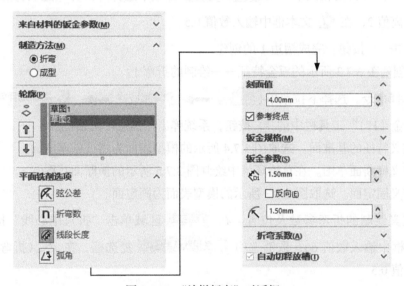

图 3.6.18　"放样折弯"对话框

3.7　本 章 实 例

3.7.1　实例 1

本实例将继续设计第 2 章中未设计完的钣金模型。

Step1. 打开文件 D：\sw20.4\work\ch03.07\flyco.SLDPRT。

Step2. 创建图 3.7.1 所示的褶边 1。

（1）选择命令。选择下拉菜单 插入(I) ➞ 钣金 (H) ➞ 褶边 (H)... 命令，系统弹出"褶边"对话框。

（2）定义特征的边线。单击"折弯在外"按钮 ![icon]，选取图 3.7.2 所示的模型边线为生成褶边的边线，并单击"反向"按钮 ![icon]。

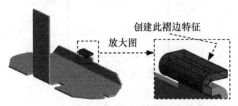

图 3.7.1　创建褶边特征 1

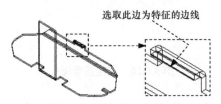

图 3.7.2　定义特征的边线

（3）定义褶边类型和大小。在 类型和大小(T) 区域中选择"打开"选项 ![icon]。在 ![icon] 文本框中输入距离值 2，在 ![icon] 文本框中输入数值 0.5。

（4）单击 ![icon] 按钮，完成褶边 1 的创建。

Step3. 创建图 3.7.3 所示的钣金特征——绘制的折弯 1。

（1）选择命令。选择下拉菜单 插入(I) ➡ 钣金(H) ➡ ![icon] 绘制的折弯(S)... 命令，或单击"钣金（H）"工具栏中的 ![icon] 按钮，系统弹出"信息"对话框。

（2）定义特征的基准面。选取图 3.7.4 所示的模型表面为特征的基准面。

（3）定义横断面草图。在草绘环境中绘制图 3.7.5 所示的横断面草图。

（4）定义固定面。选取图 3.7.3 所示的模型表面为固定面。

（5）定义绘制的折弯参数及位置。在 折弯位置: 区域单击"折弯中心线"按钮 ![icon]，并在 ![icon] 文本框中输入数值 60；取消选中 ☐ 使用默认半径(U) 复选框，在 ![icon]（折弯半径）文本框中输入数值 0.5。

（6）单击 ![icon] 按钮，完成绘制的折弯特征 1 的创建。

图 3.7.3　创建绘制的折弯特征 1

图 3.7.4　定义基准面

图 3.7.5　横断面草图

Step4. 创建图 3.7.6 所示的钣金特征——绘制的折弯 2。

（1）选择命令。选择下拉菜单 插入(I) ➡ 钣金(H) ➡ ![icon] 绘制的折弯(S)... 命令，或单击"钣金（H）"工具栏中的 ![icon] 按钮。

（2）定义特征的基准面。选取图 3.7.7 所示的模型表面为基准面。

（3）定义横断面草图。在草绘环境中绘制图 3.7.8 所示的横断面草图。

（4）定义固定面。选取图 3.7.7 所示的草绘基准面为固定面。

（5）定义绘制的折弯参数及位置。在 折弯位置: 区域单击"折弯中心线"按钮 ，并在 ⬈ 文本框中输入数值 100；取消选中 □ 使用默认半径(U) 复选框，在 ⬅ （折弯半径）文本框中输入数值 0.5。

（6）单击 ✅ 按钮，完成绘制的折弯特征 2 的创建。

图 3.7.6　创建绘制的折弯特征 2

选取此表面

图 3.7.7　定义基准面和固定面

图 3.7.8　横断面草图

Step5. 创建图 3.7.9 所示的钣金特征——展开 1。

（1）选择命令。选择下拉菜单 插入(I) ➡ 钣金(H) ➡ 🔩 展开(U)... 命令，或单击"钣金（H）"工具栏上的"展开"按钮 🔩，系统弹出"展开"对话框。

（2）定义固定面。选取图 3.7.10 所示的模型表面为固定面。

（3）定义展开的折弯特征。单击选取图 3.7.11 所示的折弯特征。

（4）单击 ✅ 按钮，完成展开 1 的创建。

图 3.7.9　创建展开特征 1

模型固定面

图 3.7.10　定义固定面

选取这两个折弯特征

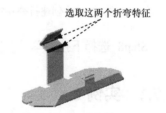

图 3.7.11　定义展开的折弯特征

Step6. 创建图 3.7.12 所示的切除 – 拉伸 1。

（1）选择命令。选择下拉菜单 插入(I) ➡ 切除(C) ➡ 🔲 拉伸(E)... 命令。

（2）定义特征的横断面草图。

① 定义草图基准面。选取图 3.7.13 所示的表面为草图基准面。

② 定义横断面草图。在草绘环境中绘制图 3.7.14 所示的横断面草图。

③ 选择下拉菜单 插入(I) ➡ 🔲 退出草图 命令，完成横断面草图的创建。

（3）定义切除深度属性。采用系统默认的切除深度方向，在"切除 – 拉伸"对话框 方向1 区域的下拉列表中选择 完全贯穿 选项。

（4）单击对话框中的 ✅ 按钮，完成切除 – 拉伸 1 的创建。

 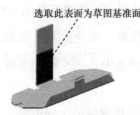 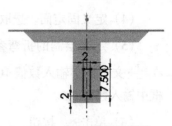

图 3.7.12　创建切除－拉伸特征 1　　图 3.7.13　定义草图基准面　　图 3.7.14　横断面草图

Step7. 创建图 3.7.15 所示的钣金特征——折叠 1。

（1）选择命令。选择下拉菜单 插入(I) —→ 钣金(H) ▶ —→ 折叠(F)... 命令，或单击"钣金（H）"工具栏上的"折叠"按钮 ，系统弹出"折叠"对话框。

（2）定义固定面。系统自动选取图 3.7.16 所示的面为固定面。

（3）定义折叠的折弯特征。在"折叠"对话框中单击 收集所有折弯(A) 按钮，系统将模型中所有可折叠的折弯特征显示在 要折叠的折弯: 列表框中。

（4）单击 按钮，完成折叠 1 的创建。

 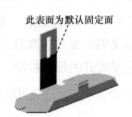

图 3.7.15　创建折叠特征 1　　　　　　　图 3.7.16　定义固定面

Step8. 选择下拉菜单 文件(F) —→ 保存 (S) 命令，保存模型。

3.7.2　实例 2

下面将创建图 3.7.17 所示的钣金件模型，使读者了解钣金折弯的概念及其创建过程。

Step1. 新建模型文件。选择下拉菜单 文件(F) —→ 新建 (N)... 命令，在系统弹出的"新建 SOLIDWORKS 文件"对话框中选择"零件"模块，单击 确定 按钮，进入建模环境。

图 3.7.17　零件模型

Step2. 创建图 3.7.18 所示的钣金基础特征——基体－法兰 1。

（1）选择命令。选择下拉菜单 插入(I) —→ 钣金(H) ▶ —→ 基体法兰(A)... 命令。

（2）定义特征的横断面草图。选取上视基准面作为草图基准面，在草绘环境中绘制图 3.7.19 所示的横断面草图。退出草绘环境后系统弹出"基体法兰"对话框。

（3）定义钣金厚度属性。采用系统默认的深度方向，在"基体法兰"对话框的 钣金参数(S)

区域中输入厚度值 0.2。

（4）单击 按钮，完成基体 – 法兰 1 的创建。

图 3.7.18　基体 – 法兰特征 1

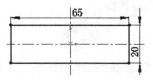

图 3.7.19　横断面草图

Step3. 创建图 3.7.20 所示的钣金特征——绘制的折弯 1。

（1）选择命令。选择下拉菜单 插入(I) ➡ 钣金(H) ➡ 绘制的折弯(S)... 命令，或单击"钣金（H）"工具栏中的 按钮，系统弹出"信息"对话框。

（2）定义特征的基准面。选取图 3.7.20 所示的模型表面为基准面。

（3）定义横断面草图。在草绘环境中绘制图 3.7.21 所示的横断面草图。

（4）定义固定面。选取图 3.7.20 所示的草绘基准面为固定面。

（5）定义绘制的折弯参数及位置。在 折弯位置 区域单击"折弯中心线"按钮 ，并在 （反向）文本框中输入数值90；取消选中 □ 使用默认半径(U) 复选框，在 （折弯半径）文本框中输入数值 1.5。

（6）单击 按钮，完成绘制的折弯特征 1 的创建。

图 3.7.20　创建绘制的折弯特征 1

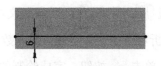

图 3.7.21　横断面草图

Step4. 创建图 3.7.22 所示的钣金特征——绘制的折弯 2。

（1）选择命令。选择下拉菜单 插入(I) ➡ 钣金(H) ➡ 绘制的折弯(S)... 命令，或单击"钣金（H）"工具栏中的 按钮。

（2）定义特征的基准面。选取图 3.7.23 所示的模型表面为基准面。

（3）定义横断面草图。在草绘环境中绘制图 3.7.24 所示的横断面草图。

（4）定义固定面。选取图 3.7.23 所示的草绘基准面为固定面。

（5）定义绘制的折弯参数及位置。在 折弯位置 区域单击"折弯中心线"按钮 ，并在 （反向）文本框中输入数值90；取消选中 □ 使用默认半径(U) 复选框，在 （折弯半径）文本框中输入数值 1.5。

（6）单击 ✅ 按钮，完成绘制的折弯特征 2 的创建。

 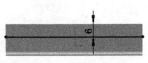

图 3.7.22　创建绘制的折弯特征 2　　图 3.7.23　定义基准面　　　　图 3.7.24　横断面草图

Step5. 创建图 3.7.25 所示的钣金特征——绘制的折弯 3。

（1）选择命令。选择下拉菜单 插入(I) ➡ 钣金 (H) ▶ ➡ 绘制的折弯(S)... 命令，或单击"钣金（H）"工具栏中的 按钮。

（2）定义特征的基准面。选取图 3.7.26 所示的模型表面为基准面。

（3）定义横断面草图。在草绘环境中绘制图 3.7.27 所示的横断面草图。

（4）定义固定面。选取图 3.7.26 所示的草绘基准面为固定面。

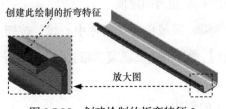 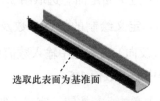

图 3.7.25　创建绘制的折弯特征 3　　　　　图 3.7.26　定义基准面

（5）定义绘制的折弯参数，并定义绘制的折弯位置。在 折弯位置: 区域单击"折弯中心线"按钮 ，并在 （反向）文本框中输入数值 90；取消选中 使用默认半径(U) 复选框，在 （折弯半径）文本框中输入数值 1。

（6）单击 ✅ 按钮，完成绘制的折弯特征 3 的创建。

Step6. 创建图 3.7.28 所示的钣金特征——绘制的折弯 4。

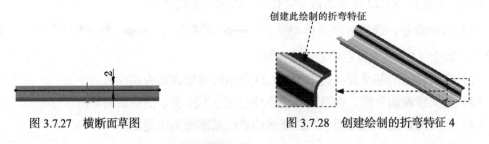

图 3.7.27　横断面草图　　　　图 3.7.28　创建绘制的折弯特征 4

（1）选择命令。选择下拉菜单 插入(I) ➡ 钣金 (H) ▶ ➡ 绘制的折弯(S)... 命令，或单击"钣金（H）"工具栏中的 按钮。

（2）定义特征的基准面。选取图 3.7.29 所示的模型表面为基准面。

（3）定义横断面草图。在草绘环境中绘制图 3.7.30 所示的横断面草图。

（4）定义固定面。选取图 3.7.29 所示的草绘基准面为固定面。

（5）定义绘制的折弯参数及位置。在 折弯位置: 区域单击"折弯中心线"按钮 ，并在其 （反向）文本框中输入数值 90；取消选中 使用默认半径(U) 复选框，在 （折弯半径）文本框中输入数值 1。

（6）单击 按钮，完成绘制的折弯特征 4 的创建。

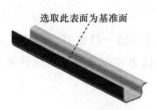

图 3.7.29　定义基准面

图 3.7.30　横断面草图

Step7. 选择下拉菜单 文件(F) ➡ 保存 (S) 命令，将模型保存至 D：\sw20.4\work\ch03.07 文件夹中，并将其命名为 file_clamp。

第4章 钣金成形

本章详细介绍 SolidWorks 2020 软件中创建成形工具特征的一般过程，以及定义成形工具文件夹的方法。通过本章提供的一些具体实例的操作，读者可以掌握钣金设计中成形工具特征的创建方法。

4.1 概　　述

把一个实体零件（冲模）上的某个形状印贴在钣金件上而形成的特征，就是钣金成形工具特征。例如，图 4.1.1a 和图 4.1.2a 所示的实体零件为成形工具，该成形工具中凸起形状可以印贴在钣金件上而产生成形工具特征（图 4.1.1b 和图 4.1.2b）。

a)成形工具　　　　　　　　　　　　　　　　　　　　b)钣金件

图 4.1.1　钣金成形工具特征（不带移除面）

a)成形工具　　　　　　　　　　　　　　　　　　　　b)钣金件

图 4.1.2　钣金成形工具特征（带移除面）

在成形工具特征的创建过程中，成形工具的选择尤其重要，有一个很好的成形工具才可以建立完美的成形工具特征。在 SolidWorks 2020 中用户可以直接使用软件提供的成形工具或将其修改后使用，也可以按要求自己创建成形工具。本章将详细讲解使用成形工具的几种方法。

在任务窗格中单击"设计库"按钮 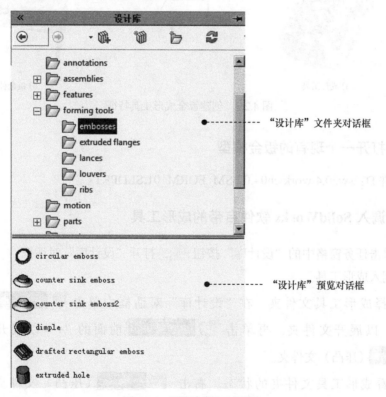，系统打开图 4.1.3 所示的"设计库"对话框。SolidWorks 2020 软件在设计库的 forming tools（成形工具）文件夹下提供了一套成形工具的实例， forming tools（成形工具）文件夹是一个被标记为成形工具的零件文件夹，包括 embosses（压凸）、 extruded flanges（冲孔）、 lances（切口）、 louvers（百叶窗）和 ribs（肋）。 forming tools 文件夹中的零件是 SolidWorks 2020 软件中自带的工具，专门用来在钣金零件中创建成形工具特征，这些工具也称为标准成形工具。

说明：如果"设计库"对话框中没有 design library 文件夹，可以按照下面的方法进行添加。

Step1. 在"设计库"对话框中单击"添加文件位置"按钮 ，系统弹出"选取文件夹"对话框。

Step2. 在 查找范围(I): 下拉列表中找到 C:\ProgramData\SolidWorks\SOLIDWORKS 2020\Design Library 文件夹后，单击 确定 按钮。

图 4.1.3 "设计库"对话框

4.2 创建成形工具特征的一般过程

使用"设计库"中的成形工具，应用到钣金零件上创建成形工具特征的一般过程如下。

（1）在"设计库"预览对话框中将成形工具拖放到钣金模型中要创建成形工具特征的表面上。

（2）在松开鼠标左键之前，根据实际需要使用 Tab 键，以切换成形工具特征的方向。

（3）松开鼠标左键以放置成形工具。

（4）编辑草图以定位成形工具的位置。

（5）编辑定义成形工具特征以改变尺寸。

1. 实例 1

下面以图 4.2.1 所示的模型为例说明用 SolidWorks 2020 软件中自带的"标准成形工具"创建成形工具特征的一般过程。

a) 成形工具   b) 钣金件

图 4.2.1　创建钣金成形工具特征

Task1. 打开一个现有的钣金模型

打开文件 D: \sw20.4\work\ch04.02\SM_FORM_01.SLDPRT。

Task2. 调入 SolidWorks 软件自带的成形工具

Step1. 单击任务窗格中的"设计库"按钮 🗀，打开"设计库"对话框。

Step2. 调入成形工具。

（1）选择成形工具文件夹。在"设计库"对话框中单击 🗀 design library（设计库）前面的"+"以展开文件夹，再单击 🗀 forming tools 前面的"+"以展开文件夹，选择 🗀 embosses（压凸）文件夹。

（2）查看成形工具文件夹的状态。右击 🗀 embosses（压凸）文件夹，系统弹出图 4.2.2 所示的快捷菜单，确认 成形工具文件夹 命令前面显示 ✔ 符号（如果 成形工具文件夹 命令前面没有显示 ✔ 符号，可以在快捷菜单中选择 成形工具文件夹 命令以切换是否显示 ✔ 符号）。

说明： 如果在查看某个成形工具文件夹的状态时，成形工具文件夹 命令前面没有显示 ✔ 符号，当使用该成形工具文件夹中的成形工具在钣金件上创建成形工具特征时，将无法完成成形工具特征的创建，并且系统会弹出图 4.2.3 所示的 SOLIDWORKS 对话框。

Task3. 使用成形工具创建成形工具特征

Step1. 放置成形工具特征。在"设计库"预览对话框中选择 drafted rectangular emboss 文件并拖动到图 4.2.4 所示的平面，在系统弹出的图 4.2.5 所示的"成形工具特征"对话框中单击 ✅ 按钮。

说明：在松开鼠标左键之前，通过 Tab 键可以更改成形工具特征的方向。

图 4.2.2　快捷菜单

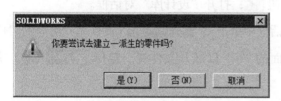

图 4.2.3　SOLIDWORKS 对话框

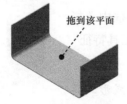

图 4.2.4　成形工具特征 1

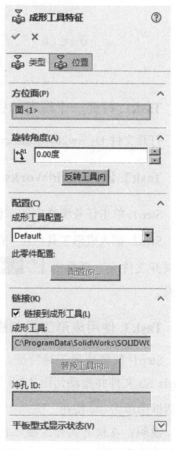

图 4.2.5　"成形工具特征"对话框

Step2. 单击设计树中 🗗 drafted rectangular emboss1(Default) -> 前的 ▶，右击 ✏ (-) 草图2 特征，在系统弹出的快捷菜单中选择 ✏ 命令，进入草绘环境。

Step3. 编辑草图。修改后的草图如图 4.2.6 所示。退出草绘环境，完成成形工具特征 1 的创建。

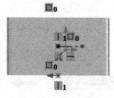

图 4.2.6　编辑草图

2. 实例 2

下面以图 4.2.7 所示的模型为例说明用 SolidWorks 2020 软件中自带的"标准成形工具"，并修改成形工具来创建成形工具特征的一般操作步骤。

图 4.2.7 创建钣金成形工具特征

Task1. 打开一个现有的钣金模型

打开文件 D:\sw20.4\work\ch04.02\SM_FORM_02.SLDPRT。

Task2. 调入 SolidWorks 系统自带的成形工具

Step1. 单击任务窗格中的"设计库"按钮 ▥ ，打开"设计库"对话框。

Step2. 调入成形工具。在"设计库"对话框中单击 ▥ design library（设计库）前面的"+"以展开文件夹，再单击 📁 forming tools 前面的"+"以展开文件夹，选择 📁 ribs（肋）文件夹。

Task3. 使用成形工具创建成形工具特征

Step1. 放置成形工具特征。在"设计库"预览对话框中选择 single rib 文件并拖动到图 4.2.8 所示的平面，在"成形工具特征"对话框中单击 ✓ 按钮。

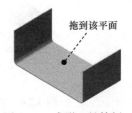

图 4.2.8 成形工具特征 1

说明： 在松开鼠标左键之前，通过 Tab 键可以更改成形工具特征的方向。

Step2. 单击设计树中 ⚓ single rib1 (Default) -> 前的 ▸ ，右击 [(-) 草图2] 特征，在系统弹出的快捷菜单中选择 ☑ 命令，进入草绘环境。

Step3. 编辑草图。

（1）进入草绘环境后，此时草图如图 4.2.9a 所示，选择下拉菜单 工具(T) ➡ 草图工具(T) ➡ ◇± 修改(Y)... 命令，系统弹出图 4.2.10 所示的"修改草图"对话框，在 旋转(R) 文本框中输入数值 90 并按 Enter 键，以旋转草图，单击 关闭 按钮。

（2）添加几何约束，修改后的草图如图 4.2.9b 所示。退出草绘环境，完成成形工具特征 1 的创建。

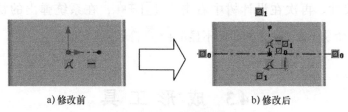

a) 修改前　　　　　　　b) 修改后

图 4.2.9　编辑草图

图 4.2.10　"修改草图"对话框

说明：此时创建的成形工具特征如图 4.2.11a 所示，从模型上观察到成形工具特征太大，不符合设计要求，所以要修改成形工具特征的尺寸大小。

Step4. 修改成形工具特征的大小（图 4.2.11）。

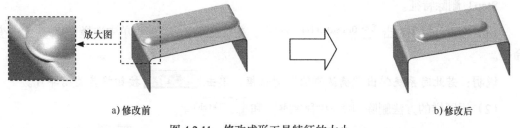

a) 修改前　　　　　　　　　　　　　　　　　　b) 修改后

图 4.2.11　修改成形工具特征的大小

（1）在设计树中右击 ▶ 🅰注解 ，在系统弹出的快捷菜单中选择 显示特征尺寸 (C) 命令（确认命令的前面显示 ✔ 符号），此时钣金模型上显示图 4.2.12 所示的尺寸。

（2）在设计树中右击 single rib1 (Default) -> ，在系统弹出的快捷菜单中选择 🗊 命令，系统弹出"成形工具特征"对话框，在 链接(K) 区域取消选中 ☐ 链接到成形工具(L) 复选框，单击对话框中的 ✔ 按钮。

（3）修改成形工具特征的尺寸。在图 4.2.12 所示的

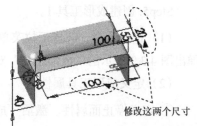

修改这两个尺寸

图 4.2.12　修改成形工具特征的尺寸

模型中双击尺寸值 100，将其改为 70；双击尺寸值 20，将其改为 15。

（4）重建模型。在"标准"工具栏中单击"重建模型"按钮 $\boxed{8}$ 。

（5）隐藏尺寸。再次在设计树中右击 ▸ $\boxed{\text{A}}$ 注解，在系统弹出的快捷菜单中选择 $\boxed{\text{显示特征尺寸 (C)}}$ 命令（确认命令的前面不显示 $\boxed{\checkmark}$ 符号）。

4.3　成　形　工　具

4.3.1　修改软件提供的成形工具

在 SolidWorks "设计库"中提供了许多类型的成形工具，但是这些成形工具不是 .sldftp 格式的文件，都是零件文件，而且在设计树中没有成形工具特征。

下面用一个例子说明转换成形工具的一般过程。

Task1. 转换成形工具

Step1. 在任务窗格中单击"设计库"按钮 $\boxed{\text{🗄}}$ ，系统打开"设计库"对话框。

Step2. 打开系统提供的成形工具。在 $\boxed{\text{forming tools}}$ （成形工具）文件夹下的 $\boxed{\text{ribs}}$ （肋）子文件夹中找到 single rib.sldprt 文件并右击，从系统弹出的快捷菜单中选择 $\boxed{\text{打开}}$ 命令。

Step3. 删除特征。

（1）在设计树中右击 $\boxed{\text{Orientation Sketch}}$ ，在系统弹出的快捷菜单中选择 $\boxed{\times \ \text{删除… (N)}}$ 命令。

> **说明**：若此时系统弹出"确认删除"对话框，单击 $\boxed{\text{是(Y)}}$ 按钮将其关闭即可。

（2）用同样的方法删除 $\boxed{\text{Cut-Extrude1}}$ 和 $\boxed{\text{Sketch3}}$ 。

Step4. 修改尺寸。单击设计树中 $\boxed{\text{Boss-Extrude1}}$ 前的 ▸ ，右击 $\boxed{\text{Sketch2}}$ 特征，在系统弹出的快捷菜单中选择 $\boxed{\text{✎}}$ 命令，进入草绘环境。将图 4.3.1 所示的尺寸值 4 改成 6 后退出草绘环境。

Step5. 创建成形工具 1。

（1）选择命令。选择下拉菜单 $\boxed{\text{插入(I)}}$ ➡ $\boxed{\text{钣金 (H)}}$ ▸ ➡ $\boxed{\text{🍄 成形工具}}$ 命令，系统弹出图 4.3.2 所示的"成形工具"对话框。

（2）定义成形工具属性。

① 定义停止面属性。激活"成形工具"对话框中的 $\boxed{\text{停止面}}$ 区域，选取图 4.3.3 所示的停止面。

② 定义移除面属性。由于不涉及移除，成形工具不选取移除面。

（3）单击 ✅ 按钮，完成成形工具 1 的创建。

Step6. 转换成形工具。选择下拉菜单 文件(F) ➡ 📄 另存为 (A)... 命令，选择 保存类型 (T):
为 *.sldftp，把模型保存于 D：\sw20.4\work\ch04.03\form_tool_sldftp，并命名为 form_tool_03。

Step7. 将成形工具调入设计库。

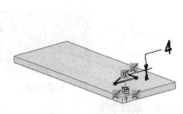

图 4.3.1　编辑草图

图 4.3.2　"成形工具"对话框

（1）单击任务窗格中的"设计库"按钮 📦，打开"设计库"对话框。

（2）在"设计库"对话框中单击"添加文件位置"按钮 📦，系统弹出"选取文件夹"
对话框，在 查找范围 (I): 下拉列表中找到 D：\sw20.4\work\ch04.03\form_tool_sldftp 文件夹后，
单击 确定 按钮。

（3）此时在设计库中出现 form_tool_sldftp 节点，右击该节点，在系统弹出的快捷菜单
中选择 成形工具文件夹 命令，确认 成形工具文件夹 命令前面显示 ✔ 符号。

Task2. 在钣金件上创建图 4.3.4 所示的成形工具特征

Step1. 打开文件 D：\sw20.4\work\ch04.03\SM_FORM_03.SLDPRT。

图 4.3.3　成形工具

图 4.3.4　创建成形工具特征

Step2. 单击"设计库"对话框中的 form_tool_sldftp 节点，在设计库下部的"预览"对
话框中选择 form_tool_03 文件并拖动到图 4.3.5 所示的平面，在系统弹出的"成形工具特征"
对话框中单击 ✅ 按钮。

Step3. 单击设计树中 🔩 form_tool_031 前的 ▸，右击 （-）草图2 特征，在系统弹出的快

捷菜单中选择 ☑ 命令，进入草绘环境。

Step4. 编辑草图。

（1）进入草绘环境后，此时草图如图 4.3.6a 所示，选择下拉菜单 工具(T) ➡ 草图工具(T) ➡ ♦ 修改(Y)... 命令，系统弹出"修改草图"对话框，在 旋转(R) 文本框中输入数值 90 并按 Enter 键，以旋转草图，单击 关闭 按钮。

（2）添加几何约束，修改后的草图如图 4.3.6b 所示。退出草绘环境，完成成形工具特征 1 的创建。

图 4.3.5 成形工具特征 1　　　a)修改前　　　b)修改后

图 4.3.6 编辑草图

4.3.2 创建成形工具

用户也可以自己设计并在"设计库"对话框中创建成形工具文件夹。

说明： 在默认情况下，SolidWorks 2020 安装目录下的 C:\ProgramData\SolidWorks\SOLIDWORKS 2020\Design Library 文件夹以及它的子文件夹被标记为成形工具文件夹。

选择"成形工具"命令的两种方法如下。

方法一： 从下拉菜单中获取特征命令。选择下拉菜单 工具(T) ➡ 钣金(H) ➡ 成形工具 命令（图 4.3.7）。

方法二： 从工具栏中获取特征命令。在"钣金（H）"工具栏中单击"成形工具"按钮 🍄，如图 4.3.8 所示。

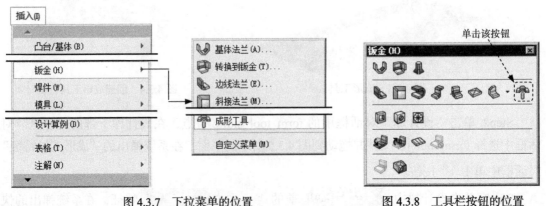

图 4.3.7 下拉菜单的位置　　　图 4.3.8 工具栏按钮的位置

1. 实例 1——创建不带移除面的成形工具特征

下面用一个例子来说明创建图 4.3.9 所示自定义成形工具的一般过程，然后用自定义成形工具在钣金件上创建不带移除面的成形工具特征。

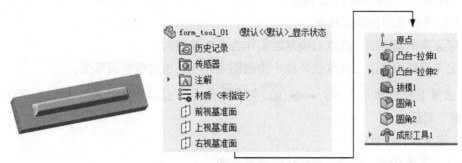

图 4.3.9　零件模型及设计树

Task1. 创建自定义成形工具

Step1. 新建模型文件。选择下拉菜单 文件(F) ➡ 新建(N)... 命令，在系统弹出的"新建 SOLIDWORKS 文件"对话框中选择"零件"模块，单击 确定 按钮，进入建模环境。

Step2. 创建图 4.3.10 所示的零件基础特征——凸台 – 拉伸 1。

（1）选择命令。选择下拉菜单 插入(I) ➡ 凸台/基体(B) ➡ 拉伸(E)... 命令，或单击"特征"工具栏中的 拉伸凸台/基体 按钮。

（2）定义特征的横断面草图。

①定义草图基准面。选取前视基准面作为草图基准面。

②定义横断面草图。在草绘环境中绘制图 4.3.11 所示的横断面草图。

③选择下拉菜单 插入(I) ➡ 退出草图 命令，退出草绘环境，此时系统弹出"凸台 – 拉伸"对话框。

（3）定义拉伸深度属性。

①定义深度方向。采用系统默认的深度方向。

②定义深度类型和深度值。在"凸台 – 拉伸"对话框 **方向1(1)** 区域的 下拉列表中选择 给定深度 选项，在 文本框中输入深度值 8。

图 4.3.10　凸台 – 拉伸 1

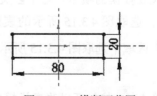

图 4.3.11　横断面草图

（4）单击  按钮，完成凸台－拉伸1的创建。

Step3. 创建图4.3.12所示的零件特征——凸台－拉伸2。

（1）选择命令。选择下拉菜单 插入(I) ➡ 凸台/基体(B) ➡ 拉伸(E)... 命令，或单击"特征"工具栏中的 拉伸台/基体 按钮。

（2）定义特征的横断面草图。

① 定义草图基准面。选取右视基准面作为草图基准面。

② 定义横断面草图。在草绘环境中绘制图4.3.13所示的横断面草图。

③ 选择下拉菜单 插入(I) ➡ 退出草图 命令，退出草绘环境，此时系统弹出"凸台－拉伸"对话框。

（3）定义拉伸深度属性。

① 定义深度方向。采用系统默认的深度方向。

② 定义深度类型和深度值。在"凸台－拉伸"对话框 方向1(1) 区域的 下拉列表中选择 两侧对称 选项，在 文本框中输入深度值60，选中 合并结果(M) 复选框。

（4）单击 按钮，完成凸台－拉伸2的创建。

图4.3.12　凸台－拉伸2

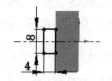

图4.3.13　横断面草图

Step4. 创建图4.3.14b所示的零件特征——拔模1。

a）拔模前

b）拔模后

图4.3.14　拔模特征1

（1）选择命令。选择下拉菜单 插入(I) ➡ 特征(F) ➡ 拔模(D)... 命令，或单击"特征（F）"工具栏中的 拔模 按钮。

（2）定义要拔模的项目。在 文本框中输入拔模角度值20，选取图4.3.15所示的表面作为拔模中性面，在 区域中选取图4.3.15所示的表面作为拔模面。

说明：单击 按钮可以改变拔模方向。

图4.3.15　拔模参考面

（3）单击 ✅ 按钮，完成拔模特征 1 的初步创建。

（4）定义拔模参数。在模型树中右击 🔷 拔模1，在系统弹出的快捷菜单中选择 🔷 命令，系统弹出"拔模"对话框，在对话框中进行如下设置。

① 定义拔模类型。在 **拔模类型(T)** 区域中选中 ⦿ 中性面(E) 单选项。

② 定义拔模沿面延伸。在 **拔模面(F)** 区域的 拔模沿面延伸(A): 下拉列表中选择 内部的面 选项。

（5）单击 ✅ 按钮，完成拔模特征 1 的创建。

Step5. 创建图 4.3.16b 所示的圆角特征 1。

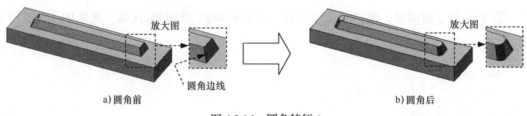

a) 圆角前　　　　　　　　　　　　　　　　　　　　　b) 圆角后

图 4.3.16　圆角特征 1

（1）选择命令。选择下拉菜单 插入(I) ➡ 特征(F) ▸ ➡ 🔷 圆角 (F)... 命令，或单击 🔷 按钮，系统弹出"圆角"对话框。

（2）定义圆角类型。采用系统默认的圆角类型。

（3）定义圆角对象。选取图 4.3.16a 所示的四条边线为要圆角的对象，选中 ☑ 切线延伸(G) 复选框。

（4）定义圆角的半径。在 圆角参数 区域的 ⦂ 文本框中输入圆角半径值 2。

（5）单击"圆角"对话框中的 ✅ 按钮，完成圆角特征 1 的创建。

注意：在创建自定义成形工具时，创建的圆角特征的最小曲率半径必须大于钣金零件的厚度，否则在钣金零件上创建成形工具特征时会提示创建失败。测量最小曲率半径的方法是：选择下拉菜单 工具(T) ➡ 评估(E) ▸ ➡ 🔷 检查(C)... 命令。

Step6. 创建图 4.3.17b 所示的圆角特征 2。

（1）选择命令。选择下拉菜单 插入(I) ➡ 特征(F) ▸ ➡ 🔷 圆角 (F)... 命令，或单击 🔷 按钮，系统弹出"圆角"对话框。

（2）定义圆角类型。采用系统默认的圆角类型。

（3）定义圆角对象。选取图 4.3.17a 所示的边线为要圆角的对象，选中 ☑ 切线延伸(G) 复选框。

（4）定义圆角的半径。在 圆角参数 区域的 ⦂ 文本框中输入圆角半径值 1.5。

（5）单击"圆角"对话框中的 ✅ 按钮，完成圆角特征 2 的创建。

a)圆角前   b)圆角后

图 4.3.17 圆角特征 2

Step7. 创建成形工具模型 1。

（1）选择命令。选择下拉菜单 插入(I) ➡ 钣金(H) ▸ ➡ 🍄 成形工具 命令，系统弹出图 4.3.18 所示的"成形工具"对话框。

（2）定义成形工具属性。

① 定义停止面属性。激活"成形工具"对话框中的 停止面 区域，选取图 4.3.19 所示的停止面。

图 4.3.18 "成形工具"对话框

停止面

图 4.3.19 成形工具模型 1

② 定义移除面属性。由于不涉及移除，成形工具模型 1 不选取移除面。

（3）单击 ✓ 按钮，完成成形工具模型 1 的创建。

Step8. 至此，成形工具模型创建完毕。选择下拉菜单 文件(F) ➡ 🖫 另存为(A)… 命令，选择 保存类型(T): 为 *.sldftp，把模型保存于 D：\sw20.4\work\ch04.03\form_tool，并命名为 form_tool_01。

Step9. 将成形工具模型调入设计库。

（1）单击任务窗格中的"设计库"按钮 🛢，打开"设计库"对话框。

（2）在"设计库"对话框中单击"添加文件位置"按钮 🛢，系统弹出"选取文件夹"对话框，在 查找范围(I): 下拉列表中选择 D：\sw20.4\work\ch04.03\form_tool 文件夹，单击 确定 按钮。

（3）此时在图 4.3.20 所示的设计库中出现 form_tool 节点，右击该节点，在系统弹出的图 4.3.21 所示的快捷菜单中选择 成形工具文件夹 命令，并确认 成形工具文件夹 命令前面显示 ✔ 符号。

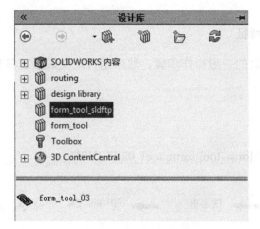

图 4.3.20 "设计库"对话框

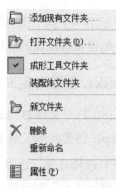

图 4.3.21 快捷菜单

Task2. 在钣金件上创建图 4.3.22 所示的成形工具特征

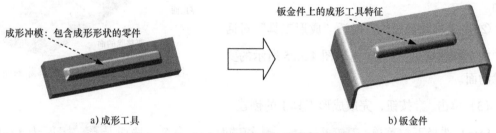

a) 成形工具   b) 钣金件

图 4.3.22 钣金成形工具特征（不带移除面）

Step1. 打开文件 D:\sw20.4\work\ch04.03\SM_FORM_01.SLDPRT。

Step2. 单击任务窗格中的"设计库"按钮 ，打开"设计库"对话框。

Step3. 单击"设计库"对话框中的 form_tool 节点，在设计库下部的预览对话框中选择 form_tool_01 文件并拖动到图 4.3.23 所示的平面，在系统弹出的"成形工具特征"对话框中 单击 按钮。

Step4. 单击设计树中 form_tool_011 前的 ，右击 (-) 草图2 特征，在系统弹出的快 捷菜单中选择 命令，进入草绘环境。

Step5. 编辑草图，如图 4.3.24 所示。退出草绘环境，完成成形工具特征 1 的创建。

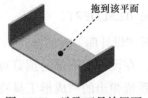

图 4.3.23 选取工具放置面

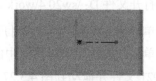

图 4.3.24 编辑草图

2. 实例 2——创建带移除面的成形工具特征

下面用一个例子说明创建自定义成形工具的一般操作步骤，然后用自定义成形工具在钣金件上创建带移除面的成形工具特征。

Task1. 创建自定义成形工具

Step1. 打开文件 D：\sw20.4\work\ch04.03\form_tool\form_tool_02.SLDPRT。

Step2. 创建成形工具 1。

（1）选择命令。选择下拉菜单 插入(I) ➡ 钣金 (H) ▶ 🍄 成形工具 命令，系统弹出"成形工具"对话框。

（2）定义成形工具属性。

① 定义停止面属性。激活"成形工具"对话框中的 停止面 区域，选取图 4.3.25 所示的停止面。

② 定义移除面属性。激活"成形工具"对话框中的 要移除的面 区域，选取图 4.3.25 所示的要移除的面。

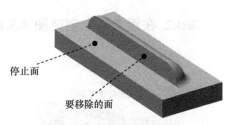

图 4.3.25　选取停止面和要移除的面

（3）单击 ✅ 按钮，完成成形工具 1 的创建。

Step3. 选择下拉菜单 文件(F) ➡ 🖫 另存为(A)… 命令，选择 保存类型 (T)：为 *.sldftp，把模型命名为 form_tool_02，保存于 D：\sw20.4\work\ch04.03\form_tool 文件夹中。

Task2. 在钣金件上创建图 4.3.26b 所示的成形工具特征

a) 成形工具　　　　　　　　　　　　　b) 钣金件

图 4.3.26　钣金成形工具特征（带移除面）

Step1. 打开文件 D：\sw20.4\work\ch04.03\SM_FORM_02.SLDPRT。

Step2. 单击任务窗格中的"设计库"按钮 🛍 ，打开"设计库"对话框。

Step3. 单击"设计库"对话框中的 form_tool 节点，在设计库下部的预览对话框中选择 form_tool_021 文件并拖动到图 4.3.27 所示的平面，在系统弹出的"成形工具特征"对话框中单击 ✅ 按钮。

Step4. 单击设计树中 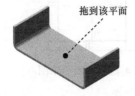 前的 ▸，右击 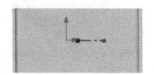 特征，在系统弹出的快捷菜单中选择 ✏ 命令，进入草绘环境。

Step5. 编辑草图，如图 4.3.28 所示。退出草绘环境，完成成形工具特征 1 的创建。

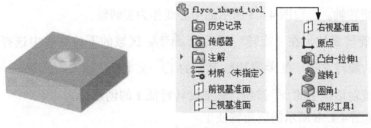

图 4.3.27　选取工具放置面　　　　　　　　图 4.3.28　编辑草图

4.4　本 章 实 例

本实例将继续设计第 3 章中未设计完的钣金模型。

Task1. 创建成形工具 1

成形工具模型及设计树如图 4.4.1 所示。

图 4.4.1　成形工具模型及设计树

Step1. 新建模型文件。选择下拉菜单 文件(F) ➡ 新建(N)... 命令，在系统弹出的"新建 SOLIDWORKS 文件"对话框中选择"零件"模块，单击 确定 按钮，进入建模环境。

Step2. 创建图 4.4.2 所示的零件基础特征——凸台 – 拉伸特征 1。

（1）选择命令。选择下拉菜单 插入(I) ➡ 凸台/基体(B) ▸ ➡ 拉伸(E)... 命令，或单击"特征（F）"工具栏中的 拉伸凸台/基体 按钮。

（2）定义特征的横断面草图。选取上视基准面作为草图基准面。在草绘环境中绘制图 4.4.3 所示的横断面草图。退出草绘环境，此时系统弹出"凸台 – 拉伸"对话框。

（3）定义拉伸深度属性。采用系统默认的深度方向。在"凸台 – 拉伸"对话框 方向 1(1) 区域的下拉列表中选择 给定深度 选项，输入深度值 3。

（4）单击  按钮，完成凸台－拉伸特征 1 的创建。

图 4.4.2　凸台－拉伸特征 1

图 4.4.3　横断面草图

Step3. 创建图 4.4.4 所示的零件特征——旋转特征 1。

（1）选择命令。选择下拉菜单 插入(I) ➡ 凸台/基体(B) ➡ 旋转(R)... 命令。

（2）定义特征的横断面草图。选取前视基准面作为草图基准面。在草绘环境中绘制图 4.4.5 所示的横断面草图。

图 4.4.4　创建旋转特征 1

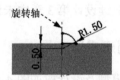

图 4.4.5　横断面草图

（3）定义旋转轴。选取图 4.4.5 所示的中心线作为旋转轴。

（4）定义旋转属性。在"旋转"对话框 方向1 区域的下拉列表中选择 给定深度 选项，采用系统默认的旋转方向。在 方向1(1) 区域的 文本框中输入数值 360。

（5）单击该对话框中的 按钮，完成旋转特征 1 的创建。

Step4. 创建图 4.4.6b 所示的圆角特征 1。

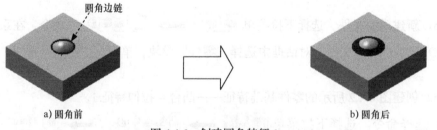

图 4.4.6　创建圆角特征 1

（1）选择命令。选择下拉菜单 插入(I) ➡ 特征(F) ➡ 圆角(F)... 命令，或单击 圆角 按钮，系统弹出"圆角"对话框。

（2）定义圆角类型。采用系统默认的圆角类型。

（3）定义圆角对象。选取图 4.4.6a 所示的边链为要圆角的对象，选中 ☑ 切线延伸(G) 复选框。

（4）定义圆角半径。在 圆角参数 区域的 文本框中输入圆角半径值 1。

（5）单击"圆角"对话框中的 按钮，完成圆角特征 1 的创建。

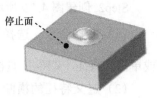

图 4.4.7　成形工具 1

Step5. 创建图 4.4.7 所示的零件特征——成形工具 1。

（1）选择命令。选择下拉菜单 插入(I) ➡ 钣金(H) ➡ 成形工具 命令。

（2）定义成形工具属性。激活"成形工具"对话框中的 停止面 区域，选取图 4.4.7 所示的模型表面为成形工具模型的停止面。

（3）单击 按钮，完成成形工具 1 的创建。

Step6. 至此，成形工具模型创建完毕。选择下拉菜单 文件(F) ➡ 另存为(A)... 命令，把模型保存于 D:\sw20.4\work\ch04.04 文件夹中，并命名为 flyco_shaped_tool_01。

Step7. 将成形工具模型调入设计库。

（1）单击任务窗格中的"设计库"按钮 ，打开"设计库"对话框。

（2）在"设计库"对话框中单击"添加文件位置"按钮 ，系统弹出"选取文件夹"对话框，在 查找范围(I): 下拉列表中选择 D:\sw20.4\work\ch04.04 文件夹，单击 确定 按钮。

（3）此时在设计库中出现 ch04 节点，右击该节点，在系统弹出的快捷菜单中单击 成形工具文件夹 命令，完成成形工具调入设计库的设置。

Task2. 创建成形工具 2

成形工具模型及设计树如图 4.4.8 所示。

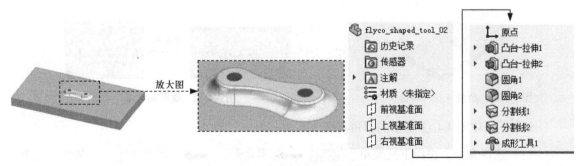

图 4.4.8　成形工具模型及设计树

Step1. 新建模型文件。选择下拉菜单 文件(F) ➡ 新建(N)... 命令，在系统弹出的"新建 SOLIDWORKS 文件"对话框中选择"零件"模块，单击 确定 按钮，进入建模环境。

Step2. 创建图 4.4.9 所示的零件基础特征——凸台 – 拉伸 1。

（1）选择命令。选择下拉菜单 插入(I) ➡ 凸台/基体(B) ➡ 拉伸(E)... 命令，或单击"特征（F）"工具栏中的 拉伸凸台/基体 按钮。

（2）定义特征的横断面草图。选取上视基准面作为草图基准面。在草绘环境中绘制图 4.4.10 所示的横断面草图。退出草绘环境，此时系统弹出"凸台 – 拉伸"对话框。

（3）定义拉伸深度属性。单击"反向"按钮 ↗。在"凸台 – 拉伸"对话框 方向1(1) 区域的下拉列表中选择 给定深度 选项，输入深度值 3。

（4）单击 ✓ 按钮，完成凸台 – 拉伸特征 1 的创建。

图 4.4.9　凸台 – 拉伸特征 1

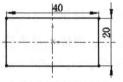

图 4.4.10　横断面草图

Step3. 创建图 4.4.11 所示的零件特征——凸台 – 拉伸特征 2。

（1）选择命令。选择下拉菜单 插入(I) ➡ 凸台/基体(B) ➡ 拉伸(E)... 命令，或单击"特征（F）"工具栏中的 拉伸凸台/基体 按钮。

（2）定义特征的横断面草图。选取上视基准面作为草图基准面。在草绘环境中绘制图 4.4.12 所示的横断面草图。退出草绘环境，此时系统弹出"凸台 – 拉伸"对话框。

（3）定义拉伸深度属性。采用系统默认的深度方向。在"凸台 – 拉伸"对话框 方向1(1) 区域的下拉列表中选择 给定深度 选项，输入深度值 1。

（4）单击 ✓ 按钮，完成凸台 – 拉伸特征 2 的创建。

图 4.4.11　凸台 – 拉伸特征 2

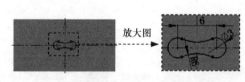

图 4.4.12　横断面草图

Step4. 创建图 4.4.13 所示的圆角特征 1。

（1）选择命令。选择下拉菜单 插入(I) ➡ 特征(F) ➡ 圆角(F)... 命令，或单击 圆角 按钮，系统弹出"圆角"对话框。

（2）定义圆角类型。采用系统默认的圆角类型。

（3）定义圆角对象。选取图 4.4.14 所示的边线为要圆角的对象，选中 ☑ 切线延伸(G) 复选框。

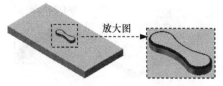

图 4.4.13　创建圆角特征 1

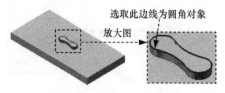

图 4.4.14　定义圆角对象

（4）定义圆角半径。在 **圆角参数** 区域的 文本框中输入圆角半径值 0.2。

（5）单击"圆角"对话框中的 按钮，完成圆角特征 1 的创建。

Step5. 创建图 4.4.15 所示的圆角特征 2。选取图 4.4.16 所示的边线为要圆角的对象。圆角半径值为 1，详细过程参见上一步。

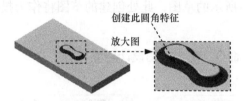

图 4.4.15　创建圆角特征 2

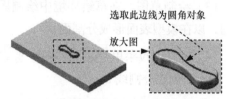

图 4.4.16　定义圆角对象

Step6. 创建草图 3。

（1）选择命令。选择下拉菜单 插入(I) ➡ 草图绘制 命令。

（2）定义草图基准面。选取图 4.4.17 所示的模型表面为草图基准面。

（3）绘制草图。在草绘环境中绘制图 4.4.18 所示的横断面草图，此处创建的草图将作为投影草图，以在模型表面形成分割面。

（4）选择下拉菜单 插入(I) ➡ 退出草图 命令，退出草图设计环境。

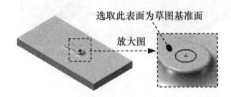

图 4.4.17　草图 3

图 4.4.18　横断面草图

Step7. 创建图 4.4.19 所示的分割线 1。

（1）选择命令。选择下拉菜单 插入(I) ➡ 曲线(U) ➡ 分割线(S)... 命令，系统弹出"分割线"对话框。

（2）定义分割类型。在"分割线"对话框的 分割类型(T) 区域中选中 ⊙ 投影(P) 单选项。

（3）定义要投影的草图。在设计树中选取草图 3 作为要投影的草图。

（4）定义分割面。选取图 4.4.20 所示的模型表面作为要分割的面。

（5）定义分割方向。在 选择(E) 区域中选中 ☑ 单向(D) 复选框。

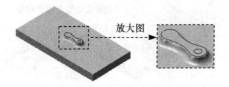
图 4.4.19　创建分割线 1

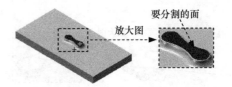
图 4.4.20　定义要分割的面

（6）单击该对话框中的 ✅ 按钮，完成分割线 1 的创建。

Step8. 创建草图 4。

（1）选择命令。选择下拉菜单 插入(I) ➡ ▭ 草图绘制 命令。

（2）定义草图基准面。选取图 4.4.17 所示的模型表面作为草图基准面。

（3）绘制草图。在草绘环境中绘制图 4.4.21 所示的草图，此处创建的草图将作为投影草图，以在模型表面形成分割面。

（4）选择下拉菜单 插入(I) ➡ ▭ 退出草图 命令，退出草图设计环境。

Step9. 创建分割线 2。

（1）选择命令。选择下拉菜单 插入(I) ➡ 曲线(U) ➡ 🗔 分割线(S)... 命令，系统弹出"分割线"对话框。

（2）定义分割类型。在"分割线"对话框的 分割类型(T) 区域中选中 ⊙ 投影(P) 单选项。

（3）定义要投影的草图。在设计树中选取草图 4 作为要投影的草图。

（4）定义分割面。选取图 4.4.22 所示的模型表面为要分割的面。

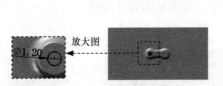
图 4.4.21　草图 4

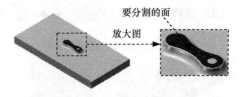
图 4.4.22　定义要分割的面

Step10. 创建图 4.4.23 所示的零件特征——成形工具 2。

（1）选择命令。选择下拉菜单 插入(I) ➡ 钣金(H) ➡ 🛠 成形工具 命令。

（2）定义成形工具属性。

① 定义停止面。激活"成形工具"对话框中的 停止面 区域，选取图 4.4.23 所示的面为停止面。

② 定义移除面。激活"成形工具"对话框中的 要移除的面 区域，选取图 4.4.23 所示的面为移除面。

（3）单击 ✅ 按钮，完成成形工具 2 的创建。

Step11. 至此，成形工具模型创建完毕。选择下拉菜单 文件(F) ➡ 📄 另存为(A)... 命令，将模型保存于 D：\sw20.4\work\ch04.04 文件夹中，并命名为 flyco_shaped_tool_02。

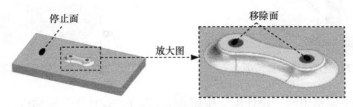

图 4.4.23 成形工具 2

Task3. 创建主体零件

Step1. 打开文件 D：\sw20.4\work\ch04.04\flyco.SLDPRT。

Step2. 创建图 4.4.24 所示的成形工具特征 1。

（1）单击任务窗格中的"设计库"按钮 ，打开"设计库"对话框。

（2）单击"设计库"对话框中的 ch04，在设计库下部的预览对话框中选择 flyco_shaped_tool_01 文件并拖动到图 4.4.25 所示的平面，在系统弹出的"成形工具特征"对话框中单击 按钮。

（3）单击设计树中 flyco_shaped_tool_011 前的 ▸，右击 (-) 草图15 特征，在系统弹出的快捷菜单中选择 命令，进入草绘环境。

（4）编辑草图，如图 4.4.26 所示。退出草绘环境，完成成形工具特征 1 的创建。

说明： 通过 Tab 键可以更改成形工具特征的方向。

图 4.4.24 创建成形工具特征 1

图 4.4.25 定义放置面

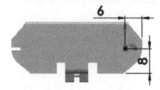

图 4.4.26 编辑草图

Step3. 创建图 4.4.27 所示的成形工具特征 2。

（1）单击任务窗格中的"设计库"按钮 ，打开"设计库"对话框。

（2）单击"设计库"对话框中的 ch04，在设计库下部的预览对话框中选择 flyco_shaped_tool_012 文件并拖动到图 4.4.25 所示的平面，在系统弹出的"成形工具特征"对话框中单击 按钮。

（3）单击设计树中 flyco_shaped_tool_012 前的 ▸，右击 (-) 草图17 特征，在系统弹出的快捷菜单中选择 命令，进入草绘环境。

（4）编辑草图，如图 4.4.28 所示。退出草绘环境，完成成形工具特征 2 的创建。

Step4. 创建图 4.4.29 所示的成形工具特征 3。

图 4.4.27　创建成形工具特征 2

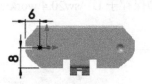

图 4.4.28　横断面草图

（1）单击任务窗格中的"设计库"按钮 ，打开"设计库"对话框。

（2）单击"设计库"对话框中的 ch04，在设计库下部的预览对话框中选择 flyco_shaped_tool_021 文件并拖动到图 4.4.25 所示的平面，在系统弹出的"成形工具特征"对话框中单击 ✓ 按钮。

（3）单击设计树中 flyco_shaped_tool_021 前的 ▶，右击 （-）草图19 特征，在系统弹出的快捷菜单中选择 命令，进入草绘环境。

（4）编辑草图，如图 4.4.30 所示。退出草绘环境，完成成形工具特征 3 的创建。

图 4.4.29　创建成形工具特征 3

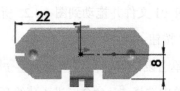

图 4.4.30　编辑草图

Step5. 选择下拉菜单 文件(F) ➡ 另存为(A)... 命令，将模型命名为 flyco_ok，保存至 D：\sw20.4\work\ch04.04 文件夹中。

第**5**章　钣金的其他处理方法

┌─────────┐
│ **本章提要** │
└─────────┘
　　通过前几章的学习，已经熟悉了一些钣金设计的命令，但只应用这些命令来完成整个钣金件的设计还是不够的，下面将结合实例讲解钣金设计的其余命令。

5.1　切除–拉伸

5.1.1　切除–拉伸概述

　　在钣金设计中切除–拉伸特征是应用较为频繁的特征之一，它是在已有的零件模型中去除一定的材料，从而达到需要的效果。

　　选择"切除–拉伸"命令有如下两种方法。

　　方法一：选择下拉菜单 插入(I) ➡ 切除(C) ▸ ➡ ▣ 拉伸(E)... 命令，如图 5.1.1 所示。

　　方法二：在"钣金（H）"工具栏中单击"切除–拉伸"按钮 ▣，如图 5.1.2 所示。

图 5.1.1　下拉菜单的位置　　　　　　　图 5.1.2　工具栏按钮的位置

5.1.2　钣金与实体切除–拉伸特征的区别

　　若当前所设计的零件为钣金零件，则选择下拉菜单 插入(I) ➡ 切除(C) ▸ ➡

拉伸(E)... 命令，或在工具栏中单击"切除 – 拉伸"按钮 ，屏幕左侧会出现图 5.1.3a 所示的对话框，该对话框比实体零件中"切除 – 拉伸"对话框多了 ☑ 与厚度相等(L) 和 ☑ 正交切除(N) 两个复选框，如图 5.1.3 所示。

a) 钣金"切除-拉伸"对话框　　　　b) 实体"切除-拉伸"对话框

图 5.1.3　两个"切除 – 拉伸"对话框

两种"切除 – 拉伸"特征的区别：当草绘平面与模型表面平行时，两者没有区别，但当草绘平面与模型表面不平行时，两者有明显的差异。在确认已经选中 ☑ 正交切除(N) 复选框后，钣金切除 – 拉伸是垂直于钣金表面去切除，形成垂直孔，如图 5.1.4 所示；实体切除 – 拉伸是垂直于草绘平面去切除，形成斜孔，如图 5.1.5 所示。

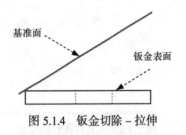

图 5.1.4　钣金切除 – 拉伸

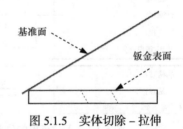

图 5.1.5　实体切除 – 拉伸

图 5.1.3 所示对话框的说明如下。

● 选中 ☑ 与厚度相等(L) 复选框，切除深度与钣金的厚度相等。

● 选中 ☑ 正交切除(N) 复选框，不管基准面是否与钣金表面平行，切除 – 拉伸都是垂直于钣金表面去切除，形成垂直孔。

5.1.3　创建切除 – 拉伸特征的一般过程

创建切除 – 拉伸特征的步骤如下（以图 5.1.6 所示的模型为例）。

Step1. 打开 D：\sw20.4\work\ch05.01\cut.SLDPRT 文件。

a) 切除–拉伸前　　　　　　　　　　　b) 切除–拉伸后

图 5.1.6　切除 – 拉伸

Step2. 选择命令。选择下拉菜单 插入(I) ➡ 切除(C) ▶ ➡ ▣ 拉伸(E)... 命令，或在钣金工具栏中单击"切除 – 拉伸"按钮 ▣，系统弹出图 5.1.7 所示的"拉伸"对话框。

Step3. 定义特征的横断面草图。

（1）定义草图基准面。选取图 5.1.8 所示的基准面 1 为草图基准面。

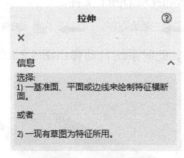

图 5.1.7　"拉伸"对话框

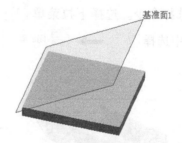

图 5.1.8　草图基准面

（2）定义横断面草图。在草绘环境中绘制图 5.1.9 所示的横断面草图。

（3）选择下拉菜单 插入(I) ➡ ▢ 退出草图 命令，或单击 ↵ 按钮，退出草绘环境。此时系统自动弹出图 5.1.3a 所示的钣金"切除 – 拉伸"对话框。

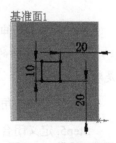

图 5.1.9　横断面草图

Step4. 定义切除 – 拉伸属性。在"切除 – 拉伸"对话框 方向1(1) 区域的 ⤢ 下拉列表中选择 完全贯穿 选项，并单击"反向"按钮 ⤢，选中 ☑ 正交切除(N) 复选框。

Step5. 单击该对话框中的 ✓ 按钮，完成切除 – 拉伸的创建。

Step6. 选择下拉菜单 文件(F) ➡ 🖫 保存(S) 命令，即可保存零件模型。

5.2 闭 合 角

5.2.1 闭合角概述

"闭合角"命令可以将法兰通过延伸至大于 90° 法兰的表面，使开放的区域闭合相关面，并且在边角处进行剪裁以达到封闭边角的效果，它包括对接、重叠、欠重叠三种形式。

选择"闭合角"命令有如下两种方法。

方法一：选择下拉菜单 插入(I) ➡ 钣金(H) ▶ ➡ 闭合角(C)... 命令。

方法二：在工具栏中选择 ➡ 闭合角 命令。

5.2.2 创建闭合角特征的一般过程

下面以图 5.2.1 所示的钣金件为例来说明创建闭合角的步骤。

Step1. 打开 D: \sw20.4\work\ch05.02\closed_corner.SLDPRT 文件。

Step2. 选择命令。选择下拉菜单 插入(I) ➡ 钣金(H) ▶ ➡ 闭合角(C)... 命令，或在工具栏中选择 ➡ 闭合角 命令。此时系统自动弹出图 5.2.2 所示的"闭合角"对话框。

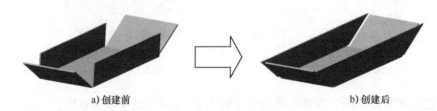

a) 创建前　　　　　　　　　　　　　　　b) 创建后

图 5.2.1　创建闭合角

Step3. 定义延伸面。选取图 5.2.3 所示的 4 个面为要延伸的面。

说明：要延伸的面可以是一个或多个，图 5.2.3 中未指示出的三个面与指示出的一个面是对应关系。

Step4. 定义边角类型。在 边角类型 区域中单击"对接"按钮 。

Step5. 定义闭合角参数。在 文本框中输入缝隙距离值 1。选中 ☑ 开放折弯区域(O) 复选框。

Step6. 单击该对话框中的 按钮，完成闭合角的创建。

Step7. 选择下拉菜单 文件(F) ➡ 保存(S) 命令，即可保存零件模型。

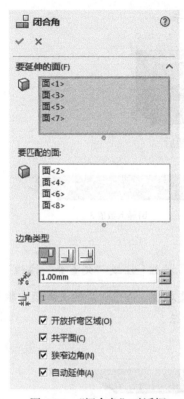

图 5.2.2　"闭合角"对话框

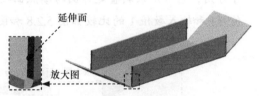

图 5.2.3　定义延伸面

图 5.2.2 所示的对话框中 边角类型 **区域中各项说明如下。**

● 单击 □ (对接) 按钮，生成图 5.2.4 所示的闭合角形状。

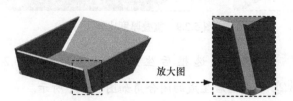

图 5.2.4　单击"对接"按钮后

● 单击 □ (重叠) 按钮，生成图 5.2.5 所示的闭合角形状。

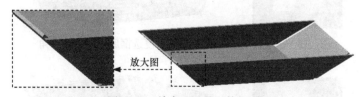

图 5.2.5　单击"重叠"按钮后

● 单击 □ (欠重叠) 按钮，生成图 5.2.6 所示的闭合角形状。

● $\stackrel{\bullet}{\sim}_G$ (缝隙距离) 文本框：缝隙距离就是延伸面与参照面之间的垂直距离。在 $\stackrel{\bullet}{\sim}_G$ 文本

框中输入数值 1 和输入数值 3 的比较如图 5.2.7 所示。

图 5.2.6　单击"欠重叠"按钮后

a) 输入数值 1　　　　　　　　　　　　　　b) 输入数值 3

图 5.2.7　缝隙距离比较

● "重叠 / 欠重叠比例"按钮 只能在单击"重叠"按钮 或"欠重叠"按钮 后才可用，它可用来调整延伸面与参照面之间的重叠厚度。在 后的文本框中输入数值 0.1 和输入数值 1 的比较如图 5.2.8 和图 5.2.9 所示。

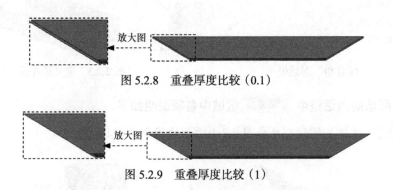

图 5.2.8　重叠厚度比较（0.1）

图 5.2.9　重叠厚度比较（1）

● 选中 ☑ 开放折弯区域(O) 复选框后生成的闭合角如图 5.2.10 所示，取消选中 ☐ 开放折弯区域(O) 复选框后生成的闭合角如图 5.2.11 所示。

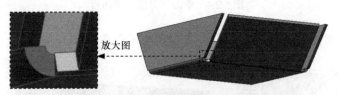

图 5.2.10　选中"开放折弯区域"复选框后生成的闭合角

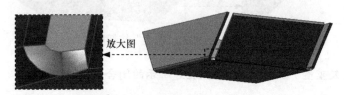

图 5.2.11　取消选中"开放折弯区域"复选框后生成的闭合角

5.3　断开－边角

5.3.1　断开－边角概述

"断开－边角"命令是在钣金件的边线添加或切除材料，相当于实体建模中的"倒角"和"圆角"命令，但"断开－边角"命令只能对钣金件厚度上的边进行操作，而倒角／圆角能对所有的边进行操作。

选择"断开－边角"命令有如下两种方法。

方法一：选择下拉菜单 插入(I) ➡ 钣金(H) ➡ 断裂边角(K)... 命令，如图 5.3.1 所示。

方法二：在工具栏中选择 ➡ 断开边角/边角剪裁 命令，如图 5.3.2 所示。

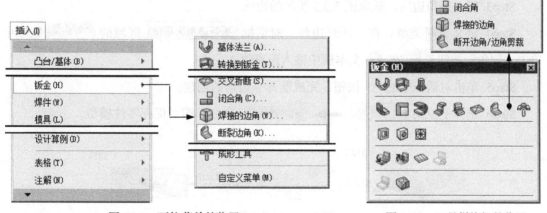

图 5.3.1　下拉菜单的位置　　　　　图 5.3.2　工具栏按钮的位置

5.3.2　创建断开－边角特征的一般过程

下面以图 5.3.3 所示的模型为例，介绍断开－边角特征的创建过程。

a) 创建前　　　　　　　　b) 创建后

图 5.3.3　断开－边角

Step1. 打开 D：\sw20.4\work\ch05.03\break_corner.SLDPRT 文件。

Step2. 选择命令。选择下拉菜单 插入(I) ➡ 钣金(H) ➡ 断裂边角 (K)... 命令，或在工具栏中选择 ➡ 断开边角/边角剪裁 命令，系统弹出图 5.3.4 所示的 "断开边角" 对话框。

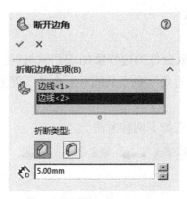

图 5.3.4 "断开边角" 对话框

Step3. 定义边角边线。选取图 5.3.5 所示的边线。

Step4. 定义折断类型。在 "断开边角" 对话框 折断边角选项(B) 区域的 折断类型: 区域中单击 "倒角" 按钮 ，在 文本框中输入距离值 4。

Step5. 单击对话框中的 按钮，完成断开 - 边角的创建。

Step6. 选择下拉菜单 文件(F) ➡ 保存 (S) 命令，即可保存零件模型。

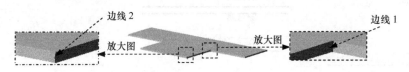

图 5.3.5 定义边角边线

图 5.3.4 所示的对话框中 折断边角选项(B) 区域的 折断类型: 区域中各项说明如下。

● 单击 "倒角" 按钮 时，边角以倒角的形式生成，如图 5.3.3b 所示。

● 单击 "圆角" 按钮 时，边角以圆角的形式生成，如图 5.3.6b 所示。

a) 创建前   b) 创建后

图 5.3.6 单击 "圆角" 按钮

5.4　边角 – 剪裁

5.4.1　边角 – 剪裁概述

"边角 – 剪裁"命令是在展开钣金零件的内边角边切除材料，其中包括"释放槽"及"折断边角"两个部分。"边角剪裁"特征只能在 平板型式1 的解压状态下创建，当 平板型式1 压缩之后，"边角剪裁"特征也随之压缩。

选择"边角 – 剪裁"命令有如下两种方法。

方法一：选择下拉菜单 插入(I) ➡ 钣金(H) ▶ 边角剪裁(T)... 命令，如图 5.4.1 所示。

方法二：在工具栏中选择 ➡ 边角剪裁 命令，如图 5.4.2 所示。

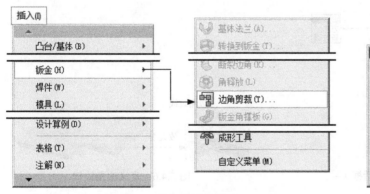

图 5.4.1　下拉菜单的位置　　　　　　　图 5.4.2　工具栏按钮的位置

5.4.2　创建边角 – 剪裁特征的一般过程

下面举例说明边角 – 剪裁特征的一般创建过程。

Task1. 创建释放槽

Step1. 打开 D:\sw20.4\work\ch05.04\corner_dispose_01.SLDPRT 文件。

Step2. 展平钣金件（图 5.4.3）。在设计树的 平板型式1 上右击，在系统弹出的快捷菜单中选择 命令，或在工具栏中单击"展开"按钮 。

Step3. 创建释放圆槽，如图 5.4.4 所示。

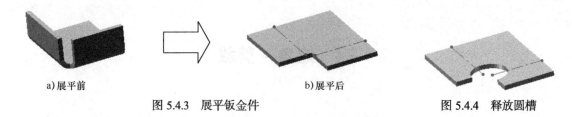

a)展平前　　　　　　　　　　b)展平后

图 5.4.3　展平钣金件　　　　　　　　　　图 5.4.4　释放圆槽

（1）选择命令。选择下拉菜单 插入(I) ➡ 钣金 (H) ➡ 边角剪裁(T)... 命令，或在工具栏中选择 ➡ 边角剪裁 命令，系统弹出图 5.4.5 所示的"边角 – 剪裁"对话框（一）。

（2）定义边角边线。选取图 5.4.6 所示的边线。

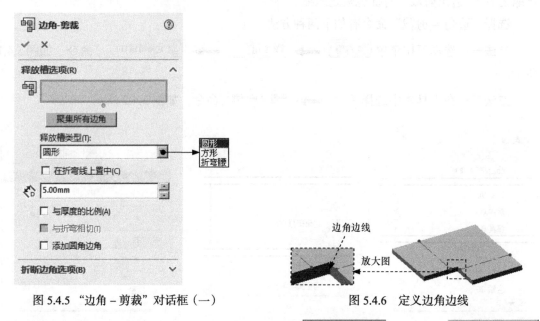

图 5.4.5　"边角 – 剪裁"对话框（一）　　　　图 5.4.6　定义边角边线

说明： 要想选取钣金模型中所有的边角边线，只需在 释放槽选项(R) 区域中单击 聚集所有边角 按钮。

（3）定义释放槽类型。在 释放槽选项(R) 区域的 释放槽类型(T): 下拉列表中选择 圆形 选项。

（4）定义边角 – 剪裁参数。选中 ☑ 在折弯线上置中(C) 复选框，在 文本框中输入半径值 2。其他参数采用系统默认设置值。

Step4. 单击该对话框中的 按钮，完成释放槽的创建。

Step5. 选择下拉菜单 文件(F) ➡ 保存(S) 命令，即可保存零件模型。

图 5.4.5 所示的对话框中 释放槽选项(R) **区域各项说明如下。**

● 释放槽类型(T): 下拉列表中各选项。

　☑ 选择 圆形 选项，释放槽将以图 5.4.4 所示圆形切除材料。

☑ 选择 方形 选项，释放槽将以图 5.4.7 所示方形切除材料。

☑ 选择 折弯腰 选项，释放槽将以图 5.4.8 所示形状切除材料。

图 5.4.7　释放方槽

图 5.4.8　释放折弯腰槽

● ☑ 在折弯线上置中(C) 复选框只在释放槽被设置为 圆形 或 方形 时可用，选中该复选框后，切除部分将平均在折弯线的两侧，如图 5.4.9b 所示。

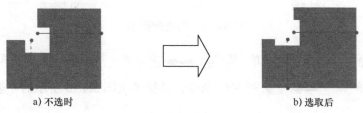

a) 不选时　　　　　　　　　　　　　　　　b) 选取后

图 5.4.9　在折弯线上置中

● ☑ 与厚度的比例(A) 复选框：选中此复选框后系统将用钣金厚度的比例来定义切除材料的大小， 文本框被禁用。

● ☑ 与折弯相切(T) 复选框：只能在 ☑ 在折弯线上置中(C) 复选框被选中的前提下使用，选中此复选框，将生成与折弯线相切的边角切除（图 5.4.10b）。

a) 选取前　　　　　　　　　　　　　　　　b) 选取后

图 5.4.10　与折弯相切

● 选中 ☑ 添加圆角边角 复选框，系统将在内部边角上生成指定半径的圆角（图 5.4.11b）。

a) 添加前　　　　　　　　　　　　　　　　b) 添加后

图 5.4.11　添加圆角边角

Task2. 创建折断边角

Step1. 打开 D：\sw20.4\work\ch05.04\corner_dispose_02.SLDPRT 文件。

Step2. 展平钣金件。在设计树的 ◈ 平板型式1 上右击，在系统弹出的菜单上选择 🔼 命令，或在工具栏中单击"展开"按钮 ◈。

Step3. 创建图 5.4.12b 所示的折断边角。

a) 创建前　　　　　　　　　　b) 创建后

图 5.4.12　创建折断边角

（1）选择命令。选择下拉菜单 插入(I) ➡ 钣金(H) ➡ 🔲 边角剪裁(T)... 命令，或在工具栏中选择 ◈ · ➡ 🔲 边角剪裁 命令，系统弹出图 5.4.13 所示的"边角 – 剪裁"对话框（二）。

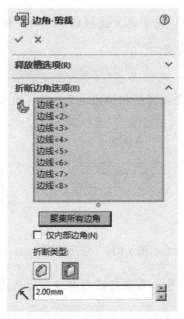

图 5.4.13　"边角 – 剪裁"对话框（二）

（2）选取边线。在 折断边角选项(B) 区域中单击 聚集所有边角 按钮，然后再单击图 5.4.14 所示的四条边线。

（3）定义折断边角参数，并定义折断类型。在 折断类型: 区域中单击"圆角"按钮 ▣，在 🔾 文本框中输入半径值 2。

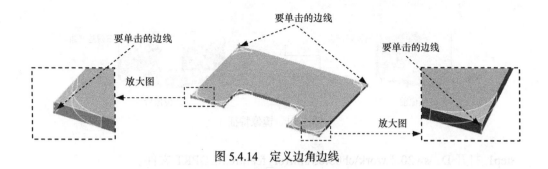

图 5.4.14　定义边角边线

Step4. 单击该对话框中的 ✔ 按钮，完成折断边角的创建。

Step5. 选择下拉菜单 文件(F) ➡ 保存(S) 命令，即可保存零件模型。

图 5.4.13 所示的对话框 折断边角选项(B) 区域中各项说明如下。

- 当在 折断类型: 区域中单击"倒角"按钮 时，边角以三角形的形式生成，如图 5.4.15b 所示。

- ☑ 仅内部边角(N) 复选框相当于过滤器，选中则筛选掉外部边角。创建外部边角，则在钣金件中切除材料；创建内部边角，则是添加材料，如图 5.4.15b 所示。

a) 创建前　　　　　　　　　　　　　　　　　b) 创建后

图 5.4.15　创建折断边角

5.5　钣金设计中的镜像特征

钣金设计中的镜像钣金特征与实体设计中的镜像特征相似，所不同的是镜像钣金特征的基准面必须位于基体–法兰的正中，否则钣金特征将无法镜像；当镜像钣金体时，多个折弯也同时被镜像（唯一不被镜像的折弯是垂直并重合于镜像基准面的折弯）。可以镜像的钣金特征包括基体–法兰 / 薄片、边线–法兰、斜接法兰、褶边和闭合边角。

5.5.1　镜像钣金特征

下面以图 5.5.1 所示的模型为例介绍创建镜像钣金特征的一般过程。

图 5.5.1　镜像特征

Step1. 打开 D：\sw20.4\work\ch05.05\mirror_feature.SLDPRT 文件。

Step2. 选择命令。选择下拉菜单 插入(I) ➡ 阵列/镜向(E) ➡ ᴴᴴ 镜向(M)… 命令，系统弹出图 5.5.2 所示的"镜向"对话框（应为"镜像"）。

说明：系统显示的"镜向"有误，应该改为"镜像"。

Step3. 定义镜像参数。

（1）定义镜像基准面。选取右视基准面作为镜像基准面。

（2）定义要镜像的特征。选取边线－法兰 1 作为要镜像的特征。在 **选项(O)** 区域中选中 ☑ 延伸视象属性(P) 复选框。

说明：当选取的基准面不在边线－法兰的边线之间时，若误选镜像特征，系统就会弹出图 5.5.3 所示的"信息"对话框。

图 5.5.2　"镜向"对话框

图 5.5.3　"信息"对话框

Step4. 单击 ✅ 按钮，完成镜像特征的创建。

Step5. 选择下拉菜单 文件(F) ➡ 📔 保存(S) 命令，即可保存零件模型。

5.5.2　镜像钣金实体

下面以图 5.5.4 所示的模型为例，介绍创建镜像钣金实体的一般过程。

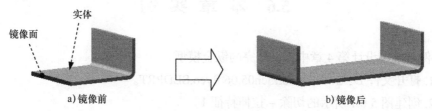

图 5.5.4　镜像钣金实体

Step1. 打开 D：\sw20.4\work\ch05.05\mirror_feature.SLDPRT 文件。

Step2. 选择命令。选择下拉菜单 插入(I) ➡ 阵列/镜向(E) ➡ 镜向(M)... 命令，系统弹出图 5.5.5 所示的"镜向"对话框。

Step3. 定义镜像参数。

（1）定义镜像面。选取图 5.5.4a 所示的表面作为镜像基准面。

说明：镜像钣金实体时，镜像面为钣金零件中的厚度面，否则镜像后则为两个实体。

（2）定义要镜像的实体。单击 要镜向的实体(B)，展开"要镜向的实体"区域，激活 列表框（图 5.5.5），选取图 5.5.4a 所示的实体作为要镜像的实体。

（3）在 选项(O) 区域中选中 ☑ 合并实体(R) 和 ☑ 延伸视象属性(P) 复选框。

图 5.5.5　"镜向"对话框

Step4. 单击 ✅ 按钮，完成镜像实体的创建。

Step5. 选择下拉菜单 文件(F) ➡️ 🖫 保存(S) 命令，保存零件模型。

5.6 本 章 实 例

本实例将继续设计第 4 章中未设计完的钣金模型。

Step1. 打开文件 D：\sw20.4\work\ch05.06\flyco.SLDPRT。

Step2. 创建图 5.6.1 所示的切除 – 拉伸特征 1。

（1）选择命令。选择下拉菜单 插入(I) ➡️ 切除(C) ▸ ➡️ 📦 拉伸(E)... 命令。

（2）定义特征的横断面草图。

① 定义草绘平面。选取图 5.6.2 所示的表面作为草绘平面。

② 定义横断面草图。在草绘环境中绘制图 5.6.3 所示的横断面草图。

（3）定义切除深度属性。在"切除 – 拉伸"对话框 方向1(1) 区域的 ↗ 下拉列表中选择 给定深度 选项，选中 ☑ 与厚度相等(L) 复选框与 ☑ 正交切除(N) 复选框，其他参数选择系统默认设置值。

（4）单击该对话框中的 ✅ 按钮，完成切除 – 拉伸特征 1 的创建。

选取此表面为草绘平面

图 5.6.1　创建切除 – 拉伸特征 1

图 5.6.2　定义草绘平面

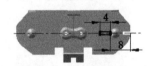

图 5.6.3　横断面草图

Step3. 创建图 5.6.4 所示的切除 – 拉伸特征 2。

（1）选择命令。选择下拉菜单 插入(I) ➡️ 切除(C) ▸ ➡️ 📦 拉伸(E)... 命令。

（2）定义特征的横断面草图。

① 定义草图基准面。选取图 5.6.2 所示的表面作为草绘平面。

② 定义横断面草图。在草绘环境中绘制图 5.6.5 所示的横断面草图。

（3）定义切除深度属性。在"切除 – 拉伸"对话框 方向1(1) 区域的 ↗ 下拉列表中选择 给定深度 选项，选中 ☑ 与厚度相等(L) 复选框与 ☑ 正交切除(N) 复选框，其他参数选择系统默认设置值。

（4）单击该对话框中的 ✅ 按钮，完成切除 – 拉伸特征 2 的创建。

Step4. 创建图 5.6.6 所示的零件特征——孔特征 1。

（1）选择下拉菜单 插入(I) ➡️ 特征(F) ▸ ➡️ 🔩 孔向导(W)... 命令，系统弹出"孔规格"对话框。

图 5.6.4　创建切除 – 拉伸特征 2

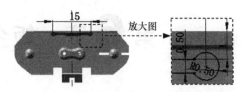

图 5.6.5　横断面草图

（2）定义孔的放置面。选取图 5.6.7 所示的模型表面作为孔的基准面。

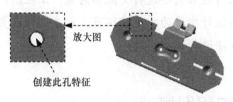

图 5.6.6　创建孔特征 1

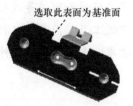

图 5.6.7　定义基准面

（3）单击 ✔ 按钮，关闭"孔"对话框。

（4）选取孔 1 的草图并进入草绘环境，修改孔 1 的草图，如图 5.6.8 所示。

Step5. 创建图 5.6.9 所示的孔特征 2，详细操作过程参见 Step4。

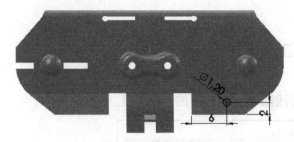

图 5.6.8　横断面草图

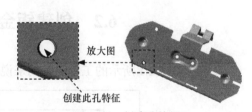

图 5.6.9　创建孔特征 2

Step6. 创建图 5.6.10 所示的孔特征 3，详细操作过程参见 Step4。

Step7. 创建图 5.6.11 所示的孔特征 4，详细操作过程参见 Step4。

Step8. 至此，该钣金模型设计完毕。选择下拉菜单 文件(F) ➡ 📄 保存(S) 命令，保存模型。

图 5.6.10　创建孔特征 3

图 5.6.11　创建孔特征 4

第6章 钣金工程图设计

本章提要

在产品设计和制造等过程中，各类技术人员经常需要进行交流和沟通，工程图则是经常使用的交流工具。因此，工程图的创建是产品设计中较为重要的环节，也是设计人员最基本的能力要求。本章将对钣金件工程图的创建方法进行详细讲解。

6.1 钣金工程图概述

钣金工程图的创建方法与一般零件基本相同，所不同的是钣金件的工程图需要创建平面展开图。创建钣金工程图时，系统会自动创建一个平板形式的配置，该配置可以用于创建零件展开状态的视图。因此，在用 SolidWorks 创建带折弯特征的钣金工程图时，不需要展开钣金件。

6.2 创建钣金工程图的一般过程

下面以图 6.2.1 所示的工程图为例来说明创建钣金工程图的一般过程。

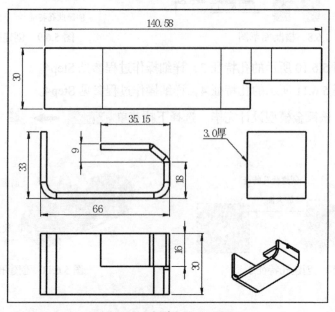

图 6.2.1 创建钣金工程图

Task1. 新建工程图

在学习本节前，请先将学习资源中的"模板 .DRWDOT"文件复制到 C：\ProgramData\SOLIDWORKS\SOLIDWORKS 2020\templates 文件夹中。

下面介绍新建工程图的一般操作步骤。

Step1. 选择下拉菜单 文件(F) ➡ ☐ 新建(N)… 命令，系统弹出图 6.2.2 所示的"新建 SOLIDWORKS 文件"对话框（一）。

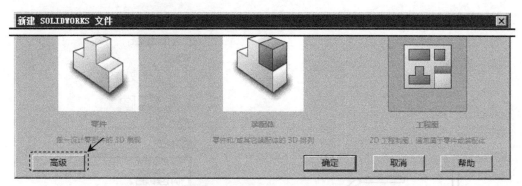

图 6.2.2　"新建 SOLIDWORKS 文件"对话框（一）

Step2. 在"新建 SOLIDWORKS 文件"对话框（一）中单击 高级 按钮，系统弹出图 6.2.3 所示的"新建 SOLIDWORKS 文件"对话框（二）。

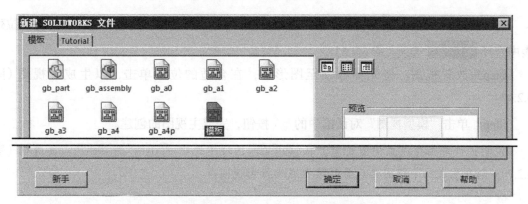

图 6.2.3　"新建 SOLIDWORKS 文件"对话框（二）

Step3. 在"新建 SOLIDWORKS 文件"对话框（二）中选择"模板"，以选择创建工程图文件，单击 确定 按钮，完成工程图的创建。

Task2. 创建主视图

下面以图 6.2.4 所示的主视图为例，介绍主视图的一般创建过程。

Step1. 选择零件模型。在"模型视图"对话框中的 选择一零件或装配体以从之生成视图，然后单击下一步。 系统提示下，单击 要插入的零件/装配体(E) 区域中的 浏览(B)… 按钮，系统弹出"打开"对话框，

在 查找范围(I): 下拉列表中选择目录 D：\sw20.4\work\ch06，然后选择 sm_drw.SLDPRT 文件，单击 打开 按钮。

说明： 可选择下拉菜单 插入(I) ➡ 工程图视图(V) ➡ 模型(M)… 命令，以打开"模型视图"对话框。

Step2. 定义视图参数。

（1）在 方向(O) 区域中单击"前视"按钮 （图 6.2.5）。

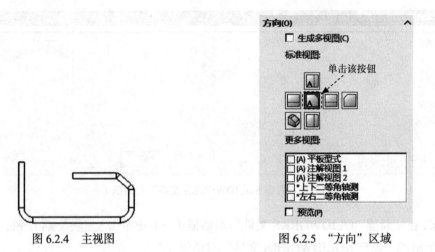

图 6.2.4 主视图   图 6.2.5 "方向"区域

（2）选择比例。在 比例(A) 区域中选中 ⊙ 使用自定义比例(C) 单选项，在其下方的下拉列表中选择 1:1 选项（图 6.2.6）。

Step3. 放置视图。将光标移动至图形区，在合适的位置单击，以生成主视图（图 6.2.4）。

Step4. 单击"模型视图"对话框中的 ✓ 按钮，完成主视图的创建。

说明： 如果在生成主视图之前，在 选项(N) 区域中选中 ☑ 自动开始投影视图(A) 复选框（图 6.2.7），则在生成一个视图之后会继续生成其投影视图。

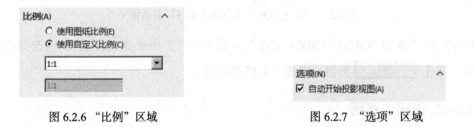

图 6.2.6 "比例"区域   图 6.2.7 "选项"区域

Task3. 创建投影视图

投影视图包括主视图、俯视图、轴测图和左视图等。下面以图 6.2.8 所示的视图为例，说明创建投影视图的一般操作过程。

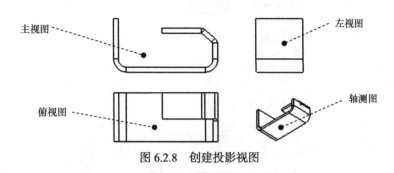

主视图

左视图

俯视图

轴测图

图 6.2.8　创建投影视图

Step1. 选择下拉菜单 插入(I) ━━━➤ 工程图视图(V) ▸ ━━━➤ 投影视图(P) 命令，在窗口中出现投影视图的虚线框。

Step2. 系统自动选取图 6.2.8 所示的主视图作为投影的父视图。

说明：该视图中只有一个视图，所以系统默认选择该视图为投影的父视图。

Step3. 放置视图。确认"投影视图"对话框中 按钮被按下；在主视图的右侧单击以生成左视图；在主视图的下方单击以生成俯视图（在 比例(S) 区域中选中 ⊙ 使用自定义比例(C) 单选项，在其下方的下拉列表中选择 1:2 选项）；在主视图的右下方单击以生成轴测图。

Step4. 单击"投影视图"对话框中的 ✓ 按钮，完成投影视图的创建。

Task4. 创建展开视图

钣金工程图的创建方法与一般零件基本相同，所不同的是钣金件的工程图需要创建平面展开图。下面以图 6.2.9 所示的视图为例，说明创建平面展开视图的一般操作过程。

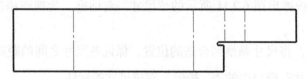

图 6.2.9　创建平面展开视图

Step1. 单击任务窗格中的"视图调色板"按钮 ，打开"视图调色板"对话框。

Step2. 单击"浏览"按钮 ，系统弹出"打开"对话框，在对话框中选中 sm_drw. SLDPRT 文件并打开，在"视图调色板"对话框中显示该零件的视图预览（图 6.2.10）。

Step3. 在打开的"视图调色板"窗口中，将"（A）平板型式"的视图拖到工程图图样上，在系统弹出的"工程图视图 5"对话框的 方向(O) 区域中单击"上视"按钮 。

Step4. 调整视图比例。在 比例(A) 区域中选中 ⊙ 使用自定义比例(C) 单选项，在其下方的下拉列表中选择 1:1 选项。

Step5. 单击"工程图视图"对话框中的 ✓ 按钮，完成展开视图的创建。

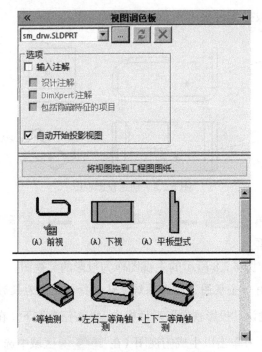

图 6.2.10　"视图调色板"对话框

Task5. 创建尺寸标注

工程图中的尺寸标注是与模型相关联的，而且模型中的尺寸修改会反映到工程图中。通常用户在生成每个零件特征时就会生成尺寸，然后将这些尺寸插入各个工程视图中。

Step1. 选择下拉菜单 工具(T) ➡ 尺寸(S) ➡ 智能尺寸(S) 命令，或单击工具栏中的 按钮，系统弹出图 6.2.11 所示的"尺寸"对话框。为视图添加图 6.2.12 所示的尺寸标注。

Step2. 调整尺寸。将尺寸调整到合适的位置，保证各尺寸之间的距离相等。

Step3. 单击"尺寸"窗口中的 按钮，完成尺寸的标注。

Task6. 创建注解

在工程图中，除了尺寸标注外，还需要创建相应的注释标注，如图 6.2.13 所示。

Step1. 选择下拉菜单 插入(I) ➡ 注解(A) ➡ A 注释(N)… 命令，系统弹出"注释"对话框。

Step2. 单击 引线(L) 区域中的"下画线引线"按钮 。

Step3. 定义注解放置位置。选取图 6.2.14 所示的边线，在合适的位置处单击。

Step4. 定义注解内容。在注解文本框中输入"3.0 厚"。

Step5. 单击 按钮，完成注解的创建。

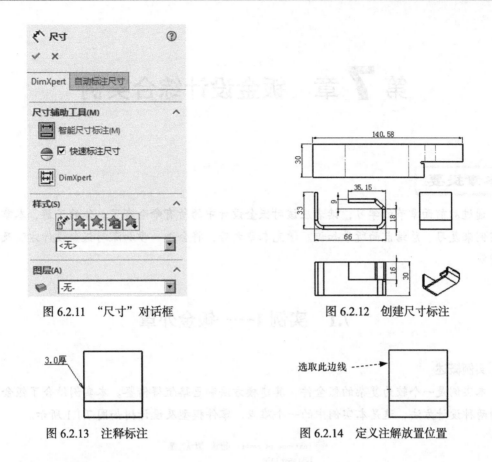

图 6.2.11　"尺寸"对话框　　　　　　图 6.2.12　创建尺寸标注

图 6.2.13　注释标注　　　　　　　图 6.2.14　定义注解放置位置

Task7. 保存文件

至此，钣金工程图创建完毕。选择下拉菜单 文件(F) ➡ 保存(S) 命令，将文件命名为 sm_drw.SLDDRW，即可保存零件模型。

第**7**章 钣金设计综合实例

通过对前面章节的学习，读者应该对钣金设计中的所有命令有了总体的了解，本章将通过实例来复习、总结前面所学知识。学完本章之后，将会进一步加深对钣金设计方法及技巧的理解。

7.1 实例1——钣金外罩

实例概述

本实例是一个较为复杂的钣金件，其建模方法和思路值得借鉴。本实例结合了钣金与实体的两种设计方法，这是本实例中的一个难点。零件模型及设计树如图 7.1.1 所示。

图 7.1.1 零件模型及设计树

Task1. 创建成形工具模型

成形工具模型及设计树如图 7.1.2 所示。

Step1. 新建模型文件。选择下拉菜单 文件(F) ➡ 新建(N)... 命令，在系统弹出的"新建 SolidWorks 文件"对话框中选择"零件"模块，单击 确定 按钮，进入建模环境。

图 7.1.2　成形工具模型及设计树

Step2. 创建图 7.1.3 所示的零件基础特征——凸台 – 拉伸特征 1。选择下拉菜单 插入(I) ➡ 凸台/基体(B) ➡ 拉伸(E)... 命令，或单击"特征"选项卡中的 按钮；选取上视基准面作为草图基准面，在草绘环境中绘制图 7.1.4 所示的横断面草图 1；选择下拉菜单 插入(I) ➡ 退出草图 命令，退出草绘环境，此时系统弹出"凸台 – 拉伸"对话框；采用系统默认的深度方向，单击 按钮，完成凸台 – 拉伸特征 1 的创建（注：具体参数和操作参见随书学习资源）。

图 7.1.3　凸台 – 拉伸特征 1

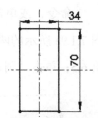

图 7.1.4　横断面草图 1

Step3. 创建图 7.1.5 所示的零件特征——凸台 – 拉伸特征 2。选择下拉菜单 插入(I) ➡ 凸台/基体(B) ➡ 拉伸(E)... 命令，或单击"特征"选项卡中的 按钮；选取右视基准面作为草图基准面，在草绘环境中绘制图 7.1.6 所示的横断面草图 2；选择下拉菜单 插入(I) ➡ 退出草图 命令，退出草绘环境，此时系统弹出"凸台 – 拉伸"对话框；选中 ☑ 合并结果(M) 复选框，单击 按钮，完成凸台 – 拉伸特征 2 的创建（注：具体参数和操作参见随书学习资源）。

图 7.1.5　凸台 – 拉伸特征 2

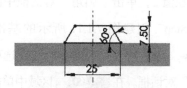

图 7.1.6　横断面草图 2

Step4. 创建图 7.1.7 所示的零件特征——拔模特征 1。选择下拉菜单 插入(I) ➡
特征(F) ➡ 拔模(D)... 命令，或单击"特征"选项卡中的 按钮；选取图 7.1.8 所示的拔模中性面和拔模面，在 文本框中输入拔模角度值 5；单击 按钮，完成拔模特征 1 的初步创建。在设计树中右击 拔模1，在系统弹出的快捷菜单中选择 命令，系统弹出"拔模 1"对话框，在 拔模面(F) 区域的 拔模沿面延伸(A): 中选择 沿切面 选项；单击 按钮，完成拔模特征 1 的创建。

说明： 单击 按钮可以改变拔模方向。

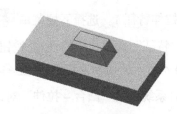

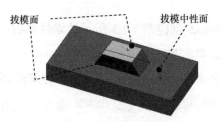

图 7.1.7　拔模特征 1　　　　　　　　　图 7.1.8　拔模参考面

Step5. 创建图 7.1.9b 所示的圆角特征 1。选择下拉菜单 插入(I) ➡ 特征(F) ➡
圆角(F)... 命令，或单击 按钮，系统弹出"圆角"对话框。采用系统默认的圆角类型，选取图 7.1.9a 所示的两条边线为要圆角的对象，在 圆角参数 区域的 文本框中输入圆角半径值 6.5；单击"圆角"对话框中的 按钮，完成圆角特征 1 的创建。

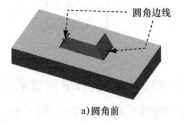

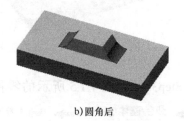

a) 圆角前　　　　　　　　　　　　　　　　b) 圆角后

图 7.1.9　圆角特征 1

Step6. 创建图 7.1.10b 所示的圆角特征 2。选择下拉菜单 插入(I) ➡ 特征(F) ➡
圆角(F)... 命令，或单击 按钮，系统弹出"圆角"对话框。采用系统默认的圆角类型，选取图 7.1.10a 所示的边线为要圆角的对象，在 圆角参数 区域的 文本框中输入圆角半径值 3；单击"圆角"对话框中的 按钮，完成圆角特征 2 的创建。

Step7. 创建图 7.1.11 所示的基准轴 1。选择下拉菜单 插入(I) ➡ 参考几何体(G) ➡
基准轴(A)... 命令，或在选项卡中选择 ➡ 基准轴 命令，系统弹出"基准轴"对话框。在 选择(S) 区域中单击"两平面"按钮 ，选取图 7.1.12 所示的"右视基准面"和"前视基准面"为基准轴的参考平面；单击该对话框中的 按钮，完成基准轴 1 的创建。

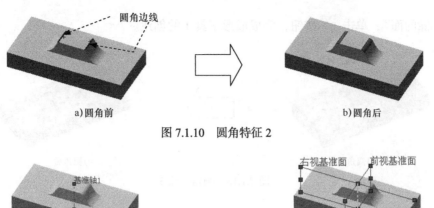

a)圆角前

b)圆角后

图 7.1.10　圆角特征 2

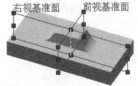

图 7.1.11　创建基准轴 1

图 7.1.12　定义参考平面

Step8. 创建图 7.1.13 所示的零件特征——孔特征 1。选择下拉菜单 插入(I) ▶

特征(F) ▶ 简单直孔(S)... 命令，系统弹出"孔"对话框。选取图 7.1.14 所示的

模型表面为孔的放置面，在"孔"对话框 方向1(1) 区域的下拉列表中选择 给定深度 选项，

在 文本框中输入深度值 5，在 方向1(1) 区域的 文本框中输入数值 6；单击"孔"对

话框中的 按钮，完成简单直孔特征 1 的创建。在设计树中右击"孔 1"，从系统弹出的快

捷菜单中选择 命令，进入草绘环境，添加图 7.1.15 所示的几何约束，约束孔的圆心与基

准轴 1 重合，约束完成后，单击 按钮，退出草绘环境。

图 7.1.13　孔特征 1

图 7.1.14　孔的放置面

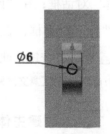

图 7.1.15　孔的几何约束

Step9. 创建图 7.1.16b 所示的圆角特征 3。选择下拉菜单 插入(I) ▶ 特征(F) ▶

圆角(F)... 命令，或单击 圆角 按钮，系统弹出"圆角"对话框。采用系统默认的圆角类

型，选取图 7.1.16a 所示的边链为要圆角的对象，在 圆角参数 区域的 文本框中输入圆

角半径值 2；单击"圆角"对话框中的 按钮，完成圆角特征 3 的创建。

Step10. 创建图 7.1.17 所示的零件特征——成形工具 1。选择下拉菜单 插入(I) ▶

钣金(H) ▶ 成形工具 命令，在系统弹出的"成形工具"对话框中激活 停止面 区

域，选取图 7.1.17 所示的面为"停止面"，激活 要移除的面 区域，选取图 7.1.17 所示的面

为"要移除的面"；单击 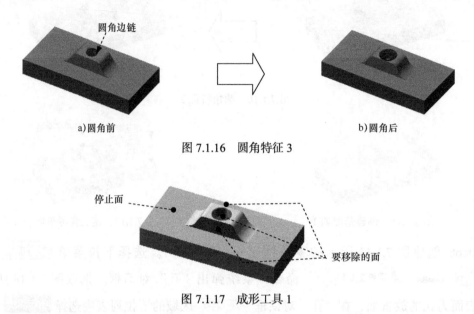 按钮，完成成形工具 1 的创建。

（上图 a) 圆角前 — b) 圆角后）

图 7.1.16   圆角特征 3

图 7.1.17   成形工具 1

Step11. 至此，成形工具模型创建完毕。选择下拉菜单 文件(F) ➡ 另存为(A)... 命令，选择 保存类型(T): 为 *.sldftp，把模型保存于 D：\sw20.4\work\ch07.01 文件夹中，并命名为 sm_die1。

Step12. 将成形工具调入设计库。单击任务窗格中的"设计库"按钮 ，打开"设计库"对话框；在"设计库"对话框中单击"添加文件位置"按钮 ，系统弹出"选取文件夹"对话框，在 查找范围(I): 下拉列表中找到 D：\sw20.4\work\ch07.01 文件夹后，单击 确定 按钮；此时在设计库中出现 ch07 节点，右击该节点，在系统弹出的快捷菜单中单击 成形工具文件夹 命令，完成成形工具调入设计库的设置。

Task2. 创建主体零件模型

Step1. 新建模型文件。选择下拉菜单 文件(F) ➡ 新建(N)... 命令，在系统弹出的"新建 SOLIDWORKS 文件"对话框中选择"零件"模块，单击 确定 按钮，进入建模环境。

Step2. 创建图 7.1.18 所示的钣金基础特征——基体 – 法兰特征 1。选择下拉菜单 插入(I) ➡ 钣金(H) ➡ 基体法兰(A)... 命令，或单击"钣金"选项卡上的"基体 – 法兰"按钮 ；选取前视基准面作为草图基准面，在草绘环境中绘制图 7.1.19 所示的横断面草图，选择下拉菜单 插入(I) ➡ 退出草图 命令，退出草绘环境，此时系统弹出"基体法兰"对话框；在 文本框中输入深度值 1.5；在 折弯系数(A) 区域的下拉列表中选择 K 因子 选项，把 **K** 中的 K 文本框因子系数值改为 0.4，在 **☑ 自动切释放槽(T)** 区域的下拉列表中选择 **矩形** 选项，选中 **☑ 使用释放槽比例(A)** 复选框，在 **比例(T):** 文本框中输入比例系数值 0.5；单击 **✓** 按钮，完成基体 – 法兰特征 1 的创建。

图 7.1.18　基体 – 法兰特征 1

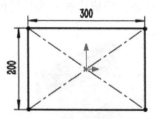

图 7.1.19　横断面草图

Step3. 创建图 7.1.20 所示的钣金特征——边线 – 法兰特征 1；选择下拉菜单 **插入(I)** ➡ **钣金(H)** ➡ **边线法兰(E)...** 命令，或单击"钣金"选项卡中的 **✎** 按钮；选取图 7.1.21 所示的模型边线为生成的边线 – 法兰的边线；取消选中 **☐ 使用默认半径(U)** 复选框，在 **K** 文本框中输入折弯半径值 5，在 **角度(G)** 区域的 **↗** 文本框中输入角度值 90，在 **法兰长度(L)** 区域的 **↗** 下拉列表中选择 **给定深度** 选项，在 **↗** 文本框中输入深度值 93，在 **法兰位置(N)** 区域中单击"材料在内"按钮 **▢**；单击 **✓** 按钮，完成边线 – 法兰特征 1 的初步创建。

图 7.1.20　边线 – 法兰特征 1

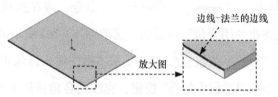

图 7.1.21　选取边线 – 法兰边线 1

Step4. 创建图 7.1.22 所示的钣金特征——边线 – 法兰特征 2。选择下拉菜单 **插入(I)** ➡ **钣金(H)** ➡ **边线法兰(E)...** 命令，或单击"钣金"选项卡中的 **✎** 按钮；选取图 7.1.23 所示的模型边线为生成的边线 – 法兰的边线；取消选中 **☐ 使用默认半径(U)** 复选框，在 **K** 文本框中输入折弯半径值 5，在 **角度(G)** 区域的 **↗** 文本框中输入角度值 90，在 **法兰长度(L)** 区域的 **↗** 下拉列表中选择 **给定深度** 选项，在 **↗** 文本框中输入深度值 93，在 **法兰位置(N)** 区域中单击"材料在内"按钮 **▢**；单击 **✓** 按钮，完成边线 – 法兰特征 2 的初步创建。

Step5. 创建图 7.1.24 所示的钣金特征——边线 – 法兰特征 3。选择下拉菜单 **插入(I)** ➡ **钣金(H)** ➡ **边线法兰(E)...** 命令，或单击"钣金"选项卡中的 **✎** 按钮；选取图 7.1.25 所示的模型边线为生成的边线 – 法兰的边线；取消选中 **☐ 使用默认半径(U)** 复选框，在 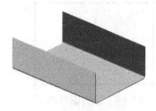 文本框中输入折弯半径值 5，在 **角度(G)** 区域的 文本框中输入角度值 90，在 **法兰长度(L)** 区域的 下拉列表中选择 **给定深度** 选项，在 文本框中输入深度值 93，在 **法兰位置(N)** 区域中单击"材料在内"按钮，并选中 ☑ **剪裁侧边折弯(T)** 复选框；单击 按钮，完成边线 – 法兰特征 3 的初步创建。

图 7.1.22　边线 – 法兰特征 2

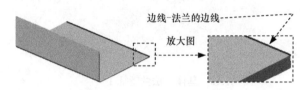

图 7.1.23　选取边线 – 法兰边线 2

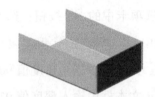

图 7.1.24　边线 – 法兰特征 3

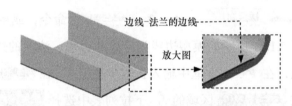

图 7.1.25　选取边线 – 法兰边线 3

Step6. 创建图 7.1.26b 所示的钣金特征——闭合角特征 1。选择下拉菜单 **插入(I)** → **钣金(H)** → **闭合角(C)...** 命令，或在选项卡中选择 → **闭合角** 命令，系统弹出"闭合角"对话框。选取图 7.1.26a 所示的模型表面为延伸面；在 **边角类型** 区域中单击"对接"按钮，在 文本框中输入缝隙距离值 0.1，取消选中 □ **开放折弯区域(O)** 复选框；单击该对话框中的 按钮，完成闭合角特征 1 的创建。

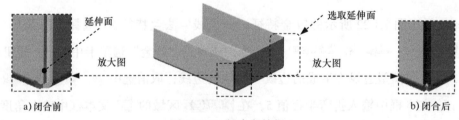

图 7.1.26　闭合角特征 1

说明：要延伸的面可以是一个或多个。

Step7. 创建图 7.1.27 所示的钣金特征——边线 – 法兰特征 4。选择下拉菜单 **插入(I)** → **钣金(H)** → **边线法兰(E)...** 命令，或单击"钣金"选项卡中的 按钮；选取图 7.1.28 所示的三条模型边线为生成的边线 – 法兰的边线；取消选中 □ **使用默认半径(U)** 复选框，在 文本框中输入折弯半径值 5，在 （缝隙距离）文本框中输入数值 1，

在 **角度(G)** 区域的 文本框中输入角度值 90，在 **法兰长度(L)** 区域的 下拉列表中选择 **给定深度** 选项，在 文本框中输入深度值 50，在 **法兰位置(N)** 区域中单击 "折弯在外" 按钮 ；单击 按钮，完成边线 – 法兰特征 4 的初步创建。

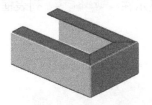

图 7.1.27　边线 – 法兰特征 4

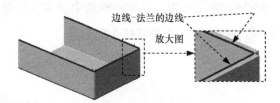

图 7.1.28　选取边线 – 法兰边线 4

Step8. 创建图 7.1.29b 所示的钣金特征——展开特征 1。选择下拉菜单 **插入(I)** ➡ **钣金(H)** ➡ **展开(U)…** 命令，或单击 "钣金" 选项卡上的 "展开" 按钮 ，系统弹出 "展开" 对话框。选取图 7.1.29a 所示的模型表面为固定面；在 "展开" 对话框中单击 **收集所有折弯(A)** 按钮，系统将模型中所有可展平的折弯特征显示在 **要展开的折弯:** 列表框中；单击 按钮，完成展开特征 1 的创建。

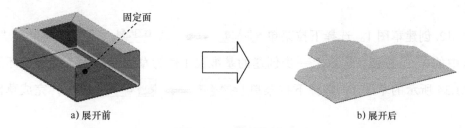

a) 展开前　　　　　　　　　　　　　　　　b) 展开后

图 7.1.29　展开特征 1

Step9. 创建图 7.1.30 所示的成形工具特征 1。单击任务窗格中的 "设计库" 按钮 ，打开 "设计库" 对话框。单击 "设计库" 对话框中的 **ch07** 节点，在设计库下部的预览对话框中选择 sm_die11 文件，并拖动到图 7.1.30 所示的平面，在系统弹出的 "成形工具特征" 对话框中单击 按钮；单击设计树中 **sm_die11** 节点前的 ，右击 **(-) 草图23** 特征，在系统弹出的快捷菜单中选择 命令，进入草绘环境；编辑草图，如图 7.1.31 所示。退出草绘环境，完成成形工具特征 1 的创建。

说明： 通过 Tab 键可以更改成形工具特征的方向。

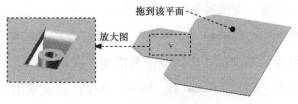

图 7.1.30　成形工具特征 1

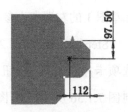

图 7.1.31　编辑草图

Step10. 创建图 7.1.32b 所示的钣金特征——折叠特征 1。选择下拉菜单 插入(I) ➡ 钣金(H) ➡ 折叠(F)... 命令，或单击"钣金"选项卡上的"折叠"按钮 ，系统弹出"折叠"对话框。系统自动选取展开特征 1 的固定面为固定面；在"折叠"对话框中单击 收集所有折弯(A) 按钮，系统将模型中所有可折叠的折弯特征显示在 要折叠的折弯: 列表框中；单击 按钮，完成折叠特征 1 的创建。

a) 折叠前　　　　　　　　　　　　b) 折叠后

图 7.1.32　折叠特征 1

Step11. 创建图 7.1.33 所示的基准面 1。选择下拉菜单 插入(I) ➡ 参考几何体(G) ➡ 基准面(P)... 命令，系统弹出"基准面"对话框（注：具体参数和操作参见随书学习资源）。

Step12. 创建草图 1。选择下拉菜单 插入(I) ➡ 草图绘制 命令，或单击"草图"选项卡中的 按钮；选取上一步创建的基准面 1 作为草图基准面，在草绘环境中绘制图 7.1.34 所示的草图 1；选择下拉菜单 插入(I) ➡ 退出草图 命令，完成草图 1 的创建。

图 7.1.33　创建基准面 1

图 7.1.34　草图 1

Step13. 创建图 7.1.35 所示的基准面 2。选择下拉菜单 插入(I) ➡ 参考几何体(G) ➡ 基准面(P)... 命令，系统弹出"基准面"对话框；选取图 7.1.35 所示的前视基准面和草图 1 的左端点为参考实体；单击 按钮，完成基准面 2 的创建。

Step14. 创建草图 2。选择下拉菜单 插入(I) ➡ 草图绘制 命令，或单击"草图"选项卡中的 按钮；选取上一步创建的基准面 2 作为草图基准面，在草绘环境中绘制图 7.1.36 所示的草图 2；选择下拉菜单 插入(I) ➡ 退出草图 命令，完成草图 2 的创建。

Step15. 创建图 7.1.37 所示的扫描特征 1。选择下拉菜单 插入(I) ➡ 凸台/基体(B) ➡ ✎ 扫描(S)… 命令，或单击"特征"选项卡中的 ✎ 扫描 按钮；选取草图 2 为扫描的轮廓，选取草图 1 为扫描的路径；单击对话框中的 ✅ 按钮，完成扫描特征 1 的创建。

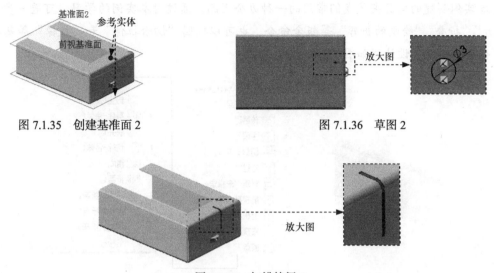

图 7.1.35　创建基准面 2　　　　图 7.1.36　草图 2

图 7.1.37　扫描特征 1

Step16. 创建图 7.1.38 所示的数组（线性）特征 1。选择下拉菜单 插入(I) ➡ 阵列/镜向(E) ➡ ▦ 线性阵列(L)… 命令，系统弹出"线性阵列"对话框；单击以激活 ☑ 特征和面(F) 选项组 区域中的文本框，选取上一步创建的扫描特征 1 作为数组的源特征，选取图 7.1.39 所示的边线为方向 1 的引导边线，在 方向1(1) 区域的 文本框中输入数值 25，在 文本框中输入数值 3；单击对话框中的 ✅ 按钮，完成数组（线性）特征 1 的创建。

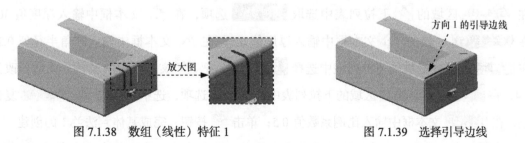

图 7.1.38　数组（线性）特征 1　　　　图 7.1.39　选择引导边线

说明：若方向不对，可以在图形上单击方向箭头。

Step17. 至此，零件模型创建完毕。选择下拉菜单 文件(F) ➡ 🖫 保存(S) 命令，将模型命名为 instance_sm_cover，即可保存零件模型。

7.2 实例 2——文具夹

实例概述

本实例创建的文具夹是我们常用的一种办公用品。通过对本实例的学习，可进一步了解"展开""折叠""绘制的折弯"等钣金命令，也可以巩固"切除拉伸"和"镜像"等基础知识。钣金件模型及设计树如图 7.2.1 所示。

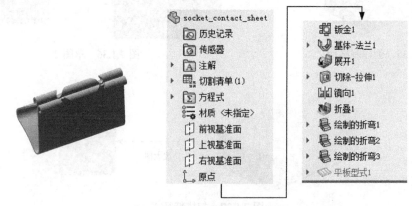

图 7.2.1 钣金件模型及设计树

Step1. 新建模型文件。选择下拉菜单 文件(F) ➡ 新建(N)... 命令，在系统弹出的"新建 SOLIDWORKS 文件"对话框中选择"零件"模块，单击 确定 按钮，进入建模环境。

Step2. 创建图 7.2.2 所示的钣金基础特征——基体–法兰 1。选择下拉菜单 插入(I) ➡ 钣金 (H) ▶ ➡ 基体法兰 (A)... 命令，或单击"钣金"选项卡上的"基体法兰 / 薄片"按钮 ；选取前视基准面作为草图平面，在草绘环境中绘制图 7.2.3 所示的横断面草图 1；在 方向 1(1) 区域的 下拉列表中选取 两侧对称 选项，在 文本框中输入深度值 30，在 钣金参数(S) 区域的 文本框中输入厚度值 0.5，在 文本框中输入圆角半径值 0.2，在 折弯系数(A) 区域的下拉列表中选择 K 因子 选项，把 K 文本框中的 K 因子系数值改为 0.4，在 自动切释放槽(T) 区域的下拉列表中选择 矩形 选项，选中 使用释放槽比例(A) 复选框，在 比例(T): 文本框中输入比例系数值 0.5；单击 按钮，完成基体–法兰 1 的创建。

说明：在 SolidWorks 中，当完成基体–法兰 1 的创建后，系统将自动生成 ▶ 钣金 及 平板型式1 两个特征，在设计树中分别位于"基体法兰"的上面及下面。默认情况下，平板型式1 特征为压缩状态，用户对其进行"解压缩"操作后可以把模型展平。后面创建的所有特征（不包括"边角剪裁"特征）将位于 平板型式1 特征之上。

图 7.2.2　基体 – 法兰 1

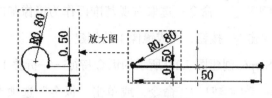

图 7.2.3　横断面草图 1

Step3. 创建图 7.2.4 所示的钣金特征——展开 1。选择下拉菜单 `插入(I)` ➡ `钣金(H)` ➡ `展开(U)...` 命令，或单击"钣金"选项卡上的"展开"按钮 ，系统弹出"展开"对话框；选取图 7.2.5 所示的模型表面为固定面；在"展开"对话框中单击 `收集所有折弯(A)` 按钮，系统将模型中所有可展平的折弯特征显示在 `要展开的折弯:` 列表框中；单击 按钮，完成展开 1 的创建。

图 7.2.4　展开 1

图 7.2.5　选取固定面

注意：此处使用"展开"命令将钣金件展平，而没有通过对 `平板型式1` 特征"解压缩"的操作方法使钣金件展平，是因为后面将在钣金件上创建切除 – 拉伸特征，之后又要将展平部分重新折弯。在设计树中，这些操作都必须位于 `平板型式1` 特征之上。

Step4. 创建图 7.2.6 所示的切除 – 拉伸 1。选择下拉菜单 `插入(I)` ➡ `切除(C)` ➡ `拉伸(E)...` 命令；选取图 7.2.6 所示的模型表面作为草图平面；在草绘环境中绘制图 7.2.7 所示的横断面草图 2；在"切除 – 拉伸"对话框 `方向 1(1)` 区域的 下拉列表中选择 `给定深度` 选项，选中 `☑ 与厚度相等(L)` 与 `☑ 正交切除(N)` 复选框，其他设置采用系统默认设置值；单击 按钮，完成切除 – 拉伸 1 的创建。

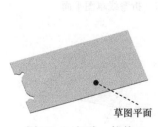

图 7.2.6　切除 – 拉伸 1

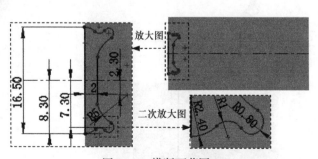

图 7.2.7　横断面草图 2

Step5. 创建图 7.2.8 所示的镜像 1。选择下拉菜单 `插入(I)` ➡ `阵列/镜向(E)` ➡

⊪⊩ 镜向(M)... 命令；选取右视基准面作为镜像基准面，选取切除－拉伸1作为镜像1的对象；单击 ✓ 按钮，完成镜像1的创建。

Step6. 创建图7.2.9所示的钣金特征——折叠1。选择下拉菜单 插入(I) ➡ 钣金 (H) ▶ ➡ ⬚ 折叠(F)... 命令，或单击"钣金"选项卡上的"折叠"按钮 🗗，系统弹出"折叠"对话框。选取展开1特征的固定面为固定面；在"折叠"对话框中单击 收集所有折弯(A) 按钮，系统将模型中所有可折叠的折弯特征显示在 要折叠的折弯 列表框中；单击 ✓ 按钮，完成折叠1的创建。

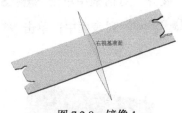

图 7.2.8　镜像 1

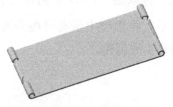

图 7.2.9　折叠 1

Step7. 创建图7.2.10所示的钣金特征——绘制的折弯1。选择下拉菜单 插入(I) ➡ 钣金 (H) ▶ ➡ 📖 绘制的折弯(S)... 命令，或单击"钣金"选项卡上的"绘制的折弯"按钮 📖；选取图7.2.11所示的模型表面作为草图平面，在草绘环境中绘制图7.2.12所示的折弯线，选择下拉菜单 插入(I) ➡ ⬚ 退出草图 命令，退出草绘环境，此时系统弹出"绘制的折弯"对话框；在图7.2.13所示的位置处单击，确定折弯固定侧；在 折弯参数(P) 区域的 ⬈ 文本框中输入折弯角度值125，在 ⬉ 文本框中输入折弯半径值2，在 折弯位置: 区域中单击"材料在内"按钮 ⬚；单击 ✓ 按钮，完成绘制的折弯1的创建。

图 7.2.10　绘制的折弯 1

图 7.2.11　折弯线草图平面

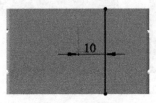

图 7.2.12　折弯线 1

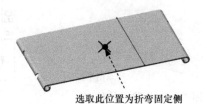

图 7.2.13　确定折弯固定侧

Step8. 创建图 7.2.14 所示的钣金特征——绘制的折弯 2。选择下拉菜单 插入(I) ➡
钣金 (H) ▶ ➡ 🖦 绘制的折弯(S)... 命令，或单击"钣金"选项卡上的"绘制的折弯"按
钮 🖦；选取图 7.2.15 所示的模型表面作为折弯线基准面，在草绘环境中绘制图 7.2.16 所
示的折弯线，选择下拉菜单 插入(I) ➡ ▢ 退出草图 命令，退出草绘环境，此时系统弹出
"绘制的折弯"对话框；在图 7.2.17 所示的位置处单击，确定折弯固定侧；在 折弯参数(P) 区
域的 ↗ 文本框中输入折弯角度值 125，在 ⤴ 文本框中输入折弯半径值 2，其他为默认设
置值，在 折弯位置: 区域中单击"材料在内"按钮 ⌐；单击 ✓ 按钮，完成绘制的折弯 2 的
创建。

图 7.2.14 绘制的折弯 2

折弯线基准面

图 7.2.15 折弯线基准面 1

10

图 7.2.16 折弯线 2

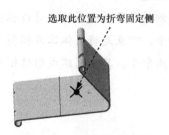

选取此位置为折弯固定侧

图 7.2.17 选取折弯固定侧

Step9. 创建图 7.2.18 所示的钣金特征——绘制的折弯 3。选择下拉菜单 插入(I) ➡
钣金 (H) ▶ ➡ 🖦 绘制的折弯(S)... 命令，或单击"钣金"选项卡上的"绘制的折弯"按
钮 🖦；选取图 7.2.19 所示的模型表面作为折弯线基准面，在草绘环境中绘制图 7.2.20 所
示的折弯线，选择下拉菜单 插入(I) ➡ ▢ 退出草图 命令，退出草绘环境，此时系统弹出
"绘制的折弯"对话框；在图 7.2.21 所示的位置处单击，确定折弯固定侧；在 折弯参数(P) 区
域的 ↗ 下拉列表中输入折弯角度值 15，在 ⤴ 文本框中输入折弯半径值 20，其他为默认
设置值，在 折弯位置: 区域中单击"折弯中心线"按钮 ⊞；单击 ✓ 按钮，完成绘制的折弯
3 的创建。

Step10. 至此，钣金件模型创建完毕。选择下拉菜单 文件(F) ➡ 🖫 另存为 (A)... 命令，
将模型命名为 socket_contact_sheet，即可保存钣金件模型。

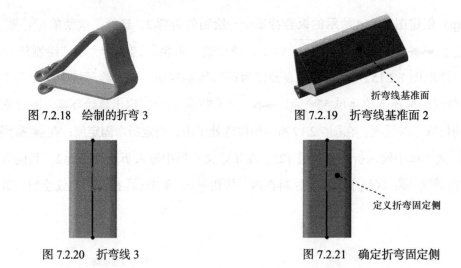

图 7.2.18　绘制的折弯 3

图 7.2.19　折弯线基准面 2

折弯线基准面

图 7.2.20　折弯线 3

图 7.2.21　确定折弯固定侧

定义折弯固定侧

7.3　实例 3——暖气罩

实例概述

本实例讲解了暖气罩的设计过程：首先创建成形工具，成形工具的创建主要运用基本实体建模命令，重点是将实体零件模型转换成成形工具；之后是主体零件的创建，所用命令都为钣金常用命令，其中创建成形特征尤为重要。钣金件模型及设计树如图 7.3.1 所示。

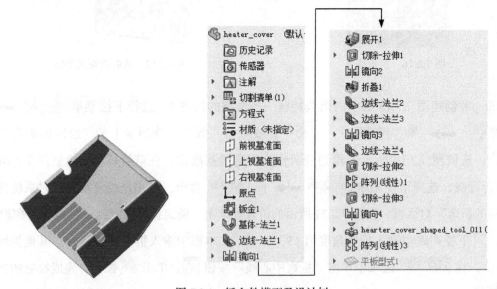

图 7.3.1　钣金件模型及设计树

Task1. 创建成形工具

成形工具模型及设计树如图 7.3.2 所示。

图 7.3.2　成形工具模型及设计树

Step1. 新建模型文件。选择下拉菜单 文件(F) ➡ 新建(N)... 命令，在系统弹出的 "新建 SOLIDWORKS 文件" 对话框中选择 "零件" 模块，单击 确定 按钮，进入建模环境。

Step2. 创建图 7.3.3 所示的零件基础特征——凸台-拉伸 1。选择下拉菜单 插入(I) ➡ 凸台/基体(B) ➡ 拉伸(E)... 命令（或单击 "特征" 选项卡中的 按钮）；选取前视基准面作为草图基准面，在草图环境中绘制图 7.3.4 所示的横断面草图，选择下拉菜单 插入(I) ➡ 退出草图 命令，退出草图环境，此时系统弹出 "凸台-拉伸" 对话框；采用系统默认的深度方向，在 "凸台-拉伸" 对话框 方向 1(1) 区域的 下拉列表中选择 给定深度 选项，在 文本框中输入深度值 2.0；单击 按钮，完成凸台-拉伸 1 的创建。

图 7.3.3　凸台-拉伸 1

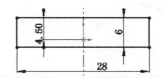

图 7.3.4　横断面草图

Step3. 创建图 7.3.5 所示的零件基础特征——凸台-拉伸 2。选择下拉菜单 插入(I) ➡ 凸台/基体(B) ➡ 拉伸(E)... 命令；选取右视基准面作为草图基准面，在草图环境中绘制图 7.3.6 所示的横断面草图，选择下拉菜单 插入(I) ➡ 退出草图 命令，退出草图环境，此时系统弹出 "凸台-拉伸" 对话框；采用系统默认的深度方向，在 方向 1(1) 区域的 下拉列表中选择 两侧对称 选项，在 文本框中输入深度值 25.0；选中 合并结果(M) 复选框；单击 按钮，完成凸台-拉伸 2 的创建。

Step4. 创建图 7.3.7b 所示的圆角 1。选择下拉菜单 插入(I) ➡ 特征(F) ➡ 圆角(F)... 命令（或单击 按钮），系统弹出 "圆角" 对话框；采用系统默认的圆角类型；选取图 7.3.7a 所示的边线为要圆角的对象；在 圆角参数 区域的 文本框中输入圆角半径值 0.8；单击 按钮，完成圆角 1 的创建。

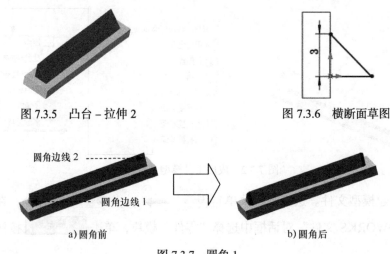

图 7.3.5　凸台 – 拉伸 2　　　　　　图 7.3.6　横断面草图

图 7.3.7　圆角 1

Step5. 创建图 7.3.8b 所示的圆角 2。选择下拉菜单 插入(I) ➡ 特征(F) ➡ 圆角(F)… 命令；选取图 7.3.8a 所示的边线为要圆角的对象，在 圆角参数 区域的 文本框中输入圆角半径值 1.5。

a）圆角前　　　　　　　　　　　b）圆角后

图 7.3.8　圆角 2

Step6. 创建图 7.3.9 所示的零件特征——成形工具 1。选择下拉菜单 插入(I) ➡ 钣金(H) ➡ 成形工具 命令；选取图 7.3.9 所示的模型表面作为成形工具的停止面，激活"成形工具"对话框中的 要移除的面 区域，选取图 7.3.9 所示的模型表面作为成形工具的移除面；单击 ✔ 按钮，完成成形工具 1 的创建。

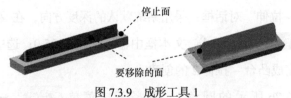

图 7.3.9　成形工具 1

Step7. 至此，成形工具模型创建完毕。选择下拉菜单 文件(F) ➡ 另存为(A)… 命令，把模型保存于 D：\sw20.4\work\ch07.03\，并命名为 hearter_cover_shaped_tool_01。

Step8. 将成形工具调入设计库。单击任务窗格中的"设计库"按钮 ，打开"设计库"对话框；在"设计库"对话框中单击"添加文件位置"按钮 🎁，系统弹出"选取文件夹"对话框，在 查找范围(I) 下拉列表中找到 D: \sw20.4\work\ch07.03 文件夹后，单击 确定 按钮；此时在设计库中出现 🎁 ch07 节点，右击该节点，在系统弹出的快捷菜单中单击 成形工具文件夹 命令，完成成形工具调入设计库的设置。

Task2. 创建主体零件模型

Step1. 新建模型文件。选择下拉菜单 文件(F) ➡ 📄 新建(N)... 命令，在系统弹出的"新建 SOLIDWORKS 文件"对话框中选择"零件"模块，单击 确定 按钮，进入建模环境。

Step2. 创建图 7.3.10 所示的钣金基础特征——基体 – 法兰 1。选择下拉菜单 插入(I) ➡ 钣金(H) ➡ 🔱 基体法兰(A)... 命令（或单击"钣金"选项卡上的"基体法兰 /薄片"按钮 🔱）；选取前视基准面作为草图基准面，在草图环境中绘制图 7.3.11 所示的横断面草图；此时系统弹出"基体法兰"对话框；在 方向 1(1) 区域的 🗺 下拉列表中选择 两侧对称 选项，在 🗺 文本框中输入深度值 80.0；在 钣金参数(S) 区域的 🗺 文本框中输入厚度值 0.2，在 🗺 文本框中输入折弯半径值 0.2，在 ☑ 折弯系数(A) 区域的下拉列表中选择 K 因子 选项，把文本框 K 的因子系数值改为 0.4，在 ☑ 自动切释放槽(T) 区域的下拉列表中选择 矩形 选项，选中 ☑ 使用释放槽比例(A) 复选框，在 比例(T): 文本框中输入比例系数值 0.5；单击 ✅ 按钮，完成基体 – 法兰 1 的创建。

图 7.3.10 基体 – 法兰 1

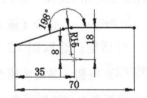

图 7.3.11 横断面草图

Step3. 创建图 7.3.12 所示的钣金特征——边线 – 法兰 1。选择下拉菜单 插入(I) ➡ 钣金(H) ➡ 🔩 边线法兰(E)... 命令（或单击"钣金"选项卡中的 🔩 按钮）；选取图 7.3.13 所示的模型边缘为生成的边线 – 法兰的边线；在 角度(G) 区域的 🗺 文本框中输入角度值 90.0，在 法兰长度(L) 区域的 🗺 下拉列表中选择 给定深度 选项，在 🗺 文本框中输入深度值 1.0，在 法兰位置(N) 区域中单击"材料在内"按钮 🗺；单击 ✅ 按钮，完成边线 – 法兰 1 的初步创建；在设计树的 🔩 边线-法兰1 上右击，在系统弹出的快捷菜单中单击 🖉 命令，系统进入草图环境。绘制图 7.3.14 所示的草图。退出草图环境，此时系统完成边线 – 法兰 1 的创建。

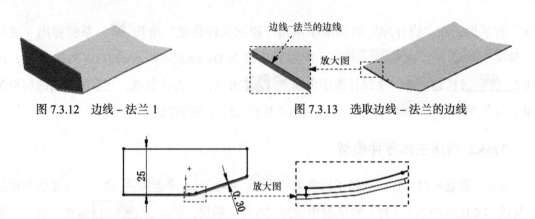

图 7.3.12　边线－法兰 1　　　　　　图 7.3.13　选取边线－法兰的边线

图 7.3.14　边线－法兰 1 草图

Step4. 创建图 7.3.15b 所示的镜像 1。选择下拉菜单 插入(I) ➡ 阵列/镜向(E) ➡ ⋈ 镜向(M)... 命令；选取前视基准面作为镜像基准面；选择边线－法兰 1 作为镜像 1 的对象；单击 ✅ 按钮，完成镜像 1 的创建。

a) 镜像前　　　　　　　　　　　　　b) 镜像后

图 7.3.15　镜像 1

Step5. 创建图 7.3.16 所示的钣金特征——展开 1。选择下拉菜单 插入(I) ➡ 钣金(H) ▶ ➡ 🗐 展开(U)... 命令（或单击"钣金"选项卡上的"展开"按钮 🗐），系统弹出"展开"对话框；选取图 7.3.17 所示的模型表面为固定面；在"展开"对话框中单击 收集所有折弯(A) 按钮，系统将模型中所有可展开的折弯特征显示在 要展开的折弯: 列表框中，然后选择边线折弯 1 和镜像折弯 1；单击 ✅ 按钮，完成展开 1 的创建。

图 7.3.16　展开 1　　　　　　　图 7.3.17　模型固定面

Step6. 创建图 7.3.18 所示的切除－拉伸 1。选择下拉菜单 插入(I) ➡ 切除(C) ▶ ➡ 🔲 拉伸(E)... 命令；选取图 7.3.19 所示的模型表面作为草图基准面，在草图环境中绘制图 7.3.20 所示的横断面草图；在"切除－拉伸"对话框的 方向 1(1) 区域选中 ☑ 与厚度相等(L)

复选框和 ☑正交切除(N) 复选框，其他采用系统默认设置值；单击 按钮，完成切除－拉伸 1 的创建。

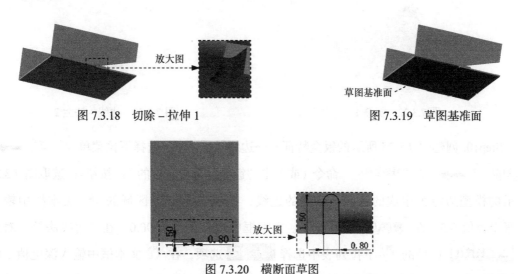

图 7.3.18　切除－拉伸 1　　　　图 7.3.19　草图基准面

图 7.3.20　横断面草图

Step7. 创建图 7.3.21b 所示的镜像 2。选择下拉菜单 插入(I) → 阵列/镜向(E) → ▶◀镜向(M)... 命令；选取前视基准面作为镜像基准面；选择切除－拉伸 1 作为镜像 2 的对象；单击 按钮，完成镜像 2 的创建。

a) 镜像前　　　　　　　　　　b) 镜像后

图 7.3.21　镜像 2

Step8. 创建图 7.3.22 所示的钣金特征——折叠 1。选择下拉菜单 插入(I) → 钣金(H) ▶ → 折叠(F)... 命令（或单击"钣金"选项卡上的"折叠"按钮 ），系统弹出"折叠"对话框；选取展开 1 特征的固定面为固定面；在"折叠"对话框中单击 收集所有折弯(A) 按钮，系统将模型中所有可折叠的折弯特征显示在 要折叠的折弯 列表框中；单击 按钮，完成折叠 1 的创建。

Step9. 创建图 7.3.23 所示的钣金特征——边线－法兰 2。选择下拉菜单 插入(I) → 钣金(H) ▶ → 边线法兰(E)... 命令（或单击"钣金"选项卡中的 按钮）；选取图 7.3.24 所示的模型边缘为生成的边线－法兰的边线；在 角度(G) 区域的 文本框中输入角度值 72.0，在"边线法兰"对话框 法兰长度(L) 区域的 下拉列表中选择 成形到一顶点 选项，激活 文本框，选取图 7.3.24 所示的顶点，在 法兰位置(N) 区域中单击"折弯在外"按

钮 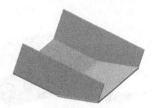；单击 ✅ 按钮，完成边线 – 法兰 2 的创建。

图 7.3.22　折叠 1　　　　　　　　　　　　　　图 7.3.23　边线 – 法兰 2

Step10. 创建图 7.3.25 所示的钣金特征——边线 – 法兰 3。选择下拉菜单 插入(I) ➡ 钣金(H) ➡ 边线法兰(E)... 命令（或单击"钣金"选项卡中的 按钮）；选取图 7.3.26 所示的模型边缘为生成的边线 – 法兰的边线；在 法兰参数(P) 区域的 🖋 文本框中输入折弯半径值 0.5，在 角度(G) 区域的 文本框中输入角度值 90.0，在"边线法兰"对话框 法兰长度(L) 区域的 下拉列表中选择 给定深度 选项，在 文本框中输入深度值 1.0，在 法兰位置(N) 区域中单击"材料在外"按钮 ；单击 ✅ 按钮，完成边线 – 法兰 3 的初步创建；在设计树的 边线-法兰3 上右击，在系统弹出的快捷菜单中单击 命令，系统进入草图环境，绘制图 7.3.27 所示的草图。退出草图环境，此时系统完成边线 – 法兰 3 的创建。

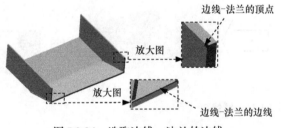

图 7.3.24　选取边线 – 法兰的边线　　　　　　图 7.3.25　边线 – 法兰 3

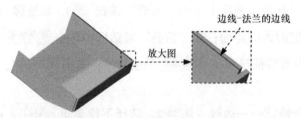

图 7.3.26　选取边线 – 法兰的边线　　　　　　图 7.3.27　边线 – 法兰 3 草图

Step11. 创建图 7.3.28b 所示的镜像 3。选择下拉菜单 插入(I) ➡ 阵列/镜向(E) ➡ 镜向(M)... 命令；选取前视基准面作为镜像基准面；选择边线 – 法兰 3 作为镜像 3 的对象；单击 ✅ 按钮，完成镜像 3 的创建。

a) 镜像前　　　　　　　　　　　　　　　b) 镜像后

图 7.3.28　镜像 3

Step12. 创建图 7.3.29 所示的钣金特征——边线 – 法兰 4。选择下拉菜单 插入(I) ➡ 钣金(H) ➡ 边线法兰(E)... 命令（或单击"钣金"选项卡中的 按钮）；选取图 7.3.30 所示的模型边缘为生成的边线 – 法兰的边线；在 法兰参数(P) 区域的 文本框中输入 折弯半径值 3.0，在 角度(G) 区域的 文本框中输入角度值 90.0，在"边线法兰"对话 框 法兰长度(L) 区域的 下拉列表中选择 给定深度 选项，在 文本框中输入深度值 5， 在此区域中单击"外部虚拟交点"按钮 ，在 法兰位置(N) 区域中单击"折弯在外"按 钮 ；单击 按钮，完成边线 – 法兰 4 的初步创建；在设计树的 边线-法兰4 上右击， 在系统弹出的快捷菜单中单击 按钮，系统进入草图环境，绘制图 7.3.31 所示的草图。退 出草图环境，此时系统完成边线 – 法兰 4 的创建。在设计树的 边线-法兰4 上右击，在系统 弹出的快捷菜单中单击 按钮，系统弹出"边线 – 法兰"对话框。在 法兰位置(N) 区域 中单击"材料在外"按钮 ，然后单击 按钮，完成边线 – 法兰 4 的编辑。

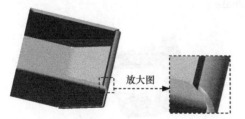

图 7.3.29　边线 – 法兰 4

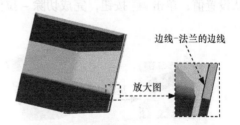

图 7.3.30　选取边线 – 法兰的边线

Step13. 创建图 7.3.32 所示的切除 – 拉伸 2。选择下拉菜单 插入(I) ➡ 切除(C) ➡ 拉伸(E)... 命令；选取图 7.3.33 所示的模型表面作为草图基准面，在草图环境中绘 制图 7.3.34 所示的横断面草图；在"切除 – 拉伸"对话框 方向1(1) 区域的 下拉列表中 选择 完全贯穿 选项，选中 正交切除(N) 复选框，其他采用系统默认设置值；单击 按钮， 完成切除 – 拉伸 2 的创建。

Step14. 创建图 7.3.35 所示的阵列（线性）1。选择下拉菜单 插入(I) ➡ 阵列/镜向(E) ➡ 线性阵列(L)... 命令，系统弹出"线性阵列"对话框；单击 特征和面(F) 区域中 的 文本框，选取切除 – 拉伸 2 作为阵列的源特征；选择图 7.3.36 所示的边线为方向 1

的参考边线，在 方向 1(1) 区域的 ⟨⟩ 文本框中输入数值 20.0；在 ⬡# 文本框中输入数值 2；单击 ✓ 按钮，完成阵列（线性）1 的创建。

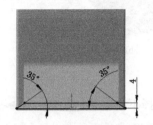

图 7.3.31 边线 – 法兰 4 草图

图 7.3.32 切除 – 拉伸 2

图 7.3.33 草图基准面

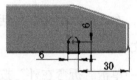

图 7.3.34 横断面草图

图 7.3.35 阵列（线性）1

图 7.3.36 选择参考边线

Step15. 创建图 7.3.37 所示的切除 – 拉伸 3。选择下拉菜单 插入(I) ➡ 切除(C) ▶ ➡ 拉伸(E)... 命令；选取图 7.3.38 所示的模型表面作为草图基准面，在草图环境中绘制图 7.3.39 所示的横断面草图；在"切除 – 拉伸"对话框 方向 1(1) 区域的 下拉列表中选择 给定深度 选项，选中 ☑ 与厚度相等(L) 复选框与 ☑ 正交切除(N) 复选框，其他采用系统默认设置值；单击 ✓ 按钮，完成切除 – 拉伸 3 的创建。

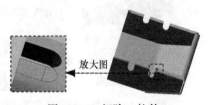

图 7.3.37 切除 – 拉伸 3

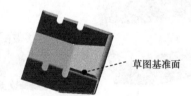

图 7.3.38 草图基准面

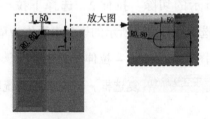

图 7.3.39 横断面草图

Step16. 创建图 7.3.40b 所示的镜像 4。选择下拉菜单 插入(I) ➡ 阵列/镜向(E) ➡ ▶◀ 镜向(M)... 命令；选取前视基准面作为镜像基准面；选择切除 – 拉伸 3 作为镜像 4 的对象；单击 ✅ 按钮，完成镜像 4 的创建。

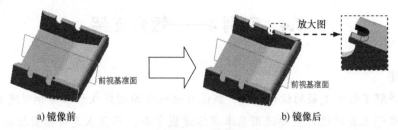

图 7.3.40　镜像 4

Step17. 创建图 7.3.41 所示的成形特征 1。单击任务窗格中的"设计库"按钮 🎁，打开"设计库"对话框；单击"设计库"对话框中的 🎁 ch07 节点，在设计库下部的列表框中选择"hearter_cover_shaped_tool_01"文件，并拖动到图 7.3.41 所示的平面，在系统弹出的"成形工具特征"对话框中单击 ✅ 按钮；单击设计树中 ⚓ hearter_cover_shaped_tool_011 节点前的 ▸，右击 (-) 草图19 特征，在系统弹出的快捷菜单中单击 🗐 命令，进入草图环境；编辑草图，如图 7.3.42 所示。退出草图环境，完成成形特征 1 的创建。

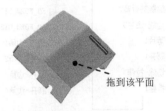

图 7.3.41　成形特征 1

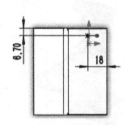

图 7.3.42　编辑草图

Step18. 创建图 7.3.43 所示的阵列（线性）2。选择下拉菜单 插入(I) ➡ 阵列/镜向(E) ➡ 线性阵列(L)... 命令，系统弹出"线性阵列"对话框；单击 ☑ 特征和面(F) 区域中的 🎁 文本框，选取成形特征 1 作为阵列的源特征；选择图 7.3.44 所示的边线为方向 1 的参考边线，在 方向1(1) 区域的 🔧 文本框中输入数值 7.0；在 ⛁# 文本框中输入数值 10；单击 ✅ 按钮，完成阵列（线性）2 的创建。

图 7.3.43　阵列（线性）2

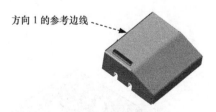

图 7.3.44　选择参考边线

Step19. 至此，钣金件模型创建完毕。选择下拉菜单 文件(F) ➡ 另存为(A)... 命令，将模型命名为 heater_cover，即可保存钣金件模型。

7.4 实例 4——钣金支架

实例概述

本实例讲解了钣金支架的设计过程，该设计过程分为创建成形工具和创建主体零件模型两个部分。成形工具的设计主要运用基本实体建模命令，其重点是将模型转换成成形工具；主体零件模型是由一些钣金基本特征构成的，其中要注意绘制的折弯线和成形特征的创建方法。钣金件模型及设计树如图 7.4.1 所示。

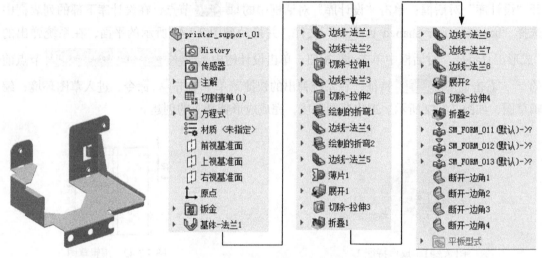

图 7.4.1 钣金件模型及设计树

1. 创建成形工具

成形工具模型及设计树如图 7.4.2 所示。

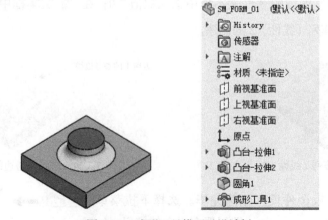

图 7.4.2 成形工具模型及设计树

Step1. 新建模型文件。选择下拉菜单 文件(F) ➡ 新建(N)... 命令，在系统弹出的 "新建 SOLIDWORKS 文件" 对话框中选择 "零件" 模块，单击 确定 按钮。

Step2. 创建图 7.4.3 所示的零件基础特征——凸台 – 拉伸 1。

（1）选择命令。选择下拉菜单 插入(I) ➡ 凸台/基体(B) ➡ 拉伸(E)... 命令。

（2）定义特征的横断面草图。选取上视基准面作为草图基准面，绘制图 7.4.4 所示的横断面草图。

（3）定义拉伸深度属性。采用系统默认的深度方向；在 "凸台 – 拉伸" 对话框 方向1(1) 区域的下拉列表中选择 给定深度 选项，在 文本框中输入深度值 1.0。

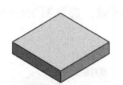

图 7.4.3　凸台 – 拉伸 1

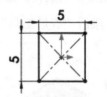

图 7.4.4　横断面草图

（4）单击 按钮，完成凸台 – 拉伸 1 的创建。

Step3. 创建图 7.4.5 所示的特征——凸台 – 拉伸 2。选择下拉菜单 插入(I) ➡ 凸台/基体(B) ➡ 拉伸(E)... 命令；选取图 7.4.5 所示的模型表面作为草图基准面，绘制图 7.4.6 所示的横断面草图；在 "凸台 – 拉伸" 对话框 方向1(1) 区域的下拉列表中选择 给定深度 选项，在 文本框中输入深度值 1.0；单击 按钮，完成凸台 – 拉伸 2 的创建。

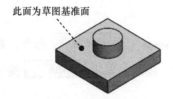

图 7.4.5　凸台 – 拉伸 2

图 7.4.6　横断面草图

Step4. 创建图 7.4.7b 所示的零件特征——圆角 1。

（1）选择命令。选择下拉菜单 插入(I) ➡ 特征(F) ➡ 圆角(F)... 命令。

（2）定义圆角类型。采用系统默认的圆角类型。

（3）定义圆角对象。选取图 7.4.7a 所示的边线为要圆角的对象。

（4）定义圆角的半径。在 圆角参数 区域的 文本框中输入圆角半径值 0.6，选中 切线延伸(G) 复选框。

（5）单击 按钮，完成圆角 1 的创建。

选取此边线为圆角参照

a) 圆角前　　　　　　　　　　　　　　　　　　　b) 圆角后

图 7.4.7　圆角 1

Step5. 创建图 7.4.8 所示的钣金特征——成形工具。

（1）选择命令。选择下拉菜单 插入(I) ➡ 钣金(H) ➡ 成形工具 命令。

（2）定义成形工具属性。激活"成形工具"对话框的 停止面 区域，选取图 7.4.8 所示的"停止面"；激活"成形工具"对话框 要移除的面 区域，选取图 7.4.9 所示的"要移除的面"。

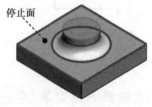

停止面

要移除的面

图 7.4.8　选取停止面　　　　　　　　　　图 7.4.9　选取要移除的面

（3）单击 ✓ 按钮，完成成形工具的创建。

Step6. 保存零件模型。选择下拉菜单 文件(F) ➡ 保存(S) 命令，把模型保存在 D：\sw20.4\work\ch07.04 文件夹中，并命名为 SM_FORM_01。

2. 创建主体零件模型

Step1. 新建模型文件。选择下拉菜单 文件(F) ➡ 新建(N)... 命令，在系统弹出的"新建 SOLIDWORKS 文件"对话框中选择"零件"模块，单击 确定 按钮，进入建模环境。

Step2. 创建图 7.4.10 所示的钣金基础特征——基体 – 法兰 1。

（1）选择命令。选择下拉菜单 插入(I) ➡ 钣金(H) ➡ 基体法兰(A)... 命令。

（2）定义特征的横断面草图。选取上视基准面作为草图基准面，绘制图 7.4.11 所示的横断面草图。

（3）定义钣金参数属性。在"基体法兰"对话框 钣金参数(S) 区域的 文本框中输入厚度值 0.5；在 ▽ 折弯系数(A) 区域的文本框中选择 K因子，在 K 因子系数文本框中输入值 0.5；在 ▽ 自动切释放槽(T) 区域的文本框中选择 矩形 选项，选中 ▽ 使用释放槽比例(A) 复选框，在 比例(T): 文本框中输入比例系数值 0.5。

（4）单击 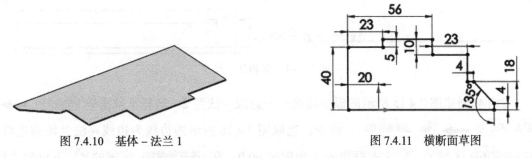 按钮，完成基体 – 法兰 1 的创建。

图 7.4.10　基体 – 法兰 1　　　　　图 7.4.11　横断面草图

Step3. 创建图 7.4.12 所示的钣金特征——边线 – 法兰 1。

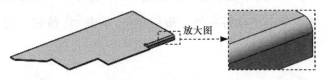

图 7.4.12　边线 – 法兰 1

（1）选择命令。选择下拉菜单 插入(I) ➡ 钣金(H) ▶ ➡ 边线法兰(E)... 命令。

（2）定义法兰折弯半径值。

（3）定义法兰轮廓边线。选取图 7.4.13 所示的边线为边线 – 法兰的轮廓边线。

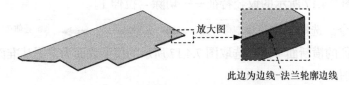

图 7.4.13　选取边线 – 法兰轮廓边线

（4）定义法兰角度值。在"边线 – 法兰"对话框 角度(G) 区域的 文本框中输入角度值 90.0。

（5）定义长度类型和长度值。在"边线 – 法兰"对话框 法兰长度(L) 区域的 下拉列表中选择 给定深度 选项，在 文本框中输入深度值 3.0，并单击"外部虚拟交点"按钮 。

（6）定义法兰位置。在 法兰位置(N) 区域中单击"材料在外"按钮 ，选中 ☑ 剪裁侧边折弯(T) 复选框。

（7）定义钣金自动切释放槽类型。选中 ☑ 自定义释放槽类型(R) 复选框，在其下拉列表中选择 矩形 选项；在 ☑ 自定义释放槽类型(V): 区域中取消选中 □ 使用释放槽比例(E) 复选框，并在 （宽度）文本框中输入数值 2，在 （深度）文本框中输入数值 1。

（8）单击 法兰参数(P) 区域的 编辑法兰轮廓(E) 按钮，标注图 7.4.14 所示的尺寸；单击

完成 按钮，完成边线 – 法兰 1 的创建。

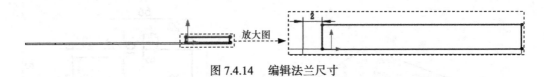

图 7.4.14　编辑法兰尺寸

Step4. 创建图 7.4.15 所示的钣金特征——边线 – 法兰 2。选择下拉菜单 插入(I) ➡

钣金(H) ➡ 边线法兰(E)... 命令；选取图 7.4.16 所示的边线为边线 – 法兰轮廓边线；

在 角度(G) 区域的 文本框中输入角度值 90.0；在 法兰长度(L) 区域的 下拉列表中

选择 给定深度 选项，在 文本框中输入深度值 10.0，并单击"外部虚拟交点"按钮 ；

在 法兰位置(N) 区域中单击"材料在外"按钮 ；单击 按钮，完成边线 – 法兰 2 的

创建。

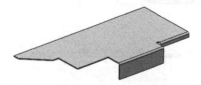

图 7.4.15　边线 – 法兰 2

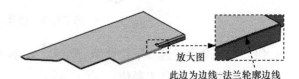

图 7.4.16　选取边线 – 法兰轮廓边线

Step5. 创建图 7.4.17 所示的钣金特征——切除 – 拉伸 1。

（1）选择命令。选择下拉菜单 插入(I) ➡ 切除(C) ➡ 拉伸(E)... 命令。

（2）定义特征的横断面草图。选取图 7.4.17 所示的模型表面为草图基准面，绘制图 7.4.18
所示的横断面草图。

（3）定义切除–拉伸深度属性。在"切除–拉伸"对话框的 方向1(1) 区域中选中 ☑ 与厚度相等(L)
复选框与 ☑ 正交切除(N) 复选框；其他参数采用系统默认设置值。

（4）单击该对话框中的 按钮，完成切除 – 拉伸 1 的创建。

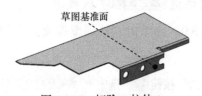

图 7.4.17　切除 – 拉伸 1

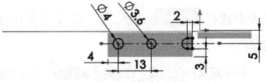

图 7.4.18　横断面草图

Step6. 创建图 7.4.19 所示的钣金特征——边线 – 法兰 3。选择下拉菜单 插入(I) ➡

钣金(H) ➡ 边线法兰(E)... 命令；选取图 7.4.20 所示的边线为边线 – 法兰轮廓的边线；

在 角度(G) 区域的 文本框中输入角度值 90.0；在"边线 – 法兰"对话框 法兰长度(L) 区

域的 下拉列表中选择 给定深度 选项，在 文本框中输入深度值 3.0，并单击"外部虚

拟交点"按钮 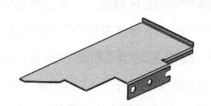 ；在 **法兰位置(N)** 区域中单击"折弯在外"按钮 ，选中 ☑ 等距(F) 复选框，并在其下的 下拉列表中选择 给定深度 选项，在 文本框中输入深度值 0.5；单击 按钮，完成边线 – 法兰 3 的创建。

此边为边线-法兰轮廓参照

图 7.4.19　边线 – 法兰 3

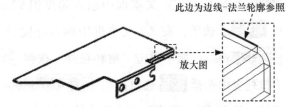

放大图

图 7.4.20　选取边线 – 法兰轮廓边线

Step7. 创建图 7.4.21 所示的钣金特征——切除 – 拉伸 2。选择下拉菜单 插入(I) ➡ 切除(C) ➡ 拉伸(E)... 命令；选取图 7.4.21 所示的模型表面为草图基准面，绘制图 7.4.22 所示的横断面草图；在 方向1(1) 区域中选中 ☑ 与厚度相等(L) 复选框与 ☑ 正交切除(N) 复选框；单击 按钮，完成切除 – 拉伸 2 的创建。

草图基准面

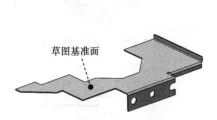

图 7.4.21　切除 – 拉伸 2

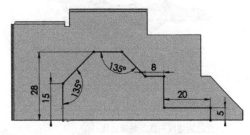

图 7.4.22　横断面草图

Step8. 创建图 7.4.23 所示的钣金特征——绘制的折弯 1。

（1）选择命令。选择下拉菜单 插入(I) ➡ 钣金 (H) ➡ 绘制的折弯(S)... 命令。

（2）定义特征的折弯线。选取图 7.4.23 所示的模型表面作为折弯线基准面，绘制图 7.4.24 所示的折弯线。

折弯线基准面

图 7.4.23　绘制的折弯 1

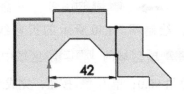

图 7.4.24　绘制的折弯线

（3）定义折弯固定面。选取图 7.4.25 所示的模型表面为折弯固定面。

（4）定义钣金参数属性。在 折弯参数(P) 区域的 折弯位置: 区域中单击"折弯中心线"按钮 ，在 文本框中输入折弯角度值 90.0。

（5）单击 按钮，完成绘制的折弯 1 的创建。

Step9. 创建图 7.4.26 所示的钣金特征——边线 – 法兰 4。选择下拉菜单 插入(I) ➡ 钣金(H) ➡ 边线法兰(E)... 命令；选取图 7.4.27 所示的边线为边线 – 法兰轮廓边线；在 角度(G) 区域的 文本框中输入角度值 90.0；在 法兰长度(L) 区域的 下拉列表中选择 给定深度 选项，在 文本框中输入深度值 4.0，并单击"外部虚拟交点"按钮；在 法兰位置(N) 区域中单击"材料在外"按钮；选中 ☑自定义释放槽类型(R) 复选框，在其下拉列表中选择 矩形 选项；在 ☑自定义释放槽类型(Y) 区域中取消选中 ☐使用释放槽比例(E) 复选框，并在 （宽度）文本框中输入数值 2，在 （深度）文本框中输入数值 1；单击"法兰参数"区域的 编辑法兰轮廓(E) 按钮，编辑图 7.4.28 所示的轮廓；单击 完成 按钮，完成边线 – 法兰 4 的创建。

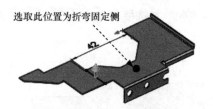

图 7.4.25　固定面的位置

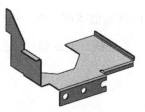

图 7.4.26　边线 – 法兰 4

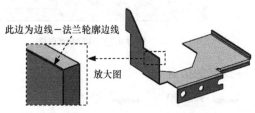

图 7.4.27　选取边线 – 法兰轮廓边线

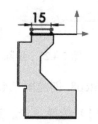

图 7.4.28　编辑法兰轮廓

Step10. 创建图 7.4.29 所示的钣金特征——绘制的折弯 2。选择下拉菜单 插入(I) ➡ 钣金(H) ➡ 绘制的折弯(S)... 命令；选取图 7.4.29 所示的模型表面作为折弯线基准面，绘制图 7.4.30 所示的折弯线；选取图 7.4.31 所示的模型表面为折弯固定面；在 折弯参数(P) 区域的 折弯位置: 区域中单击"折弯中心线"按钮，在 文本框中输入折弯角度值 90.0；单击 按钮，完成绘制的折弯 2 的创建。

Step11. 创建图 7.4.32 所示的钣金特征——边线 – 法兰 5。选择下拉菜单 插入(I) ➡ 钣金(H) ➡ 边线法兰(E)... 命令；选取图 7.4.33 所示的边线为边线 – 法兰轮廓边线；在 角度(G) 区域的 文本框中输入角度值 90.0；在 法兰长度(L) 区域的 下拉列表中选择 给定深度 选项，在 文本框中输入深度值 32.0，并单击"外部虚拟交点"按钮；

在 **法兰位置(N)** 区域中单击"折弯在外"按钮 ⌐ ；单击"法兰参数"区域的 **编辑法兰轮廓(E)** 按钮，编辑图 7.4.34 所示的轮廓；单击 **完成** 按钮，完成边线 – 法兰 5 的创建。

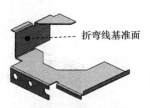

图 7.4.29　绘制的折弯 2

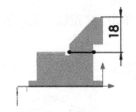

图 7.4.30　绘制的折弯线

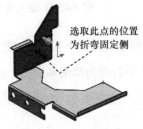

图 7.4.31　固定面的位置

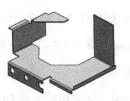

图 7.4.32　边线 – 法兰 5

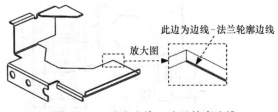

图 7.4.33　选取边线 – 法兰轮廓边线

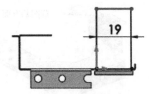

图 7.4.34　编辑法兰轮廓

Step12. 创建图 7.4.35 所示的钣金特征——薄片 1。选择下拉菜单 **插入(I)** ➡ **钣金(H)** ➡ 🛡 **基体法兰(A)...** 命令；选取图 7.4.35 所示的模型背面为草图基准面；绘制图 7.4.36 所示的横断面草图；完成薄片 1 的创建。

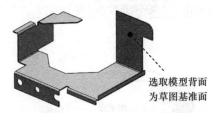

图 7.4.35　薄片 1

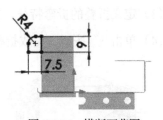

图 7.4.36　横断面草图

Step13. 创建图 7.4.37 所示的钣金特征——展开 1。

（1）选择命令。选择下拉菜单 **插入(I)** ➡ **钣金(H)** ➡ 🔩 **展开(U)...** 命令。

（2）定义固定面。选取图 7.4.38 所示的模型表面为固定面。

（3）定义展开的折弯特征。在模型上单击图 7.4.39 所示的折弯特征，系统将所选的折弯特征显示在 要展开的折弯: 列表框中。

（4）单击 ✅ 按钮，完成展开 1 的创建。

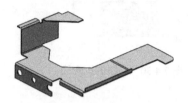

图 7.4.37　展开 1

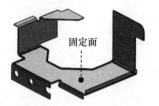

图 7.4.38　定义固定面

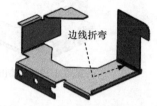

图 7.4.39　定义展开的折弯特征

Step14. 创建图 7.4.40 所示的钣金特征——切除 – 拉伸 3。选择下拉菜单 插入(I) ➡ 切除(C) ➡ 📄 拉伸(E)... 命令；选取图 7.4.40 所示的模型表面为草图基准面，绘制图 7.4.41 所示的横断面草图；在 方向 1(1) 区域中选中 ☑ 与厚度相等(L) 复选框与 ☑ 正交切除(N) 复选框；单击 ✅ 按钮，完成切除 – 拉伸 3 的创建。

图 7.4.40　切除 – 拉伸 3

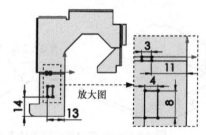

图 7.4.41　横断面草图

Step15. 创建图 7.4.42 所示的钣金特征——折叠 1。

（1）选择命令。选择下拉菜单 插入(I) ➡ 钣金(H) ➡ 🔲 折叠(F)... 命令。

（2）定义固定面。选取图 7.4.43 所示的模型表面为固定面。

（3）定义折叠的折弯特征。在 选择(S) 区域中单击 收集所有折弯(A) 按钮。

（4）单击 ✅ 按钮，完成折叠 1 的创建。

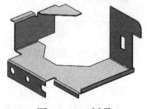

图 7.4.42　折叠 1

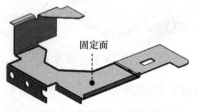

图 7.4.43　定义固定面

Step16. 创建图 7.4.44 所示的钣金特征——边线 – 法兰 6。选择下拉菜单 插入(I)
钣金(H) ➡ 边线法兰(E)... 命令；选取图 7.4.45 所示的边线为边线 – 法兰轮廓边线；
在 角度(G) 区域的 文本框中输入角度值 90.0；在 法兰长度(L) 区域的 下拉列表中
选择 给定深度 选项，在 文本框中输入深度值 8.0，并单击"外部虚拟交点"按钮；
在 法兰位置(N) 区域中单击"材料在外"按钮；单击"法兰参数"区域的 编辑法兰轮廓(E)
按钮，编辑图 7.4.46 所示的轮廓；单击 完成 按钮，完成边线 – 法兰 6 的创建。

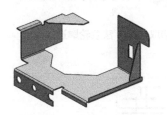

图 7.4.44　边线 – 法兰 6

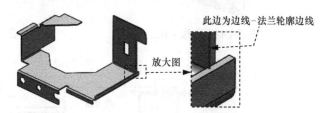

图 7.4.45　选取边线 – 法兰轮廓边线

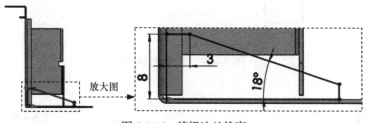

图 7.4.46　编辑法兰轮廓

Step17. 创建图 7.4.47 所示的钣金特征——边线 – 法兰 7。选择下拉菜单 插入(I)
钣金(H) ➡ 边线法兰(E)... 命令；选取图 7.4.48 所示的边线为边线 – 法兰轮廓边线；
在 角度(G) 区域的 文本框中输入角度值 90.0；在 法兰长度(L) 区域的 下拉列表中
选择 给定深度 选项，在 文本框中输入深度值 2.0，并单击"内部虚拟交点"按钮；
在 法兰位置(N) 区域中单击"材料在外"按钮；选中 ☑自定义释放槽类型(R) 复选框，在
其下拉列表中选择 矩形 选项；在 ☑自定义释放槽类型(V): 区域中取消选中 ☐使用释放槽比例(E)
复选框，并在 （宽度）文本框中输入数值 1，在 （深度）文本框中输入数值 1；单击
"法兰参数"区域的 编辑法兰轮廓(E) 按钮，编辑图 7.4.49 所示的轮廓；单击 完成 按
钮，完成边线 – 法兰 7 的创建。

Step18. 创建图 7.4.50 所示的钣金特征——边线 – 法兰 8。选择下拉菜单 插入(I)
钣金(H) ➡ 边线法兰(E)... 命令；选取图 7.4.51 所示的边线为边线 – 法兰轮廓边线；在
角度(G) 区域的 文本框中输入角度值 90.0；在 法兰长度(L) 区域的 下拉列表中
选择 给定深度 选项，在 文本框中输入深度值 14.0，并单击"内部虚拟交点"按钮；

在 **法兰位置(N)** 区域中单击"材料在外"按钮 ；单击 ✔ 按钮，完成边线 – 法兰 8 的创建。

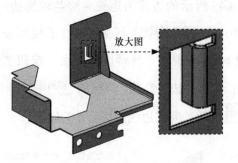

图 7.4.47　边线 – 法兰 7

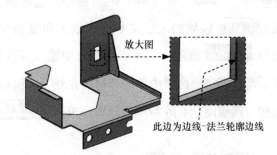

此边为边线-法兰轮廓边线

图 7.4.48　选取边线 – 法兰轮廓边线

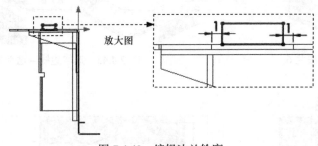

放大图

图 7.4.49　编辑法兰轮廓

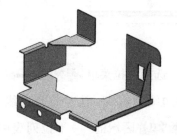

图 7.4.50　边线 – 法兰 8

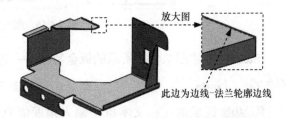

放大图

此边为边线-法兰轮廓边线

图 7.4.51　选取边线 – 法兰轮廓边线

Step19. 创建图 7.4.52 所示的钣金特征——展开 2。选择下拉菜单 插入(I) ➡
钣金(H) ➡ 展开(U)... 命令；选取图 7.4.53 所示的模型表面为固定面；在模型上单击图 7.4.54 所示的折弯特征；单击 ✔ 按钮，完成展开 2 的创建。

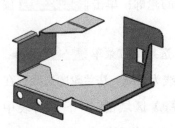

图 7.4.52　展开 2

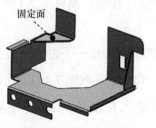

固定面

图 7.4.53　定义固定面

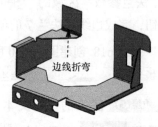

边线折弯

图 7.4.54　定义展开的折弯特征

Step20. 创建图 7.4.55 所示的钣金特征——切除－拉伸 4。选择下拉菜单 插入(I) ➡ 切除(C) ➡ 拉伸(E)... 命令；选取图 7.4.55 所示的模型表面为草图基准面，绘制图 7.4.56 所示的横断面草图；在 方向 1(1) 区域中选中 ☑ 与厚度相等(L) 复选框与 ☑ 正交切除(N) 复选框；单击 ✅ 按钮，完成切除－拉伸 4 的创建。

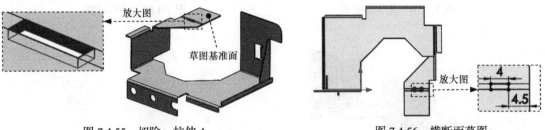

图 7.4.55　切除－拉伸 4　　　　　　　　图 7.4.56　横断面草图

Step21. 创建图 7.4.57 所示的钣金特征——折叠 2。选择下拉菜单 插入(I) ➡ 钣金(H) ▶ ➡ 折叠(F)... 命令；选取图 7.4.58 所示的模型表面为固定面；在 选择(S) 区域中单击 收集所有折弯(A) 按钮；单击 ✅ 按钮，完成折叠 2 的创建。

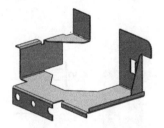
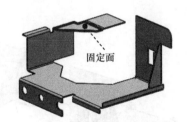

图 7.4.57　折叠 2　　　　　　　　　　　图 7.4.58　定义固定面

Step22. 创建图 7.4.59 所示的钣金特征——成形特征 1。

（1）单击任务窗格中的"设计库"按钮 🗂，打开"设计库"对话框。

（2）单击"设计库"对话框中的 🗂 ch07 节点，在设计库下部的列表框中选择"SM_FORM_01"文件，并将其拖动到图 7.4.59 所示的平面，在系统弹出的"成形工具特征"对话框中单击 ✅ 按钮。

（3）单击设计树中 🔧 SM_FORM_011 节点前的 ▶，右击 (-) 草图45 节点，在系统弹出的快捷菜单中选择 📝 命令，进入草绘环境。

（4）编辑草图，如图 7.4.60 所示。退出草绘环境，完成成形特征 1 的创建。

说明：通过键盘中的 Tab 键可以更改成形特征的方向。

Step23. 创建图 7.4.61 所示的钣金特征——成形特征 2。参见 Step22，选择"SM_FORM_01"文件作为成形工具，并将其拖动到图 7.4.61 所示的平面，编辑草图如图 7.4.62 所示。

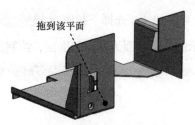

图 7.4.59 成形特征 1

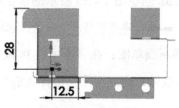

图 7.4.60 编辑草图

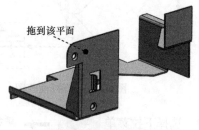

图 7.4.61 成形特征 2

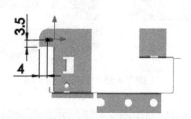

图 7.4.62 编辑草图

Step24. 创建图 7.4.63 所示的钣金特征——成形特征 3。参见 Step22，选择 "SM_FORM_01" 文件作为成形工具，并将其拖动到图 7.4.63 所示的平面，编辑草图如图 7.4.64 所示。

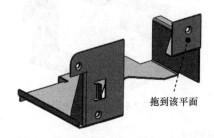

图 7.4.63 成形特征 3

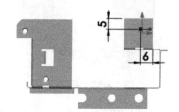

图 7.4.64 编辑草图

Step25. 创建图 7.4.65 所示的钣金特征——断开 – 边角 1。

（1）选择命令。选择下拉菜单 插入(I) ➡ 钣金 (H) ▶ ➡ 断裂边角 (K)... 命令。

（2）定义折断边角选项。激活 折断边角选项(B) 区域的 区域，选取图 7.4.66 所示的各边线。在 折断类型: 文本框中单击 "圆角" 按钮，在 文本框中输入圆角半径值 4.0。

（3）单击对话框中的 按钮，完成断开 – 边角 1 的创建。

Step26. 创建图 7.4.67 所示的钣金特征——断开 – 边角 2。参见 Step25，在 文本框中输入圆角半径值 2.0。

Step27. 创建图 7.4.68 所示的钣金特征——断开 – 边角 3。参见 Step25，在 文本框中输入圆角半径值 1.0。

Step28. 创建图 7.4.69 所示的钣金特征——断开 – 边角 4。选择下拉菜单 插入(I) ➡

钣金 (H) ▶ ━━ 🔧 断裂边角 (K)... 命令；激活 折断边角选项(B) 区域的 🔧 区域，选取图 7.4.70 所示的边线；在 折断类型: 文本框中单击"倒角"按钮 ⬚，在 🗁 文本框中输入圆角半径值 2.5；单击 ✅ 按钮，完成断开 – 边角 4 的创建。

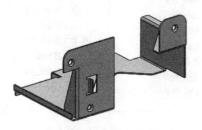

图 7.4.65 断开 – 边角 1

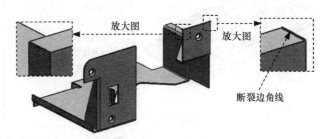

图 7.4.66 定义引导边线

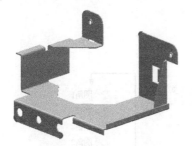

图 7.4.67 断开 – 边角 2

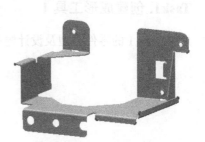

图 7.4.68 断开 – 边角 3

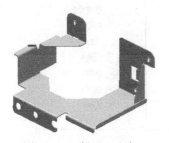

图 7.4.69 断开 – 边角 4

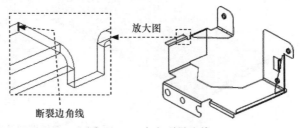

图 7.4.70 定义引导边线

Step29. 保存零件模型。选择下拉菜单 文件(F) ━━ 💾 保存(S) 命令，把模型保存并命名为 printer_support_01。

7.5 实例 5——打印机后盖

实例概述

本实例讲解了打印机后盖的设计过程，在整个设计过程中，需要注意成形工具的创建及其相关命令的使用方法。模型及设计树如图 7.5.1 所示。

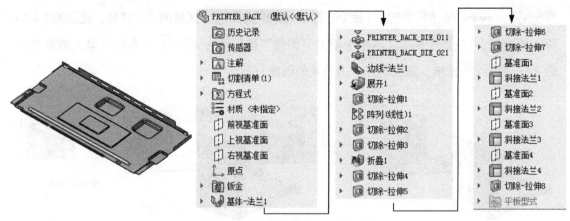

图 7.5.1　钣金件模型及设计树

Task1. 创建成形工具 1

成形工具 1 的零件模型及设计树如图 7.5.2 所示。

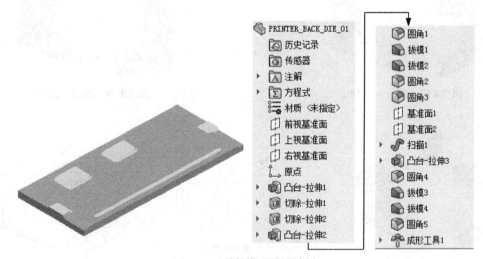

图 7.5.2　零件模型及设计树

Step1. 新建模型文件。选择下拉菜单 文件(F) ➡ 新建 (N)… 命令，在系统弹出的 "新建 SOLIDWORKS 文件" 对话框中选择 "零件" 模块，单击 确定 按钮，进入建模环境。

Step2. 创建图 7.5.3 所示的零件基础特征——凸台 - 拉伸 1。选择下拉菜单 插入(I) ➡ 凸台/基体 (B) ➡ 拉伸 (E)… 命令，或单击 "特征" 选项卡中的 按钮；选取前视基准面作为草图基准面，在草绘环境中绘制图 7.5.4 所示的横断面草图，选择下拉菜单 插入(I) ➡ 退出草图 命令，退出草绘环境，此时系统弹出 "凸台 - 拉伸" 对话框；采用系统默认的深度方向，在 "凸台 - 拉伸" 对话框 方向 1(1) 区域的下拉列表中选

择 给定深度 选项，在 文本框中输入深度值 10；单击 按钮，完成凸台 – 拉伸 1 的创建。

图 7.5.3　凸台 – 拉伸 1

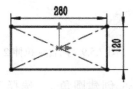

图 7.5.4　横断面草图

Step3. 创建图 7.5.5 所示的切除 – 拉伸 1。选择下拉菜单 插入(I) ➜ 切除(C) ➜ 拉伸(E)... 命令；选取图 7.5.5 所示的表面作为草图基准面，在草绘环境中绘制图 7.5.6 所示的横断面草图；在"切除 – 拉伸"对话框 方向 1(1) 区域的 下拉列表中选择 给定深度 选项，在 文本框中输入深度值 48.5；单击 按钮，完成切除 – 拉伸 1 的创建。

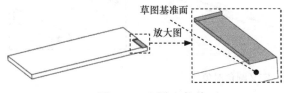

图 7.5.5　切除 – 拉伸 1

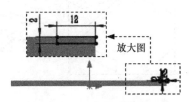

图 7.5.6　横断面草图

Step4. 创建图 7.5.7 所示的切除 – 拉伸 2。选择下拉菜单 插入(I) ➜ 切除(C) ➜ 拉伸(E)... 命令；选取图 7.5.7 所示的表面作为草图基准面，绘制图 7.5.8 所示的横断面草图；在"切除 – 拉伸"对话框 方向 1(1) 区域的 下拉列表中选择 给定深度 选项，在 文本框中输入深度值 40；单击 按钮，完成切除 – 拉伸 2 的创建。

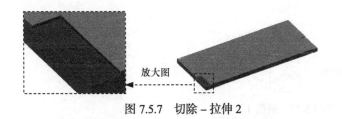

图 7.5.7　切除 – 拉伸 2

图 7.5.8　横断面草图

Step5. 创建图 7.5.9 所示的零件特征——凸台 – 拉伸 2。选择下拉菜单 插入(I) ➜ 凸台/基体(B) ➜ 拉伸(E)... 命令；选取图 7.5.9 所示的表面作为草图基准面，绘制图 7.5.10 所示的横断面草图；在 方向 1(1) 区域的 下拉列表中选择 给定深度 选项，在 文本框中输入深度值 2，选中 合并结果(M) 复选框；单击 按钮，完成凸台 – 拉伸 2 的创建。

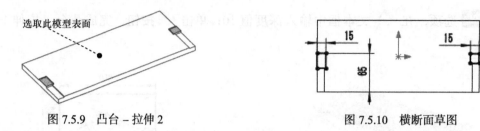

图 7.5.9 凸台 – 拉伸 2　　　　　　　　图 7.5.10 横断面草图

Step6. 创建圆角 1。选择下拉菜单 插入(I) ➡ 特征(F) ➡ 圆角(F)... 命令，或单击 按钮，系统弹出"圆角"对话框；在 圆角类型 区域单击 选项，选取图 7.5.11 所示的六条边线为要圆角的对象，在 圆角参数 区域的 文本框中输入圆角半径值 2；单击 按钮，完成圆角 1 的创建。

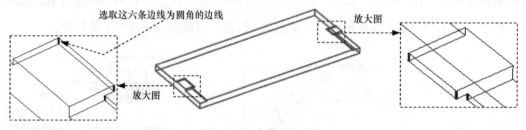

图 7.5.11 定义圆角对象

Step7. 创建图 7.5.12 所示的零件特征——拔模 1。选择下拉菜单 插入(I) ➡ 特征(F) ➡ 拔模(D)... 命令（或单击"特征"选项卡中的 按钮）；在 后的列表框中选取图 7.5.13 所示的拔模中性面，在 拔模面(F) 区域 后的列表框中选取图 7.5.13 所示的拔模面，在 文本框中输入拔模角度值 45；单击 按钮，完成拔模 1 的创建。

说明：单击 按钮可以改变拔模方向。

图 7.5.12 拔模 1

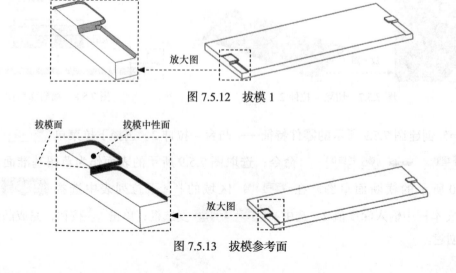

图 7.5.13 拔模参考面

Step8. 创建图 7.5.14 所示的零件特征——拔模 2。选择下拉菜单 插入(I) ➡ 特征(F) ➤ ➡ 拔模(D)… 命令；在 ⤢ 后的列表框中选取图 7.5.15 所示的拔模中性面，在 拔模面(F) 区域 ⬡ 后的列表框中选取图 7.5.15 所示的拔模面，在 ⬀ 文本框中输入拔模角度值 45；单击 ✓ 按钮，完成拔模 2 的创建。

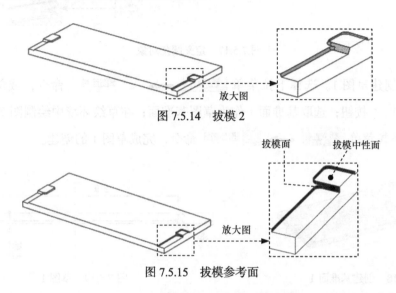

图 7.5.14　拔模 2

图 7.5.15　拔模参考面

Step9. 创建圆角 2。选择下拉菜单 插入(I) ➡ 特征(F) ➤ ➡ 圆角(F)… 命令，或单击 ⬡· 按钮，系统弹出"圆角"对话框；在 圆角类型 区域单击 ⬡ 选项；选取图 7.5.16 所示的四条边线为要圆角的对象；在 圆角参数 区域的 ⬀ 文本框中输入圆角半径值 1.1；单击 ✓ 按钮，完成圆角 2 的创建。

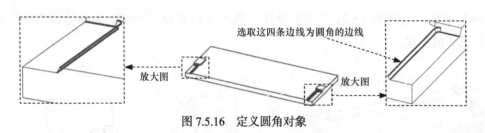

图 7.5.16　定义圆角对象

Step10. 创建圆角 3。选择下拉菜单 插入(I) ➡ 特征(F) ➤ ➡ 圆角(F)… 命令，或单击 ⬡· 按钮，系统弹出"圆角"对话框；在 圆角类型 区域单击 ⬡ 选项；选取图 7.5.17 所示的四条边线为要圆角的对象；在 圆角参数 区域的 ⬀ 文本框中输入圆角半径值 1.1；单击 ✓ 按钮，完成圆角 3 的创建。

Step11. 创建图 7.5.18 所示的基准面 1。选择下拉菜单 插入(I) ➡ 参考几何体(G) ➤ ➡ 基准面(P)… 命令，系统弹出"基准面"对话框；选取图 7.5.18 所示的上视基准面作为参考实体（注：具体参数和操作参见随书学习资源）。

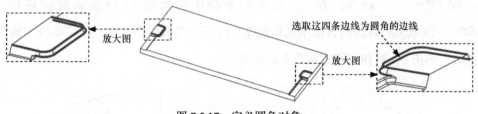

选取这四条边线为圆角的边线

放大图   放大图

图 7.5.17　定义圆角对象

Step12. 创建草图 1。选择下拉菜单 插入(I) ➡ ▢ 草图绘制 命令，或单击"草图"选项卡中的 ▢· 按钮；选取基准面 1 作为草图基准面；在草绘环境中绘制图 7.5.19 所示的草图；选择下拉菜单 插入(I) ➡ ▢ 退出草图 命令，完成草图 1 的创建。

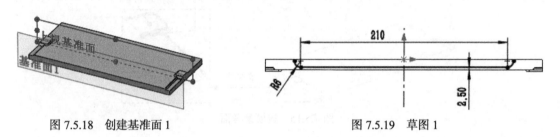

图 7.5.18　创建基准面 1   图 7.5.19　草图 1

Step13. 创建图 7.5.20 所示的基准面 2。选择下拉菜单 插入(I) ➡ 参考几何体(G) ▸
➡ ▢ 基准面(P)... 命令；选取图 7.5.20 所示的前视基准面和草图 1 的左端点为参考实体；单击 ✔ 按钮，完成基准面 2 的创建。

Step14. 创建草图 2。选择下拉菜单 插入(I) ➡ ▢ 草图绘制 命令，选取基准面 2 作为草图基准面，绘制图 7.5.21 所示的草图；选择下拉菜单 插入(I) ➡ ▢ 退出草图 命令，完成草图 2 的创建。

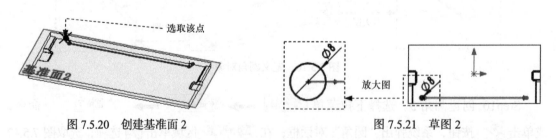

选取该点

放大图

图 7.5.20　创建基准面 2   图 7.5.21　草图 2

Step15. 创建图 7.5.22 所示的扫描特征 1。选择下拉菜单 插入(I) ➡ 凸台/基体(B) ▸
➡ ✎ 扫描(S)... 命令，或单击"特征"选项卡中的 ✎ 扫描 按钮；选取草图 2 为扫描的轮廓，选取草图 1 为扫描的路径；单击对话框中的 ✔ 按钮，完成扫描 1 的创建。

Step16. 创建图 7.5.23 所示的零件特征——凸台–拉伸 3。选择下拉菜单 插入(I) ➡

凸台/基体 (B) ▸ ──→ 🗔 拉伸 (E)... 命令；选取图 7.5.23 所示的表面作为草图基准面，绘制图 7.5.24 所示的横断面草图；在 方向 1(1) 区域的 🡫 下拉列表中选择 给定深度 选项，在 🔡 文本框中输入深度值 5，选中 ☑ 合并结果(M) 复选框；单击 ✔ 按钮，完成凸台 – 拉伸 3 的创建。

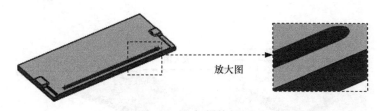

图 7.5.22　扫描特征 1

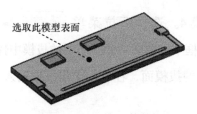

图 7.5.23　凸台 – 拉伸 3

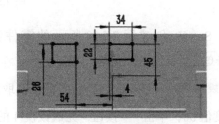

图 7.5.24　横断面草图

Step17. 创建图 7.5.25b 所示的圆角 4。选择下拉菜单 插入(I) ──→ 特征(F) ▸ ──→ 🗔 圆角 (F)... 命令；在 圆角类型 区域单击 🗔 选项，选取图 7.5.25a 所示的八条边线为要圆角的对象，在 圆角参数 区域的 🡭 文本框中输入圆角半径值 2；单击 ✔ 按钮，完成圆角 4 的创建。

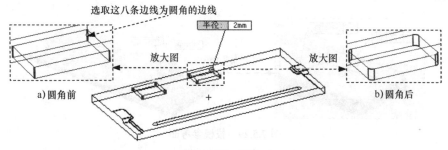

图 7.5.25　圆角 4

Step18. 创建图 7.5.26 所示的零件特征——拔模 3。选择下拉菜单 插入(I) ──→ 特征(F) ▸ ──→ 🗔 拔模 (D)... 命令；在 🡫 后的列表框中选取图 7.5.27 所示的拔模中性面，在 拔模面(F) 区域 🗔 后的列表框中选取图 7.5.27 所示的拔模面，在 🡭 文本框中输入拔模角度值 30；单击 ✔ 按钮，完成拔模 3 的创建。

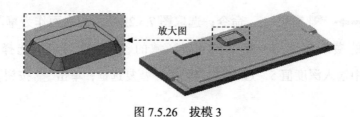

图 7.5.26　拔模 3

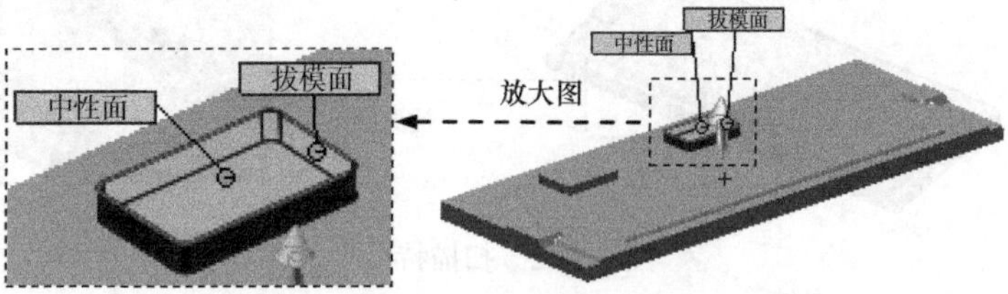

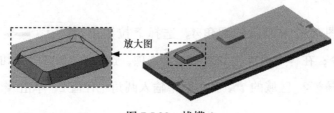

图 7.5.27　拔模参考面

Step19. 创建图 7.5.28 所示的零件特征——拔模 4。选择下拉菜单 插入(I) ➡️
特征(F) ➡️ 🔲 拔模(D) ... 命令；在 ↗ 后的列表框中选取图 7.5.29 所示的拔模中性面，
在 拔模面(F) 区域 🔲 后的列表框中选取图 7.5.29 所示的拔模面，在 ↕ 文本框中输入拔模
角度值 30；单击 ✅ 按钮，完成拔模 4 的创建。

图 7.5.28　拔模 4

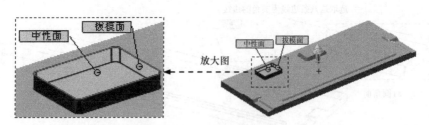

图 7.5.29　拔模参考面

Step20. 创建图 7.5.30b 所示的圆角 5。选择下拉菜单 插入(I) ➡️ 特征(F) ➡️
🔲 圆角(F)... 命令；选取图 7.5.30a 所示的四条边链为要圆角的对象，在 圆角参数 区域
的 ⼊ 文本框中输入圆角半径值 2；单击"圆角"对话框中的 ✅ 按钮，完成圆角 5 的创建。

Step21. 创建图 7.5.31 所示的零件特征——成形工具 1。选择下拉菜单 插入(I) ➡️
钣金(H) ➡️ 🔲 成形工具 命令；激活"成形工具"对话框中的 停止面 区域，选取

图 7.5.31 所示的面为停止面，激活"成形工具"对话框中的 要移除的面 区域，选取图 7.5.31 所示的模型表面为成形工具的移除面；单击 ✓ 按钮，完成成形工具 1 的创建。

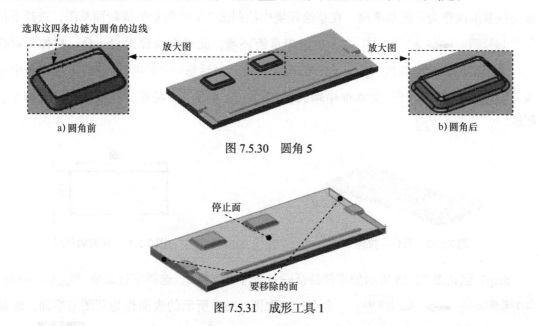

图 7.5.30　圆角 5

图 7.5.31　成形工具 1

Step22. 至此，成形工具模型创建完毕。选择下拉菜单 文件(F) ➡ 🖫 另存为(A)… 命令，把模型保存于 D：\sw20.4\work\ch07.05 文件夹中，并命名为 PRINTER_BACK_DIE_01。

Task2. 创建成形工具 2

成形工具 2 的零件模型及设计树如图 7.5.32 所示。

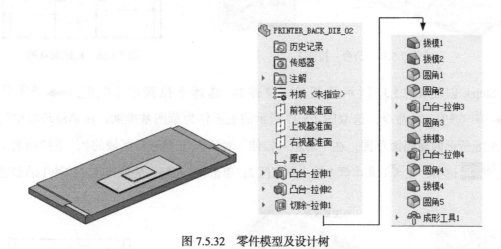

图 7.5.32　零件模型及设计树

Step1. 新建模型文件。选择下拉菜单 文件(F) ➡ 🗋 新建(N)… 命令，在系统弹出的 "新建 SOLIDWORKS 文件"对话框中选择"零件"模块，单击 确定 按钮，进入建模环境。

Step2. 创建图 7.5.33 所示的零件基础特征——凸台 – 拉伸 1。选择下拉菜单 插入(I)

➡ 凸台/基体(B) ▶ ➡ 📦 拉伸(E)... 命令，或单击"特征"选项卡中的 📦 按钮；选

取前视基准面作为草图基准面，在草绘环境中绘制图 7.5.34 所示的横断面草图，选择下拉

菜单 插入(I) ➡ 🗔 退出草图 命令，退出草绘环境，此时系统弹出"凸台 – 拉伸"对话

框；采用系统默认的深度方向，在"凸台 – 拉伸"对话框 方向 1(1) 区域的下拉列表中选

择 给定深度 选项，在 🔁 文本框中输入深度值 10；单击 ✅ 按钮，完成凸台 – 拉伸 1 的

创建。

图 7.5.33　凸台 – 拉伸 1

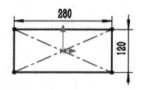

图 7.5.34　横断面草图

Step3. 创建图 7.5.35 所示的零件特征——凸台 – 拉伸 2。选择下拉菜单 插入(I) ➡

凸台/基体(B) ▶ ➡ 📦 拉伸(E)... 命令；选取图 7.5.35 所示的表面作为草图基准面，绘制

图 7.5.36 所示的横断面草图；在 方向 1(1) 区域的 ↗ 下拉列表中选择 给定深度 选项，

在 🔁 文本框中输入深度值 2，选中 ☑ 合并结果(M) 复选框；单击 ✅ 按钮，完成凸台 – 拉

伸 2 的创建。

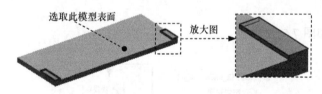

图 7.5.35　凸台 – 拉伸 2

图 7.5.36　横断面草图

Step4. 创建图 7.5.37 所示的切除 – 拉伸 1。选择下拉菜单 插入(I) ➡ 切除(C) ▶

➡ 📦 拉伸(E)... 命令；选取图 7.5.37 所示的表面作为草图基准面，在草绘环境中绘制

图 7.5.38 所示的横断面草图；在"切除 – 拉伸"对话框 方向 1(1) 区域的 ↗ 下拉列表中选

择 给定深度 选项，在 🔁 文本框中输入深度值 2；单击 ✅ 按钮，完成切除 – 拉伸 1 的创建。

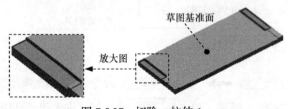

图 7.5.37　切除 – 拉伸 1

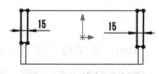

图 7.5.38　横断面草图

Step5. 创建图 7.5.39 所示的零件特征——拔模 1。选择下拉菜单 插入(I) ➡ 特征(F) ➡ 拔模(D) ... 命令，或单击"特征"选项卡中的 按钮；在 后的列表框中选取图 7.5.40 所示的拔模中性面，在 拔模面(F) 区域 后的列表框中选取图 7.5.40 所示的拔模面，在 文本框中输入拔模角度值 45；单击 按钮，完成拔模 1 的创建。

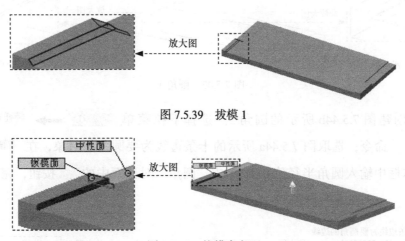

图 7.5.39　拔模 1

图 7.5.40　拔模参考面

Step6. 创建图 7.5.41 所示的零件特征——拔模 2。选择下拉菜单 插入(I) ➡ 特征(F) ➡ 拔模(D) ... 命令；在 后的列表框中选取图 7.5.42 所示的拔模中性面，在 拔模面(F) 区域 后的列表框中选取图 7.5.42 所示的拔模面，在 文本框中输入拔模角度值 45；单击 按钮，完成拔模 2 的创建。

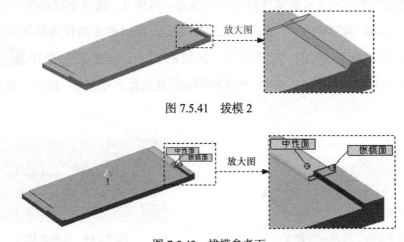

图 7.5.41　拔模 2

图 7.5.42　拔模参考面

Step7. 创建图 7.5.43b 所示的圆角 1。选择下拉菜单 插入(I) ➡ 特征(F) ➡ 圆角(F)... 命令，或单击 按钮，系统弹出"圆角"对话框；在 圆角类型 区域单

击 选项；选取图 7.5.43a 所示的两条边线为要圆角的对象；在 圆角参数 区域的 文本框中输入圆角半径值 1.6；单击 按钮，完成圆角 1 的创建。

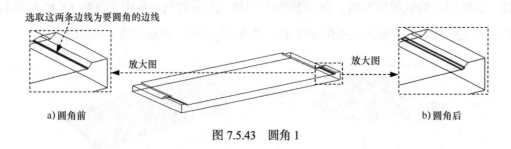

图 7.5.43　圆角 1

Step8. 创建图 7.5.44b 所示的圆角 2。选择下拉菜单 插入(I) ➡ 特征(F) ➡ 圆角(F)... 命令；选取图 7.5.44a 所示的十条边线为要圆角的对象，在 圆角参数 区域的 文本框中输入圆角半径值 0.6；单击"圆角"对话框中的 按钮，完成圆角 2 的创建。

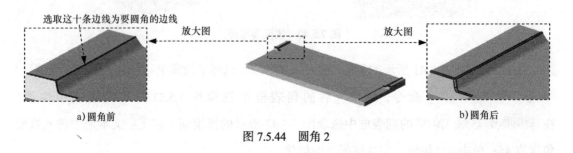

图 7.5.44　圆角 2

Step9. 创建图 7.5.45 所示的零件特征——凸台 – 拉伸 3。选择下拉菜单 插入(I) ➡ 凸台/基体(B) ➡ 拉伸(E)... 命令；选取图 7.5.45 所示的表面作为草图基准面，绘制图 7.5.46 所示的横断面草图；在 方向1(1) 区域的 下拉列表中选择 给定深度 选项，在 文本框中输入深度值 1，选中 ☑ 合并结果(M) 复选框；单击 按钮，完成凸台 – 拉伸 3 的创建。

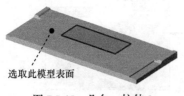

图 7.5.45　凸台 – 拉伸 3

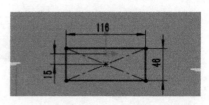

图 7.5.46　横断面草图

Step10. 创建图 7.5.47b 所示的圆角 3。选择下拉菜单 插入(I) ➡ 特征(F) ➡ 圆角(F)... 命令；选取图 7.5.47a 所示的四条边线为要圆角的对象，在 圆角参数 区域

的 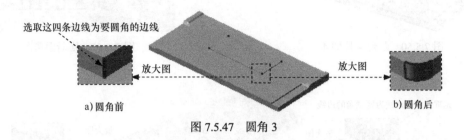 文本框中输入圆角半径值 1，单击"圆角"对话框中的 ✅ 按钮，完成圆角 3 的
创建。

图 7.5.47　圆角 3

Step11. 创建图 7.5.48 所示的零件特征——拔模 3。选择下拉菜单 插入(I) ➡
特征(F) ➡ 🔲 拔模(D) … 命令；在 ↗ 后的列表框中选取图 7.5.49 所示的拔模中性面，
在 拔模面(F) 区域 🔲 后的列表框中选取图 7.5.49 所示的拔模面，在 🔼ᴿ 文本框中输入拔模
角度值 30；单击 ✅ 按钮，完成拔模 3 的创建。

图 7.5.48　拔模 3

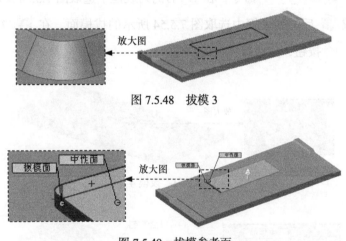

图 7.5.49　拔模参考面

Step12. 创建图 7.5.50 所示的零件特征——凸台 – 拉伸 4。选择下拉菜单 插入(I) ➡
凸台/基体(B) ➡ 🔲 拉伸(E) … 命令；选取图 7.5.50 所示的表面作为草图基准面，绘制
图 7.5.51 所示的横断面草图；在 方向 1(1) 区域的 ↗ 下拉列表中选择 给定深度 选项，
在 🔽ᴅᵢ 文本框中输入深度值 1，选中 ☑ 合并结果(M) 复选框；单击 ✅ 按钮，完成凸台 – 拉
伸 4 的创建。

Step13. 创建图 7.5.52b 所示的圆角 4。选择下拉菜单 插入(I) ➡ 特征(F) ➡
🔲 圆角(F) … 命令；选取图 7.5.52a 所示的四条边线为要圆角的对象，在 圆角参数 区域
的 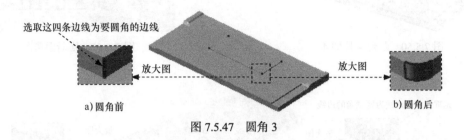 文本框中输入圆角半径值 1；单击"圆角"对话框中的 ✅ 按钮，完成圆角 4 的
创建。

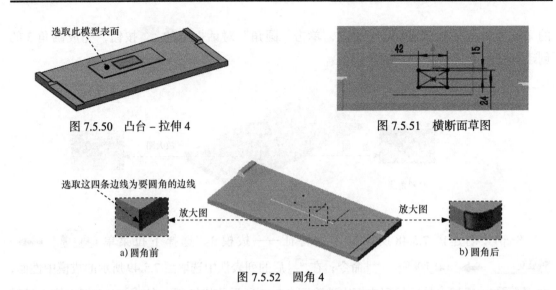

图 7.5.50　凸台－拉伸 4　　　　　　　图 7.5.51　横断面草图

图 7.5.52　圆角 4

Step14. 创建图 7.5.53 所示的零件特征——拔模 4。选择下拉菜单 插入(I) ➡ 特征(F) ➡ 拔模(D)... 命令；在 后的列表框中选取图 7.5.54 所示的拔模中性面，在 拔模面(F) 区域 后的列表框中选取图 7.5.54 所示的拔模面，在 文本框中输入拔模角度值 30；单击 按钮，完成拔模 4 的创建。

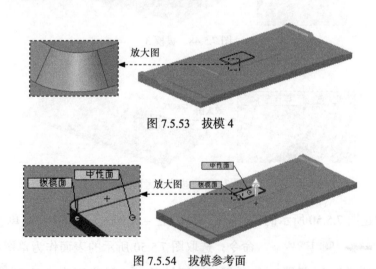

图 7.5.53　拔模 4

图 7.5.54　拔模参考面

Step15. 创建图 7.5.55b 所示的圆角 5。选择下拉菜单 插入(I) ➡ 特征(F) ➡ 圆角(F)... 命令；选取图 7.5.55a 所示的四条边链为要圆角的对象，在 圆角参数 区域的 文本框中输入圆角半径值 0.6；单击"圆角"对话框中的 按钮，完成圆角 5 的创建。

Step16. 创建图 7.5.56 所示的零件特征——成形工具 1；选择下拉菜单 插入(I) ➡ 钣金(H) ➡ 成形工具 命令；激活"成形工具"对话框中的 停止面 区域，选取

图 7.5.56 所示的面为停止面，激活"成形工具"对话框中的 要移除的面 区域，选取图 7.5.56 所示的模型表面为成形工具的移除面；单击 ✓ 按钮，完成成形工具 1 的创建。

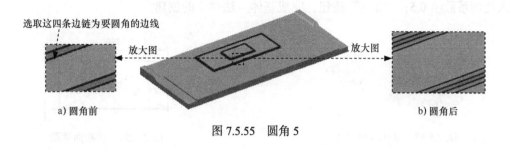

图 7.5.55 圆角 5

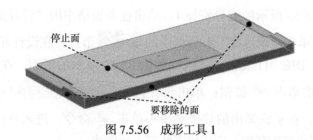

图 7.5.56 成形工具 1

Step17. 至此，成形工具模型创建完毕。选择下拉菜单 文件(F) ➡ 📄 另存为(A)... 命令，把模型保存于 D：\sw20.4\work\ch07.05 文件夹中，并命名为 PRINTER_BACK_DIE_02。

Step18. 将成形工具调入设计库。单击任务窗格中的"设计库"按钮 📦，打开"设计库"对话框；在"设计库"对话框中单击"添加文件位置"按钮 📦，系统弹出"选取文件夹"对话框，在 查找范围(I) 下拉列表中找到 D：\sw20.4\work\ch07.05 文件夹后，单击 确定 按钮；此时在设计库中出现 📦 ch07 节点，右击该节点，在系统弹出的快捷菜单中单击 成形工具文件夹 命令，完成成形工具调入设计库的设置。

Task3. 创建主体钣金件模型

Step1. 新建模型文件。选择下拉菜单 文件(F) ➡ 📄 新建(N)... 命令，在系统弹出的"新建 SOLIDWORKS 文件"对话框中选择"零件"模块，单击 确定 按钮，进入建模环境。

Step2. 创建图 7.5.57 所示的钣金基础特征——基体 – 法兰 1。选择下拉菜单 插入(I) ➡ 钣金(H) ➡ 🔱 基体法兰(A)... 命令，或单击"钣金"选项卡上的"基体法兰 / 薄片"按钮 🔱；选取前视基准面作为草图平面，在草绘环境中绘制图 7.5.58 所示的横断面草图，选择下拉菜单 插入(I) ➡ 📄 退出草图 命令，退出草绘环境，此时系统弹出"基体法兰"对话框；在 钣金参数(S) 区域的 🏠 文本框中输入厚度值 0.5，在 ☑ 折弯系数(A)

区域的下拉列表中选择 K因子 选项，把 K 文本框的 K 因子系数值改为 0.4，在 ☑ 自动切释放槽(T) 区域的下拉列表中选择 矩形 选项，选中 ☑ 使用释放槽比例(A) 复选框，在 比例(T): 文本框中输入比例系数值 0.5；单击 ✅ 按钮，完成基体 – 法兰 1 的创建。

图 7.5.57　基体 – 法兰 1

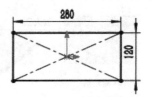

图 7.5.58　横断面草图

Step3. 创建图 7.5.59 所示的成形特征 1。单击任务窗格中的"设计库"按钮 🗄️，打开"设计库"对话框；单击"设计库"对话框中的 🗄️ ch07 节点，在设计库下部的列表框中选择 PRINTER_BACK_DIE_011 文件，并拖动到图 7.5.59 所示的平面，在系统弹出的"成形工具特征"对话框中单击 ✅ 按钮；单击设计树中 ⚓ PRINTER_BACK_DIE_011 节点前的 ▶，右击 ☐ (-) 草图6 特征，在系统弹出的快捷菜单中单击 🖉 命令，进入草绘环境；编辑草图，如图 7.5.60 所示，退出草绘环境，完成成形特征 1 的创建。

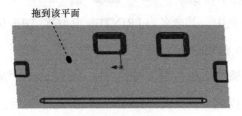

图 7.5.59　成形特征 1

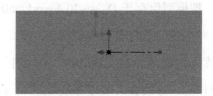

图 7.5.60　编辑草图

Step4. 创建图 7.5.61 所示的成形特征 2。单击任务窗格中的"设计库"按钮 🗄️，打开"设计库"对话框；单击"设计库"对话框中的 🗄️ ch07 节点，在设计库下部的列表框中选择 PRINTER_BACK_DIE_021 文件，并拖动到图 7.5.61 所示的平面，在系统弹出的"成形工具特征"对话框中单击 ✅ 按钮；单击设计树中 ⚓ PRINTER_BACK_DIE_021 节点前的 ▶，右击 ☐ (-) 草图8 特征，在系统弹出的快捷菜单中单击 🖉 命令，进入草绘环境；编辑草图，如图 7.5.62 所示，退出草绘环境，完成成形特征 2 的创建。

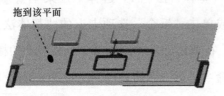

图 7.5.61　成形特征 2

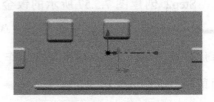

图 7.5.62　编辑草图

Step5. 创建图 7.5.63 所示的钣金特征——边线 – 法兰 1；选择下拉菜单 插入(I) ➡
钣金(H) ➡ 边线法兰(E)... 命令，或单击"钣金"选项卡中的"边线 – 法兰"按钮；
选取图 7.5.64 所示的模型边线为生成的边线 – 法兰的边线；取消选中 □ 使用默认半径(U) 复选
框，并在 文本框中输入半径值 0.5，在 角度(G) 区域的 文本框中输入角度值 90，在
"边线 – 法兰"对话框 法兰长度(L) 区域的 下拉列表中选择 给定深度 选项，在 文本框
中输入深度值 14，单击"外部虚拟交点"按钮，在 法兰位置(N) 区域中单击"折弯在
外"按钮；单击 ✓ 按钮，完成边线 – 法兰 1 的初步创建；在设计树的 边线-法兰1 上右
击，在系统弹出的快捷菜单中单击"编辑草图"按钮，系统进入草绘环境，绘制图 7.5.65
所示的草图；退出草绘环境，完成边线 – 法兰 1 的创建。

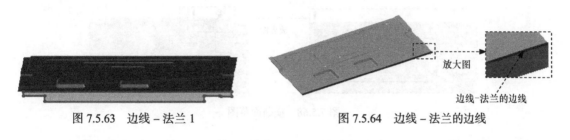

图 7.5.63　边线 – 法兰 1　　　　　　　图 7.5.64　边线 – 法兰的边线

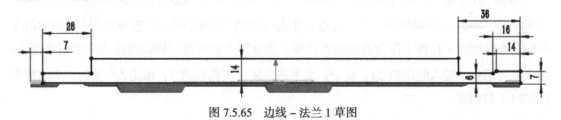

图 7.5.65　边线 – 法兰 1 草图

Step6. 创建图 7.5.66b 所示的钣金特征——展开 1。选择下拉菜单 插入(I) ➡ 钣金(H) ➡
展开(U)... 命令，或单击"钣金"选项卡上的"展开"按钮，系统弹出"展开"
对话框；选取图 7.5.66a 所示的模型表面为固定面；在"展开"对话框中单击 收集所有折弯(A)
按钮，系统将模型中所有可展平的折弯特征显示在 要展开的折弯: 列表框中；单击 ✓ 按钮，
完成展开 1 的创建。

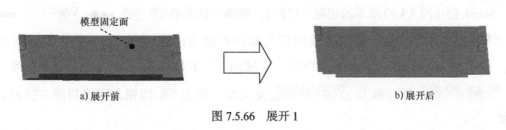

a) 展开前　　　　　　　　　　　　　　b) 展开后

图 7.5.66　展开 1

Step7. 创建图 7.5.67 所示的切除 – 拉伸 1。选择下拉菜单 插入(I) ➡ 切除(C) ➡

命令；选取前视基准面作为草图基准面，在草绘环境中绘制图 7.5.68 所示的横断面草图；在"切除－拉伸"对话框 **方向1(1)** 区域的 下拉列表中选择 给定深度 选项，选中 ☑ 与厚度相等(L) 复选框与 ☑ 正交切除(N) 复选框，其他选择默认设置值；单击 ✔ 按钮，完成切除－拉伸 1 的创建。

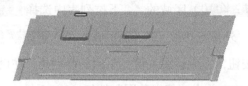

图 7.5.67　切除－拉伸 1

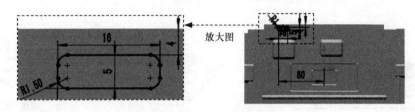

图 7.5.68　横断面草图

Step8. 创建图 7.5.69 所示的零件特征——线性阵列 1。选择下拉菜单 插入(I) ➡ 阵列/镜向(E) ➡ 线性阵列(L)... 命令；单击以激活 ☑ 特征和面(F) 选项组 区域中的文本框，选取切除－拉伸 1 作为数组的源特征，选取图 7.5.69 所示的边线作为数组引导边线；在 对话框中输入间距值 24，在 文本框中输入实例数值 7；单击 ✔ 按钮，完成数组（线性）1 的创建。

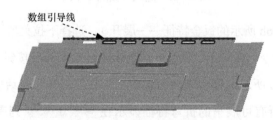

图 7.5.69　数组（线性）1

Step9. 创建图 7.5.70 所示的切除－拉伸 2。选择下拉菜单 插入(I) ➡ 切除(C) ➡ 拉伸(E)... 命令；选取前视基准面作为草图基准面；绘制图 7.5.71 所示的横断面草图；在"切除－拉伸"对话框 **方向1(1)** 区域的 下拉列表中选择 给定深度 选项，选中 ☑ 与厚度相等(L) 复选框与 ☑ 正交切除(N) 复选框；单击 ✔ 按钮，完成切除－拉伸 2 的创建。

Step10. 创建图 7.5.72 所示的切除－拉伸 3。选择下拉菜单 插入(I) ➡ 切除(C)

➡ 拉伸(E)... 命令；选取前视基准面作为草图基准面；绘制图 7.5.73 所示的横断面草图；在"切除 – 拉伸"对话框 方向 1(1) 区域的 下拉列表中选择 给定深度 选项，选中 ☑ 与厚度相等(L) 复选框与 ☑ 正交切除(N) 复选框；单击 按钮，完成切除 – 拉伸 3 的创建。

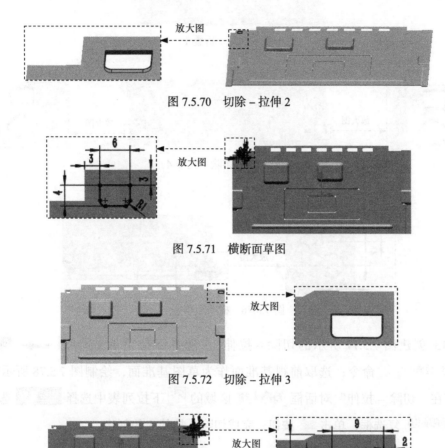

图 7.5.70 切除 – 拉伸 2

图 7.5.71 横断面草图

图 7.5.72 切除 – 拉伸 3

图 7.5.73 横断面草图

Step11. 创建图 7.5.74 所示的钣金特征——折叠 1。选择下拉菜单 插入(I) ➡ 钣金(H) ▶ ➡ 折叠(F)... 命令，或单击"钣金"选项卡上的"折叠"按钮 ，系统弹出"折叠"对话框；选取展开 1 特征的固定面为固定面；在"折叠"对话框中单击 收集所有折弯(A) 按钮，系统将模型中所有可折叠的折弯特征显示在 要折叠的折弯 列表框中；单击 按钮，完成折叠 1 的创建。

Step12. 创建图 7.5.75 所示的切除 – 拉伸 4。选择下拉菜单 插入(I) ➡ 切除(C) ▶ ➡ 拉伸(E)... 命令；选取前视基准面作为草图基准面，绘制图 7.5.76 所示的横断面草图；在"切除－拉伸"对话框 **方向1(1)** 区域的 下拉列表中选择 **完全贯穿** 选项，选中 ☑ **正交切除(N)** 复选框；单击 ✓ 按钮，完成切除－拉伸 4 的创建。

图 7.5.74　折叠 1

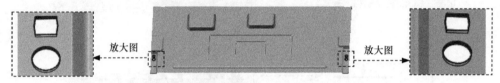

图 7.5.75　切除－拉伸 4

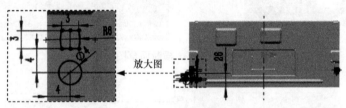

图 7.5.76　横断面草图

Step13. 创建图 7.5.77 所示的切除－拉伸 5。选择下拉菜单 **插入(I)** ➡ **切除(C)** ➡ **拉伸(E)...** 命令；选取前视基准面作为草图基准面，绘制图 7.5.78 所示的横断面草图；在"切除－拉伸"对话框 **方向1(1)** 区域的 下拉列表中选择 **完全贯穿** 选项，选中 ☑ **正交切除(N)** 复选框；单击 ✓ 按钮，完成切除－拉伸 5 的创建。

图 7.5.77　切除－拉伸 5

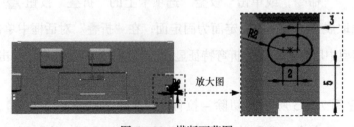

图 7.5.78　横断面草图

Step14. 创建图 7.5.79 所示的切除 – 拉伸 6。选择下拉菜单 插入(I) ➡ 切除(C) ▸ ➡ 拉伸(E)... 命令；选取前视基准面作为草图基准面，绘制图 7.5.80 所示的横断面草图；在"切除 – 拉伸"对话框 方向 1(1) 区域的 下拉列表中选择 完全贯穿 选项，选中 ✓ 正交切除(N) 复选框；单击 ✓ 按钮，完成切除 – 拉伸 6 的创建。

图 7.5.79　切除 – 拉伸 6

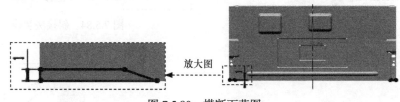

图 7.5.80　横断面草图

Step15. 创建图 7.5.81 所示的切除 – 拉伸 7。选择下拉菜单 插入(I) ➡ 切除(C) ▸ ➡ 拉伸(E)... 命令；选取前视基准面作为草图基准面，绘制图 7.5.82 所示的横断面草图；在"切除 – 拉伸"对话框 方向 1(1) 区域的 下拉列表中选择 完全贯穿 选项，选中 ✓ 正交切除(N) 复选框；单击 ✓ 按钮，完成切除 – 拉伸 7 的创建。

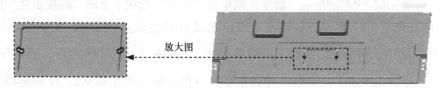

图 7.5.81　切除 – 拉伸 7

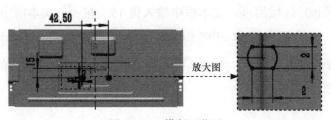

图 7.5.82　横断面草图

Step16. 创建图 7.5.83 所示的钣金特征——斜接法兰 1。选择下拉菜单 插入(I) ➡ 钣金(H) ▸ ➡ 斜接法兰(M)... 命令，或单击"钣金"选项卡上的"斜接法兰"按钮 。在模型中单击图 7.5.84 所示的斜接法兰线，系统自动生成基准面 1；在草绘环境中绘制图

7.5.85 所示的横断面草图，选择下拉菜单 插入(I) ➡ 退出草图 命令，退出草绘环境；取消选中 □使用默认半径(U) 复选框，并在 ⬈ 文本框中输入半径值 0.5，在 法兰位置(N) 区域中单击"折弯在外"按钮 ⬑，在 缝隙距离(N): 区域的 🔩 文本框中输入切口缝隙值 0.25，在 启始/结束处等距(O) 区域的 🔩D1 文本框中输入值 0，在 🔩D2 文本框中输入值 30，其他采用默认设置值；单击 ✅ 按钮，完成斜接法兰 1 的创建。

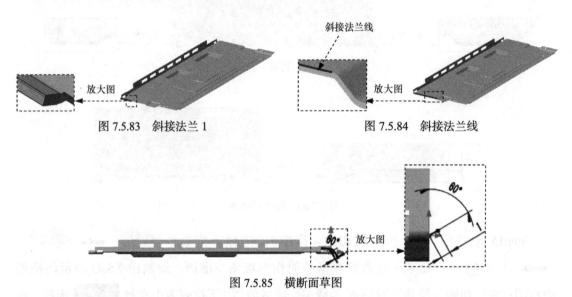

图 7.5.83　斜接法兰 1　　　　　　图 7.5.84　斜接法兰线

图 7.5.85　横断面草图

Step17. 创建图 7.5.86 所示的钣金特征——斜接法兰 2。选择下拉菜单 插入(I) ➡ 钣金(H) ➡ 斜接法兰(M)... 命令，或单击"钣金"选项卡上的"斜接法兰"按钮 ▣。在模型中单击图 7.5.87 所示的斜接法兰线，系统自动生成基准面 2；在草绘环境中绘制图 7.5.88 所示的横断面草图，选择下拉菜单 插入(I) ➡ 退出草图 命令，退出草绘环境；取消选中 □使用默认半径(U) 复选框，并在 ⬈ 文本框中输入半径值 0.5，在 法兰位置(N) 区域中单击"材料在外"按钮 ⬑，在 缝隙距离(N): 区域的 🔩 文本框中输入切口缝隙值 0.25，在 启始/结束处等距(O) 区域的 🔩D1 文本框中输入值 15，在 🔩D2 文本框中输入值 185，其他采用默认设置值，选中 ☑自定义释放槽类型(Y): 复选框，并在其下拉列表中选择 矩圆形 选项，选中 ☑使用释放槽比例(E) 复选框，并在 比率(T): 文本框中输入数值 0.5；单击 ✅ 按钮，完成斜接法兰 2 的创建。

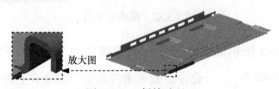

图 7.5.86　斜接法兰 2

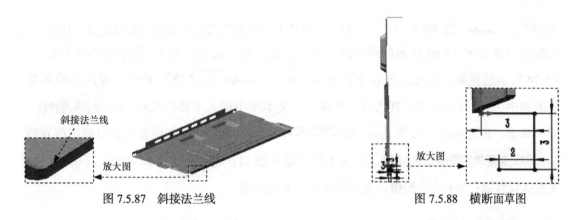

图 7.5.87　斜接法兰线　　　　　　　　　　图 7.5.88　横断面草图

Step18. 创建图 7.5.89 所示的钣金特征——斜接法兰 3。选择下拉菜单 插入(I) ➡
钣金 (H) ▶ ➡ ▥ 斜接法兰 (M)... 命令，或单击"钣金"选项卡上的"斜接法兰"按钮 ▥。
在模型中单击图 7.5.90 所示的斜接法兰线，系统自动生成基准面 3；在草绘环境中绘制
图 7.5.91 所示的横断面草图，选择下拉菜单 插入(I) ➡ ▱ 退出草图 命令，退出草绘环境；
取消选中 □ 使用默认半径(U) 复选框，并在 ⼓ 文本框中输入半径值 0.5，在 法兰位置(N) 区
域中单击"材料在外"按钮 ⼂，在 缝隙距离(N) 区域的 ⼬ 文本框中输入切口缝隙值 0.25，
在 启始/结束处等距(O) 区域的 ⼓ 文本框中输入值 5，在 ⼓ 文本框中输入值 65，其他采
用默认设置值，选中 ☑ 自定义释放槽类型(Y): 复选框，并在其下拉列表中选择 矩圆形 选项，
选中 ☑ 使用释放槽比例(E) 复选框，并在 比率(T): 文本框中输入数值 0.5；单击 ✔ 按钮，完成
斜接法兰 3 的创建。

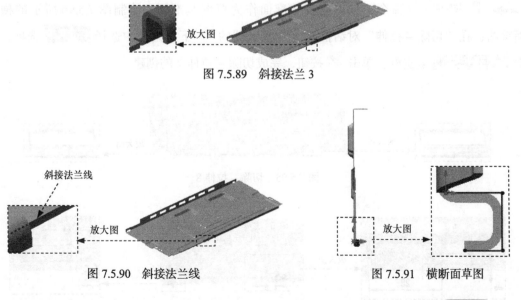

图 7.5.89　斜接法兰 3

图 7.5.90　斜接法兰线　　　　　　　　　　图 7.5.91　横断面草图

Step19. 创建图 7.5.92 所示的钣金特征——斜接法兰 4。选择下拉菜单 插入(I) ➡

命令，或单击"钣金"选项卡上的"斜接法兰"按钮 ▥ 。 斜接法兰(M)...

在模型中单击图 7.5.93 所示的斜接法兰线，系统自动生成基准面 4；在草绘环境中绘制图 7.5.94 所示的横断面草图，选择下拉菜单 插入(I) ➡ ▤ 退出草图 命令，退出草绘环境；取消选中 ☐ 使用默认半径(U) 复选框，并在 ⟅ 文本框中输入半径值 0.5，在 法兰位置(N) 区域中单击"折弯在外"按钮 ▦，在 缝隙距离(N): 区域的 ⚙ 文本框中输入切口缝隙值 0.25，在 启始/结束处等距(O) 区域的 ⟨D1 文本框中输入值 11，在 ⟨D2 文本框中输入值 0，其他采用默认设置值；单击 ✓ 按钮，完成斜接法兰 4 的创建。

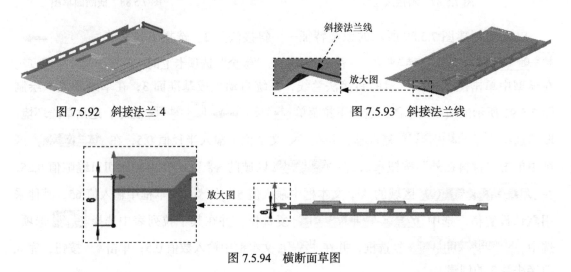

图 7.5.92　斜接法兰 4　　　　　　　　　　　　图 7.5.93　斜接法兰线

图 7.5.94　横断面草图

Step20. 创建图 7.5.95 所示的切除 – 拉伸 8。选择下拉菜单 插入(I) ➡ 切除(C) ▸
➡ ▥ 拉伸(E)... 命令；选取前视基准面作为草图基准面，绘制图 7.5.96 所示的横断面草图；在"切除 – 拉伸"对话框 方向1(1) 区域的 ⟨ 下拉列表中选择 完全贯穿 选项，选中 ☑ 正交切除(N) 复选框；单击 ✓ 按钮，完成切除 – 拉伸 7 的创建。

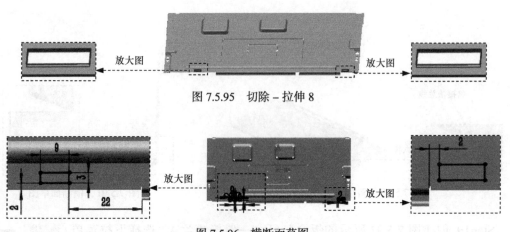

图 7.5.95　切除 – 拉伸 8

图 7.5.96　横断面草图

Step21. 至此，钣金件模型创建完毕。选择下拉菜单 文件(F) ➡ 保存(S) 命令，将模型命名为 PRINTER_BACK_DIE，即可保存钣金件模型。

7.6　实例 6——光驱底盖

实例概述

本实例讲述了一个生活中较为常见的钣金件——计算机光驱盒底盖的设计方法，主要运用了"基体－法兰""边线－法兰""斜接法兰""成形工具"等命令。零件模型及相应的设计树如图 7.6.1 所示。

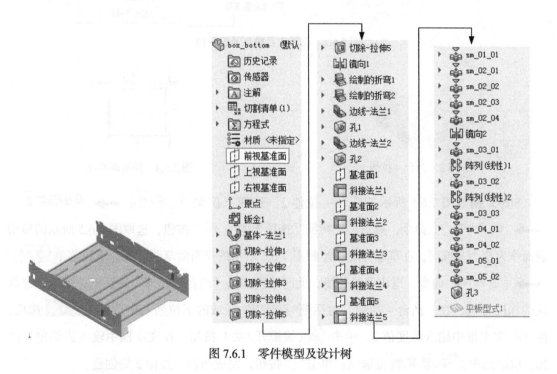

图 7.6.1　零件模型及设计树

Task1. 创建成形工具 1

成形工具模型及设计树如图 7.6.2 所示。

Step1. 新建模型文件。选择下拉菜单 文件(F) ➡ 新建(N)... 命令，在系统弹出的"新建 SOLIDWORKS 文件"对话框中选择"零件"模块，单击 确定 按钮，进入建模环境。

Step2. 创建图 7.6.3 所示的零件基础特征——凸台－拉伸 1。选择下拉菜单 插入(I) ➡ 凸台/基体(B) ➡ 拉伸(E)... 命令，或单击"特征"选项卡中的 按钮；选取前视基准面作为草图基准面，在草绘环境中绘制图 7.6.4 所示的横断面草图，选择下拉

菜单 插入(I) ➡ 退出草图 命令，退出草绘环境，此时系统弹出"凸台－拉伸"对话框；采用系统默认的深度方向，在"凸台－拉伸"对话框 方向1(1) 区域的下拉列表中选择 给定深度 选项，在 文本框中输入深度值10；单击 按钮，完成凸台－拉伸1的创建。

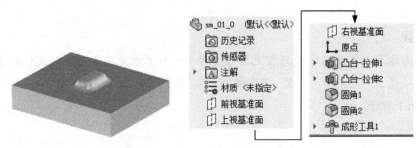

图 7.6.2　成形工具模型及设计树

图 7.6.3　凸台－拉伸1

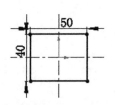

图 7.6.4　横断面草图

Step3. 创建图 7.6.5 所示的凸台－拉伸2。选择下拉菜单 插入(I) ➡ 凸台/基体(B) ➡ 拉伸(E)... 命令，或单击"特征"选项卡中的 按钮；选取图 7.6.5 所示的模型表面作为草图基准面，在草绘环境中绘制图 7.6.6 所示的横断面草图，选择下拉菜单 插入(I) ➡ 退出草图 命令，退出草绘环境，此时系统弹出"凸台－拉伸"对话框；采用系统默认的深度方向，在"凸台－拉伸"对话框 方向1(1) 区域的下拉列表中选择 给定深度 选项，在 文本框中输入深度值3，单击 （拔模开/关）按钮，在文本框中输入拔模角度值30，取消选中 向外拔模(O) 复选框；单击 按钮，完成凸台－拉伸2的创建。

选取此表面为草图基准面

图 7.6.5　凸台－拉伸2

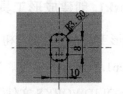

图 7.6.6　横断面草图

Step4. 创建图 7.6.7b 所示的圆角1。选择下拉菜单 插入(I) ➡ 特征(F) ➡ 圆角(F)... 命令（或单击 按钮），系统弹出"圆角"对话框；采用系统默认的圆角类型，选取图 7.6.7a 所示的边线为要圆角的对象，在 圆角参数 区域的 文本框中输入圆角半径值 2，选中 ☑ 切线延伸(G) 复选框；单击"圆角"对话框中的 ✅ 按钮，完成圆角 1 的创建。

图 7.6.7　圆角 1

Step5. 创建图 7.6.8b 所示的圆角 2，圆角半径值为 2.5。

图 7.6.8　圆角 2

Step6. 创建图 7.6.9 所示的零件特征——成形工具 1。选择下拉菜单 插入(I) ➡ 钣金(H) ▶ 🔧 成形工具 命令；激活"成形工具"对话框的 停止面 区域，选取图 7.6.9 所示的面为停止面，由于不涉及移除，成形工具 1 不选取移除面；单击 ✅ 按钮，完成成形工具 1 的创建。

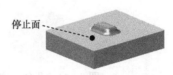

图 7.6.9　成形工具 1

Step7. 至此，成形工具模型创建完毕。选择下拉菜单 文件(F) ➡ 🖫 另存为(A)... 命令，把模型保存于 D：\sw20.4\work\ch07.06 文件夹中，并命名为 sm_01_0。

Step8. 将成形工具模型调入设计库。单击任务窗格中的"设计库"按钮 🗄，打开"设计库"对话框；在"设计库"对话框中单击"添加文件位置"按钮 🗄，系统弹出"选取文件夹"对话框，在 查找范围(I) 下拉列表中找到 D：\sw20.4\work\ch07.06 文件夹后，单击 确定 按钮，此时在设计库中出现 🗄 ch07 节点，右击该节点，在系统弹出的快捷菜单中单击 成形工具文件夹 命令，完成成形工具调入设计库设置。

Task2. 创建成形工具 2

成形工具 2 的成形工具模型及设计树如图 7.6.10 所示。

Step1. 新建模型文件。选择下拉菜单 文件(F) ➡ 🗋 新建 (N)... 命令，在系统弹出的"新建 SOLIDWORKS 文件"对话框中选择"零件"模块，单击 确定 按钮，进入建模环境。

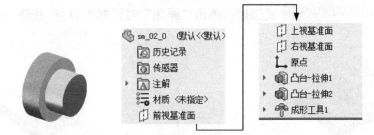

图 7.6.10　成形工具模型及设计树

Step2. 创建图 7.6.11 所示的零件基础特征——凸台 – 拉伸 1。选择下拉菜单 [插入(I)] ➡ [凸台/基体(B)] ➡ [拉伸(E)...] 命令，或单击"特征"选项卡中的 按钮；选取前视基准面作为草图基准面，在草绘环境中绘制图 7.6.12 所示的横断面草图，选择下拉菜单 [插入(I)] ➡ [退出草图] 命令，退出草绘环境，此时系统弹出"凸台 – 拉伸"对话框；采用系统默认的深度方向，在"凸台 – 拉伸"对话框 **方向 1(1)** 区域的下拉列表中选择 [给定深度] 选项，在 文本框中输入深度值 1.5；单击 按钮，完成凸台 – 拉伸 1 的创建。

图 7.6.11　凸台 – 拉伸 1

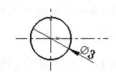

图 7.6.12　横断面草图

Step3. 创建图 7.6.13 所示的凸台 – 拉伸 2。选择下拉菜单 [插入(I)] ➡ [凸台/基体(B)] ➡ [拉伸(E)...] 命令；选取前视基准面作为草图基准面，在草绘环境中绘制图 7.6.14 所示的横断面草图；单击"反向"按钮，在"凸台 – 拉伸"对话框 **方向 1(1)** 区域的下拉列表中选择 [给定深度] 选项，在 文本框中输入深度值 1.5；单击 按钮，完成凸台 – 拉伸 2 的创建。

Step4. 创建图 7.6.15 所示的零件特征——成形工具 1。选择下拉菜单 [插入(I)] ➡ [钣金(H)] ➡ [成形工具] 命令；激活"成形工具"对话框中的 **停止面** 区域，选取图 7.6.15 所示的面为停止面，激活"成形工具"对话框中的 **要移除的面** 区域，选取图 7.6.15 所示的面为移除面；单击 按钮，完成成形工具 1 的创建。

图 7.6.13　凸台 – 拉伸 2

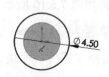

图 7.6.14　横断面草图

图 7.6.15　成形工具 1

Step5. 至此，成形工具模型创建完毕。选择下拉菜单 文件(F) ➡ 另存为(A)... 命令，把模型保存于 D：\sw20.4\work\ch07.06 文件夹中，并命名为 sm_02_0。

Task3. 创建成形工具 3

成形工具 3 的成形工具模型及设计树如图 7.6.16 所示。

图 7.6.16　成形工具模型及设计树

Step1. 新建模型文件。选择下拉菜单 文件(F) ➡ 新建(N)... 命令，在系统弹出的"新建 SOLIDWORKS 文件"对话框中选择"零件"模块，单击 确定 按钮，进入建模环境。

Step2. 创建图 7.6.17 所示的零件基础特征——凸台 – 拉伸 1。选择下拉菜单 插入(I) ➡ 凸台/基体(B) ➡ 拉伸(E)... 命令，或单击"特征"选项卡中的 按钮；选取前视基准面作为草图基准面，在草绘环境中绘制图 7.6.18 所示的横断面草图，选择下拉菜单 插入(I) ➡ 退出草图 命令，退出草绘环境，此时系统弹出"凸台 – 拉伸"对话框；采用系统默认的深度方向，在"凸台 – 拉伸"对话框 方向1(1) 区域的下拉列表中选择 给定深度 选项，在 文本框中输入深度值 10；单击 ✓ 按钮，完成凸台 – 拉伸 1 的创建。

图 7.6.17　凸台 – 拉伸 1　　　　　　　　图 7.6.18　横断面草图

Step3. 创建图 7.6.19 所示的凸台 – 拉伸 2。选择下拉菜单 插入(I) ➡ 凸台/基体(B) ➡ 拉伸(E)... 命令，或单击"特征"选项卡中的 按钮；选取图 7.6.19 所示的模型表面作为草图基准面，在草绘环境中绘制图 7.6.20 所示的横断面草图，选择下拉菜单 插入(I) ➡ 退出草图 命令，退出草绘环境，此时系统弹出"凸台 – 拉伸"对话框；采用系统默认的深度方向，在"凸台 – 拉伸"对话框 方向1(1) 区域的下拉列表中选

择 给定深度 选项，在 ⬡ 文本框中输入深度值 2；单击 ✅ 按钮，完成凸台 – 拉伸 2 的创建。

图 7.6.19　凸台 – 拉伸 2　　　　　　　　图 7.6.20　横断面草图

Step4. 创建图 7.6.21b 所示的圆角 1。选择下拉菜单 插入(I) ➡ 特征(F) ➡
⬡ 圆角(F)... 命令，或单击 ⬡ · 按钮，系统弹出"圆角"对话框；采用系统默认的圆角类型，选取图 7.6.21a 所示的边线为要圆角的对象，在 圆角参数 区域的 ⬡ 文本框中输入圆角半径值 4，选中 ☑ 切线延伸(G) 复选框；单击"圆角"对话框中的 ✅ 按钮，完成圆角 1 的创建。

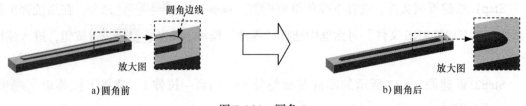

图 7.6.21　圆角 1

Step5. 创建图 7.6.22b 所示的圆角 2，圆角半径值为 1。

图 7.6.22　圆角 2

Step6. 创建图 7.6.23 所示的零件特征——成形工具 1。

选择下拉菜单 插入(I) ➡ 钣金(H) ➡ 🍄 成形工具
命令；激活"成形工具"对话框的 停止面 区域，选取图
7.6.23 所示的面为停止面，由于不涉及移除，成形工具 1 不
选取移除面；单击 ✅ 按钮，完成成形工具 1 的创建。

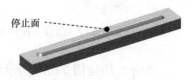

图 7.6.23　成形工具 1

Step7. 至此，成形工具模型创建完毕。选择下拉菜单 文件(F) ➡ 🖫 另存为(A)... 命令，把模型保存于 D:\sw20.4\work\ch07.06 文件夹中，并命名为 sm_03_0。

Task4. 创建成形工具 4

成形工具 4 的成形工具模型及设计树如图 7.6.24 所示。

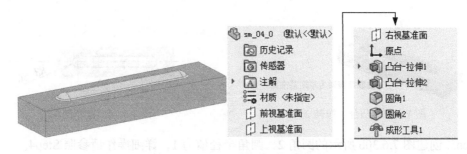

图 7.6.24　成形工具模型及设计树

Step1. 新建模型文件。选择下拉菜单 文件(F) ➡ 新建(N)... 命令，在系统弹出的 "新建 SOLIDWORKS 文件" 对话框中选择 "零件" 模块，单击 确定 按钮，进入建模环境。

Step2. 创建图 7.6.25 所示的零件基础特征——凸台 – 拉伸 1。选择下拉菜单 插入(I) ➡ 凸台/基体(B) ➡ 拉伸(E)... 命令，或单击 "特征" 选项卡中的 按钮；选取前视基准面作为草图基准面，在草绘环境中绘制图 7.6.26 所示的横断面草图，选择下拉菜单 插入(I) ➡ 退出草图 命令，退出草绘环境，此时系统弹出 "凸台 – 拉伸" 对话框；采用系统默认的深度方向，在 "凸台 – 拉伸" 对话框 方向 1(1) 区域的下拉列表中选择 给定深度 选项，在 文本框中输入深度值 10；单击 按钮，完成凸台 – 拉伸 1 的创建。

图 7.6.25　凸台 – 拉伸 1

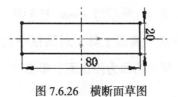

图 7.6.26　横断面草图

Step3. 创建图 7.6.27 所示的凸台 – 拉伸 2。选择下拉菜单 插入(I) ➡ 凸台/基体(B) ➡ 拉伸(E)... 命令，或单击 "特征" 选项卡中的 按钮；选取图 7.6.27 所示的模型表面作为草图基准面，在草绘环境中绘制图 7.6.28 所示的横断面草图，选择下拉菜单 插入(I) ➡ 退出草图 命令，退出草绘环境，此时系统弹出 "凸台 – 拉伸" 对话框；单击 按钮，完成凸台 – 拉伸 2 的创建（注：具体参数和操作参见随书学习资源）。

Step4. 创建图 7.6.29b 所示的圆角 1。选择下拉菜单 插入(I) ➡ 特征(F) ➡ 圆角(F)... 命令，或单击 按钮，系统弹出 "圆角" 对话框；采用系统默认的圆角类型，选取图 7.6.29a 所示的边线为要圆角的对象，在  圆角参数 区域的 文本框中输入圆角半径值 4，选中 ☑ 切线延伸(G) 复选框；单击 "圆角" 对话框中的 ✓ 按钮，完成圆角 1 的创建。

图 7.6.27　凸台 – 拉伸 2

图 7.6.28　横断面草图

Step5. 创建图 7.6.30b 所示的圆角 2，圆角半径值为 1，详细操作请参照 Step4。

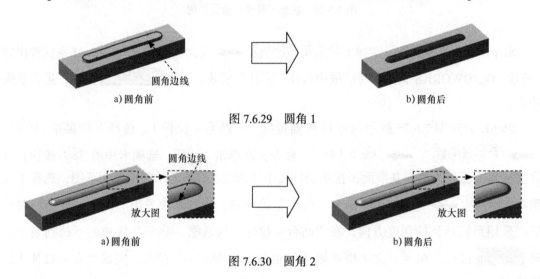

a) 圆角前　　　　　　　　　　b) 圆角后

图 7.6.29　圆角 1

圆角边线

a) 圆角前　　　　　　　　　　b) 圆角后

图 7.6.30　圆角 2

Step6. 创建图 7.6.31 所示的零件特征——成形工具 1。选择下拉菜单 插入(I) ➡ 钣金(H) ▶ ➡ 成形工具 命令；激活 "成形工具" 对话框中的 停止面 区域，选取图 7.6.31 所示的面为停止面；单击 ✓ 按钮，完成成形工具 1 的创建。

停止面

图 7.6.31　成形工具 1

Step7. 至此，成形工具模型创建完毕。选择下拉菜单 文件(F) ➡ 🖫 另存为(A)… 命令，把模型保存于 D：\sw20.4\work\ch07.06 文件夹中，并命名为 sm_04_0。

Task5. 创建成形工具 5

成形工具模型及设计树如图 7.6.32 所示。

Step1. 新建模型文件。选择下拉菜单 文件(F) ➡ 🗋 新建(N)… 命令，在系统弹出的 "新建 SOLIDWORKS 文件" 对话框中选择 "零件" 模块，单击 确定 按钮，进入建模环境。

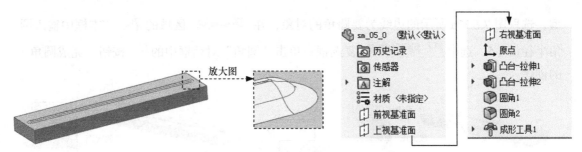

图 7.6.32 成形工具模型及设计树

Step2. 创建图 7.6.33 所示的零件基础特征——凸台 – 拉伸 1。选择下拉菜单 `插入(I)` ➡ `凸台/基体(B)` ➡ `拉伸(E)...` 命令，或单击"特征"选项卡中的 按钮；选取前视基准面作为草图基准面，在草绘环境中绘制图 7.6.34 所示的横断面草图，选择下拉菜单 `插入(I)` ➡ `退出草图` 命令，退出草绘环境，此时系统弹出"凸台 – 拉伸"对话框；采用系统默认的深度方向，在"凸台 – 拉伸"对话框 `方向1(1)` 区域的下拉列表中选择 `给定深度` 选项，在 文本框中输入深度值 10；单击 按钮，完成凸台 – 拉伸 1 的创建。

图 7.6.33 凸台 – 拉伸 1

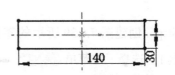

图 7.6.34 横断面草图

Step3. 创建图 7.6.35 所示的凸台 – 拉伸 2。选择下拉菜单 `插入(I)` ➡ `凸台/基体(B)` ➡ `拉伸(E)...` 命令，或单击"特征"选项卡中的 按钮；选取图 7.6.35 所示的模型表面作为草图基准面，在草绘环境中绘制图 7.6.36 所示的横断面草图，选择下拉菜单 `插入(I)` ➡ `退出草图` 命令，退出草绘环境，此时系统弹出"凸台 – 拉伸"对话框；采用系统默认的深度方向，在"凸台 – 拉伸"对话框 `方向1(1)` 区域的下拉列表中选择 `给定深度` 选项，在 文本框中输入深度值 1；单击 按钮，完成凸台 – 拉伸 2 的创建。

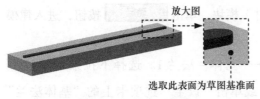

图 7.6.35 凸台 – 拉伸 2

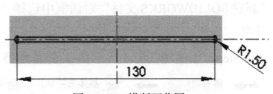

图 7.6.36 横断面草图

Step4. 创建图 7.6.37b 所示的圆角 1。选择下拉菜单 `插入(I)` ➡ `特征(F)` ➡ `圆角(F)...` 命令（或单击 按钮），系统弹出"圆角"对话框；采用系统默认的圆角类型，选取图 7.6.37a 所示的边线为要圆角的对象，在 圆角参数 区域的 文本框中输入圆角半径值 1.5，选中 ☑ 切线延伸(G) 复选框；单击"圆角"对话框中的 按钮，完成圆角 1 的创建。

a) 圆角前　　　　　　　　　　　　　　　　　b) 圆角后

图 7.6.37　圆角 1

Step5. 创建图 7.6.38b 所示的圆角 2，圆角半径值为 1.5。

a) 圆角前　　　　　　　　　　　　　　　　　b) 圆角后

图 7.6.38　圆角 2

Step6. 创建图 7.6.39 所示的零件特征——成形工具 1。选择下拉菜单 插入(I) ➡ 钣金 (H) ▸ ➡ 🍄 成形工具 命令；激活"成形工具"对话框的 停止面 区域，选取图 7.6.39 所示的面为停止面，由于不涉及移除，成形工具 1 不选取移除面；单击 按钮，完成成形工具 1 的创建。

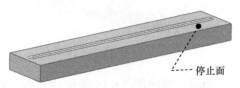

----停止面

图 7.6.39　成形工具 1

Step7. 至此，成形工具模型创建完毕。选择下拉菜单 文件(F) ➡ 🖫 另存为(A)... 命令，把模型保存于 D:\sw20.4\work\ch07.06 文件夹中，并命名为 sm_05_0。

Task6. 创建钣金件模型

Step1. 新建模型文件。选择下拉菜单 文件(F) ➡ 🗋 新建(N)... 命令，在系统弹出的"新建 SOLIDWORKS 文件"对话框中选择"零件"模块，单击 确定 按钮，进入建模环境。

Step2. 创建图 7.6.40 所示的钣金基础特征——基体 - 法兰 1。选择下拉菜单 插入(I) ➡ 钣金 (H) ▸ ➡ 🐦 基体法兰(A)... 命令，或单击"钣金"选项卡上的"基体法兰"按钮 🐦；选取上视基准面作为草图基准面，在草绘环境中绘制图 7.6.41 所示的横断面草图，选择下拉菜单 插入(I) ➡ 🔲 退出草图 命令，退出草绘环境，此时系统弹出"基体法兰"对话框；在 钣金参数(S) 区域的 文本框中输入厚度值 0.5，取消选中 ☐ 反向(E) 复选框，

在 折弯系数(A) 区域的下拉列表中选择 K 因子 选项，把 K 文本框中的 K 因子系数值改为 0.4，在 自动切释放槽(T) 区域的下拉列表中选择 矩形 选项，选中 使用释放槽比例(A) 复选框，在 比例(T): 文本框中输入比例系数值 0.5；单击 ✓ 按钮，完成基体－法兰 1 的创建。

图 7.6.40　基体－法兰 1

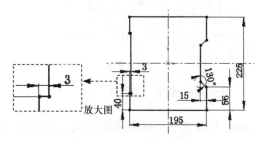

图 7.6.41　横断面草图

Step3. 创建图 7.6.42 所示的切除－拉伸 1。选择下拉菜单 插入(I) ➡ 切除(C) ➡ 拉伸(E)... 命令；选取图 7.6.42 所示的表面作为草图基准面，在草绘环境中绘制图 7.6.43 所示的横断面草图；在"切除－拉伸"对话框 方向1(1) 区域的 下拉列表中选择 成形到下一面 选项，选中 正交切除(N) 复选框，其他参数采用系统默认设置值；单击该对话框中的 ✓ 按钮，完成切除－拉伸 1 的创建。

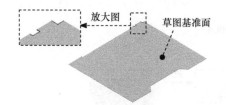

图 7.6.42　切除－拉伸 1

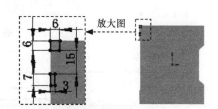

图 7.6.43　横断面草图

Step4. 创建图 7.6.44 所示的切除－拉伸 2。选择下拉菜单 插入(I) ➡ 切除(C) ➡ 拉伸(E)... 命令；选取图 7.6.44 所示的表面作为草图基准面，在草绘环境中绘制图 7.6.45 所示的横断面草图；在"切除－拉伸"对话框 方向1(1) 区域的 下拉列表中选择 成形到下一面 选项，选中 正交切除(N) 复选框，其他参数采用系统默认设置值。

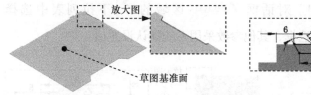

图 7.6.44　切除－拉伸 2

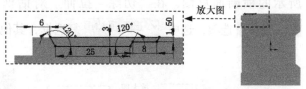

图 7.6.45　横断面草图

Step5. 创建图 7.6.46 所示的切除－拉伸 3。选择下拉菜单 插入(I) ➡ 切除(C) ➡ 拉伸(E)... 命令，选取图 7.6.46 所示的表面作为草图基准面，在草绘环境中绘制

图 7.6.47 所示的横断面草图，在"切除 – 拉伸"对话框 **方向 1(1)** 区域的 下拉列表中选择 成形到下一面 选项，选中 正交切除(N) 复选框，其他参数采用系统默认设置值。

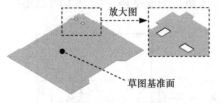

图 7.6.46 切除 – 拉伸 3

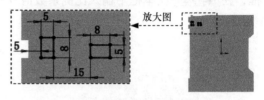

图 7.6.47 横断面草图

Step6. 创建图 7.6.48 所示的切除 – 拉伸 4。选择下拉菜单 插入(I) ➡ 切除(C) ➡ 拉伸(E)... 命令，选取图 7.6.48 所示的表面作为草图基准面，在草绘环境中绘制图 7.6.49 所示的横断面草图，在"切除 – 拉伸"对话框 **方向 1(1)** 区域的 下拉列表中选择 成形到下一面 选项，选中 正交切除(N) 复选框，其他参数采用系统默认设置值。

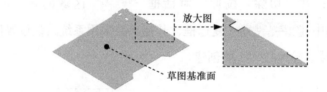

图 7.6.48 切除 – 拉伸 4

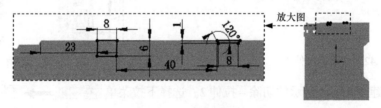

图 7.6.49 横断面草图

Step7. 创建图 7.6.50 所示的切除 – 拉伸 5。选择下拉菜单 插入(I) ➡ 切除(C) ➡ 拉伸(E)... 命令，选取图 7.6.50 所示的表面作为草图基准面，在草绘环境中绘制图 7.6.51 所示的横断面草图，在"切除 – 拉伸"对话框 **方向 1(1)** 区域的 下拉列表中选择 成形到下一面 选项，选中 正交切除(N) 复选框，其他参数采用系统默认设置值。

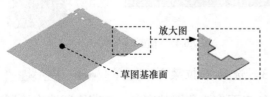

图 7.6.50 切除 – 拉伸 5

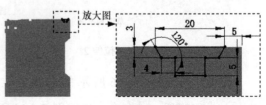

图 7.6.51 横断面草图

Step8. 创建图 7.6.52b 所示的镜像 1。选择下拉菜单 插入(I) ➡️ 阵列/镜向(E) ➡️
╟╢ 镜向(M)... 命令；选取前视基准面作为镜像基准面，选取切除－拉伸 1、切除－拉伸 2、
切除－拉伸 3、切除－拉伸 4 和切除－拉伸 5 作为镜像 1 的对象；单击该对话框中的 ✅ 按钮，
完成镜像 1 的创建。

a) 镜像前　　　　　　　　　　　　　　　　　b) 镜像后

图 7.6.52　镜像 1

Step9. 创建图 7.6.53 所示的钣金特征——绘制的折弯 1。选择下拉菜单 插入(I) ➡️
钣金(H) ▶ ➡️ 🗐 绘制的折弯(S)... 命令，或单击"钣金"选项卡上的"绘制的折弯"按
钮 🗐；选取图 7.6.54 所示的模型表面作为折弯线基准面，在草绘环境中绘制图 7.6.55 所
示的折弯线，选择下拉菜单 插入(I) ➡️ 🗐 退出草图 命令，退出草绘环境，此时系统弹出
"绘制的折弯"对话框；在图 7.6.56 所示的位置处单击，确定折弯固定面；在 折弯参数(P) 区
域的 ↗ 文本框中输入折弯角度值 90，在 折弯位置: 区域中单击"材料在内"按钮 ⌐，取消
选中 ☐ 使用默认半径(U) 复选框，在 🗛 文本框中输入圆角半径值 0.1；单击 ✅ 按钮，完成绘
制的折弯 1 的创建。

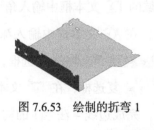

图 7.6.53　绘制的折弯 1

图 7.6.54　折弯线基准面

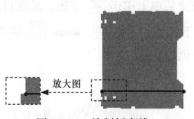

图 7.6.55　绘制折弯线

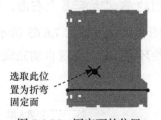

图 7.6.56　固定面的位置

Step10. 创建图 7.6.57 所示的钣金特征——绘制的折弯 2。选择下拉菜单 插入(I) ➡️
钣金(H) ▶ ➡️ 🗐 绘制的折弯(S)... 命令；选取图 7.6.58 所示的模型表面作为折弯线基准面，

在草绘环境中绘制图 7.6.59 所示的折弯线；在图 7.6.60 所示的位置处单击，确定折弯固定面；在 折弯参数(P) 区域的 ⤢ 文本框中输入折弯角度值 90，在 折弯位置: 区域中单击"材料在内"按钮 ⬛，取消选中 ☐ 使用默认半径(U) 复选框，在 ⟋ 文本框中输入圆角半径值 0.1；单击 ✓ 按钮，完成绘制的折弯 2 的创建。

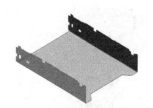

图 7.6.57　绘制的折弯 2

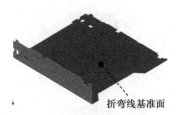

折弯线基准面

图 7.6.58　折弯线基准面

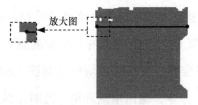

放大图

图 7.6.59　绘制折弯线

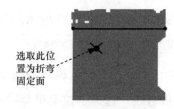

选取此位置为折弯固定面

图 7.6.60　固定面的位置

Step11. 创建图 7.6.61 所示的钣金特征——边线 – 法兰 1。选择下拉菜单 插入(I) ➡ 钣金(H) ▶ ➡ 🔳 边线法兰 (E)... 命令，或单击"钣金"选项卡中的 🔳 按钮；选取图 7.6.62 所示的模型边线为生成的边线 – 法兰 1 的边线，取消选中 ☐ 使用默认半径(U) 复选框，在 ⟋ 文本框中输入圆角半径值 0.1，在 角度(G) 区域的 🔼 文本框中输入角度值 90，在 法兰长度(L) 区域的 ⤢ 下拉列表中选择 给定深度 选项，在 🔽 文本框中输入深度值 6，在 折弯位置: 区域中单击"材料在内"按钮 ⬛，选中 ☑ 自定义释放槽类型(R) 复选框，在此区域的下拉列表中选择 矩圆形 选项，取消选中 ☐ 使用释放槽比例(A) 复选框，在 ↔ 文本框中输入数值 0.5，在 🔽 文本框中输入数值 0.3；单击 ✓ 按钮，完成边线 – 法兰 1 的初步创建；在设计树的 🔳 边线-法兰1 上右击，在系统弹出的快捷菜单上单击 🖉 按钮，系统自动转换为编辑草图模式，编辑图 7.6.63 所示的草图，选择下拉菜单 插入(I) ➡ 🔲 退出草图 命令，退出草绘环境，此时系统自动完成边线 – 法兰 1 的创建。

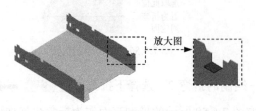

放大图

图 7.6.61　边线 – 法兰 1

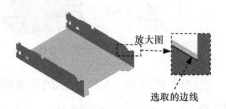

放大图

选取的边线

图 7.6.62　选取边线

Step12. 创建图 7.6.64 所示的孔 1。选择下拉菜单 插入(I) ➡ 特征(F) ➡ 简单直孔(S)... 命令；选取图 7.6.65 所示的模型表面为孔的放置面，在"孔"对话框 方向1(1) 区域的下拉列表中选择 成形到下一面 选项，在 方向1(1) 区域的 ⌀ 文本框中输入数值 3；单击"孔"对话框中的 ✔ 按钮，完成孔 1 的创建；在设计树中右击"孔 1"，从系统弹出的快捷菜单中选择 ✎ 命令，进入草绘环境，绘制图 7.6.66 所示的横断面草图，单击 ↵ 按钮，退出草绘环境。

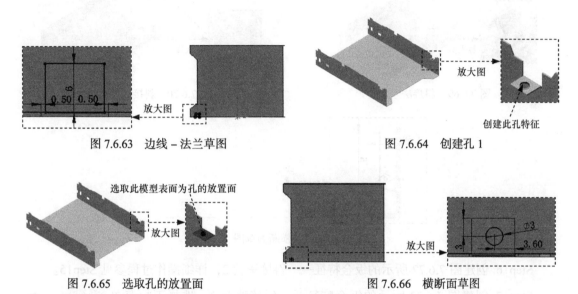

图 7.6.63　边线－法兰草图　　　　图 7.6.64　创建孔 1

图 7.6.65　选取孔的放置面　　　　图 7.6.66　横断面草图

Step13. 创建图 7.6.67 所示的钣金特征——边线－法兰 2，详细操作过程参见 Step11。

Step14. 创建图 7.6.68 所示的孔 2，详细操作过程参见 Step12。

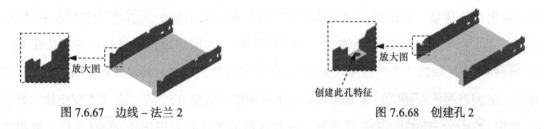

图 7.6.67　边线－法兰 2　　　　图 7.6.68　创建孔 2

Step15. 创建图 7.6.69 所示的钣金特征——斜接法兰 1。选择下拉菜单 插入(I) ➡ 钣金 (H) ➡ 斜接法兰 (M)... 命令，或单击"钣金"选项卡上的"斜接法兰"按钮 ，在模型中单击图 7.6.70 所示的斜接法兰边线，系统自动生成基准平面 1；在草绘环境中绘制图 7.6.71 所示的横断面草图，选择下拉菜单 插入(I) ➡ 退出草图 命令，退出草绘环境，系统弹出"斜接法兰"对话框；取消选中 ☐ 使用默认半径(U) 复选框，在 ⌐ 文本框中输入圆角半径值 0.1，在 法兰位置(L): 区域中单击"材料在内"按钮 ，在 缝隙距离(N):

区域的“切口缝隙”文本框 中输入数值 0.25，其他参数采用系统默认设置值；在 启始/结束处等距(O) 区域的 文本框中输入数值 0.5，在 文本框中输入数值 0.5；选中 ☑ 自定义释放槽类型(Y): 复选框，在此区域的下拉列表中选择 矩圆形 选项；取消选中 ☐ 使用释放槽比例(E) 复选框，在 文本框中输入数值0.5，在 文本框中输入数值0.3；单击 按钮，完成斜接法兰 1 的创建。

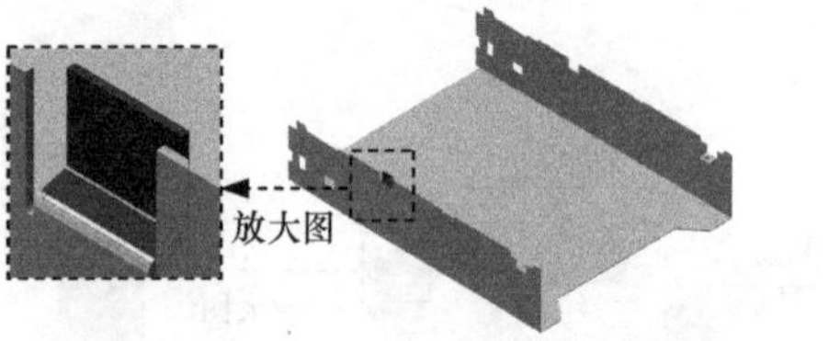

图 7.6.69　斜接法兰 1

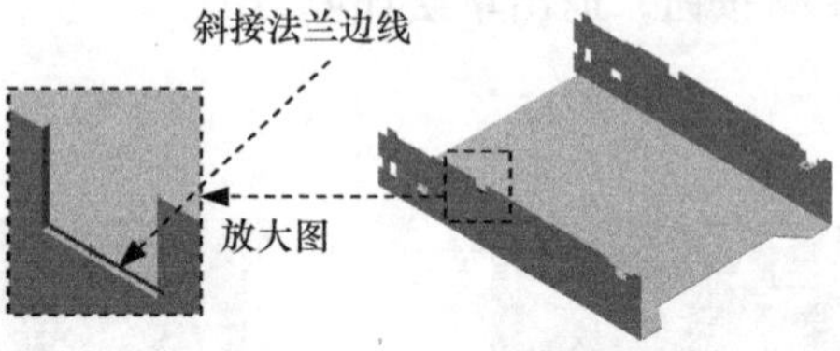

图 7.6.70　斜接法兰边线

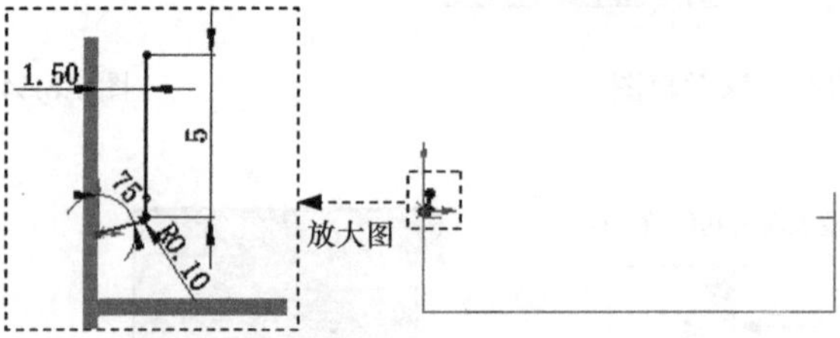

图 7.6.71　横断面草图

Step16. 创建图 7.6.72 所示的钣金特征——斜接法兰 2，详细操作过程参见 Step15。

Step17. 创建图 7.6.73 所示的钣金特征——斜接法兰 3。选择下拉菜单 插入(I) ➡ 钣金(H) ➡ 斜接法兰(M)... 命令，在模型中单击图 7.6.74 所示的斜接法兰边线；在草绘环境中绘制图 7.6.71 所示的横断面草图，选择下拉菜单 插入(I) ➡ 退出草图 命令，退出草绘环境，系统弹出“斜接法兰”对话框；取消选中 ☐ 使用默认半径(U) 复选框，在 文本框中输入圆角半径值 0.1，在 法兰位置(L): 区域中单击“材料在内”按钮 ；在 缝隙距离(N): 区域的“切口缝隙”文本框 中输入数值 0.25，其他参数采用系统默认设置值；在 启始/结束处等距(O) 区域的 文本框中输入数值 0.5，在 文本框中输入数值 0；选中 ☑ 自定义释放槽类型(Y): 复选框，在此区域的下拉列表中选择 矩圆形 选项；取消选中 ☐ 使用释放槽比例(E) 复选框，在 文本框中输入数值 0.5，在 文本框中输入数值 0.3；单击 按钮，完成斜接法兰 3 的创建。

Step18. 创建图 7.6.75 所示的钣金特征——斜接法兰 4，详细操作过程参见 Step17。

Step19. 创建图 7.6.76 所示的钣金特征——斜接法兰 5。选择下拉菜单 插入(I) ➡ 钣金(H) ➡ 斜接法兰(M)... 命令，在模型中单击图 7.6.77 所示的斜接法兰边线；在草绘环境中绘制图 7.6.78 所示的横断面草图，选择下拉菜单 插入(I) ➡ 退出草图 命令，退出草绘环境，系统弹出"斜接法兰"对话框；取消选中 □ 使用默认半径(U) 复选框，在 ⊼ 文本框中输入圆角半径值 0.1，在 法兰位置(L): 区域中单击"材料在内"按钮 ⊥，在 缝隙距离(N): 区域的"切口缝隙"文本框 ⊁ 中输入数值 0.25，其他参数采用系统默认设置值；在 启始/结束处等距(0) 区域的 ⊶ 文本框中输入数值 0.5，在 ⊷ 文本框中输入数值 0.5；选中 ☑ 自定义释放槽类型(Y): 复选框，在此区域的下拉列表中选择 矩圆形 选项；取消选中 □ 使用释放槽比例(E) 复选框，在 ↔ 文本框中输入数值 0.5，在 ⊡ 文本框中输入数值 0.3；单击 ✓ 按钮，完成斜接法兰 5 的创建。

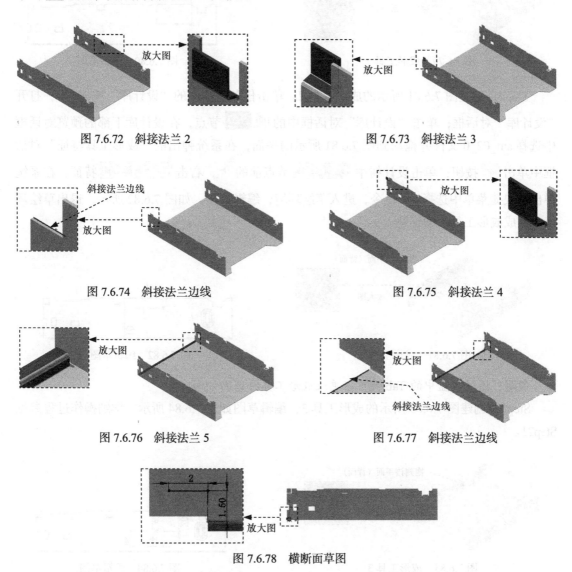

图 7.6.72　斜接法兰 2　　　　　　　　　图 7.6.73　斜接法兰 3

图 7.6.74　斜接法兰边线　　　　　　　　图 7.6.75　斜接法兰 4

图 7.6.76　斜接法兰 5　　　　　　　　　图 7.6.77　斜接法兰边线

图 7.6.78　横断面草图

Step20. 创建图 7.6.79 所示的成形工具 1。单击任务窗格中的"设计库"按钮 📖，打开"设计库"对话框；单击"设计库"对话框中的 📖 ch07 节点，在设计库下部的预览对话框中选择 sm_01_0 文件并拖动到图 7.6.79 所示的平面，在系统弹出的"成形工具特征"对话框中单击 ✓ 按钮；单击设计树中 ![sm_01_01] 节点前的 ▸，右击 ![(-) 草图32] 特征，在系统弹出的快捷菜单中选择 ![图标] 命令，进入草绘环境，编辑草图，如图 7.6.80 所示，退出草绘环境，完成成形工具 1 的创建。

说明：通过键盘上的 Tab 键可以更改成形工具特征的方向。

图 7.6.79　成形工具 1　　　　　　　　　　　图 7.6.80　编辑草图

Step21. 创建图 7.6.81 所示的成形工具 2。单击任务窗格中的"设计库"按钮 ![图标]，打开"设计库"对话框；单击"设计库"对话框中的 ![ch07] 节点，在设计库下部的预览对话框中选择 sm_02_0 文件并拖动到图 7.6.81 所示的平面，在系统弹出的"成形工具特征"对话框中单击 ✓ 按钮；单击设计树中 ![sm_02_01] 节点前的 ▸，右击 ![(-) 草图34] 特征，在系统弹出的快捷菜单中选择 ![图标] 命令，进入草绘环境，编辑草图，如图 7.6.82 所示，退出草绘环境，完成成形工具 2 的创建。

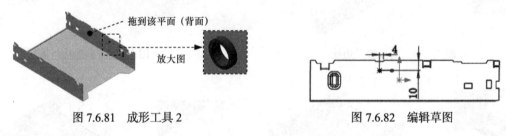

图 7.6.81　成形工具 2　　　　　　　　　　　图 7.6.82　编辑草图

说明：通过键盘中的 Tab 键可以更改成形工具特征的方向。

Step22. 创建图 7.6.83 所示的成形工具 3，编辑草图如图 7.6.84 所示。详细操作过程参见 Step21。

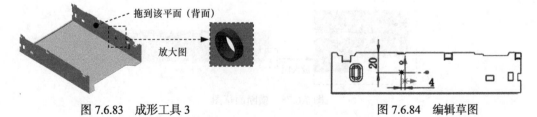

图 7.6.83　成形工具 3　　　　　　　　　　　图 7.6.84　编辑草图

Step23. 创建图 7.6.85 所示的成形工具 4，编辑草图如图 7.6.86 所示。详细操作过程参见 Step21。

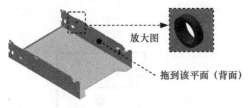

放大图

拖到该平面（背面）

图 7.6.85　成形工具 4

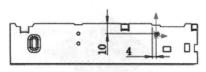

10　4

图 7.6.86　编辑草图

Step24. 创建图 7.6.87 所示的成形工具 5，编辑草图如图 7.6.88 所示。详细操作过程参见 Step21。

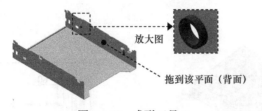

放大图

拖到该平面（背面）

图 7.6.87　成形工具 5

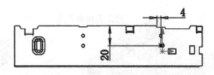

4

20

图 7.6.88　编辑草图

Step25. 创建图 7.6.89b 所示的镜像 2。选择下拉菜单 插入(I) ➡ 阵列/镜像(E) ➡ ⊪⊪ 镜向(M)... 命令；选取前视基准面作为镜像基准面，选取成形工具 1、成形工具 2、成形工具 3、成形工具 4 和成形工具 5 作为镜像 2 的对象；单击该对话框中的 ✓ 按钮，完成镜像 2 的创建。

前视基准面　　　　　　　　　　　　　　　　前视基准面

a) 镜像前　　　　　　　　　　　　b) 镜像后

图 7.6.89　镜像 2

Step26. 创建图 7.6.90 所示的成形工具 6。单击任务窗格中的"设计库"按钮 🔟，打开 "设计库"对话框；单击"设计库"对话框中的 🔟 ch07 节点，在设计库下部的预览对话框中选择 sm_03_0 文件并拖动到图 7.6.90 所示的平面，在系统弹出的"成形工具特征"对话框中单击 ✓ 按钮；单击设计树中 ⚓ sm_03_01 节点前的 ▸，右击 ▭ (-) 草图42 特征，在系统弹出的快捷菜单中选择 🖉 命令，进入草绘环境，编辑草图，如图 7.6.91 所示，退出草绘环境，完成成形工具 6 的创建。

Step27. 创建图 7.6.92 所示的数组（线性）1。选择下拉菜单 插入(I) ➡ 阵列/镜像(E) ➡ 🔠 线性阵列(L)... 命令；选取成形工具 6 作为要数组的对象，选择图 7.6.92 所示的线作为数组方向参考线；在 🔄 对话框中输入间距值 15，在 🔠 对话框中输入数值 2；单

击 ☑ 按钮，完成数组（线性）1 的创建。

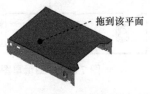

图 7.6.90　成形工具 6

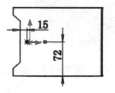

图 7.6.91　编辑草图

Step28. 创建图 7.6.93 所示的成形工具 7，编辑草图如图 7.6.94 所示。详细操作过程参见 Step26。

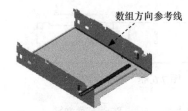

图 7.6.92　数组（线性）1

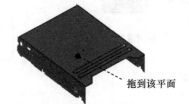

图 7.6.93　成形工具 7

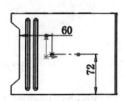

图 7.6.94　编辑草图

Step29. 创建图 7.6.95 所示的数组（线性）2。选择下拉菜单 插入(I) ➡ 阵列/镜像(E) ➡ 🖽 线性阵列(L)... 命令；选取成形工具 7 作为要数组的对象，选取图 7.6.95 所示的边线作为数组方向引导边线，在 🔷 对话框中输入间距值 15，在 🔢 对话框中输入数值 3；单击 ☑ 按钮，完成数组（线性）2 的创建。

Step30. 创建图 7.6.96 所示的成形工具 8，编辑草图如图 7.6.97 所示。详细操作过程参见 Step26。

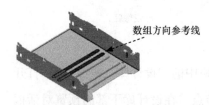

图 7.6.95　数组（线性）2

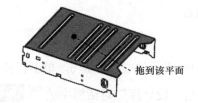

图 7.6.96　成形工具 8

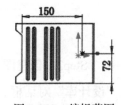

图 7.6.97　编辑草图

Step31. 创建图 7.6.98 所示的成形工具 9。单击任务窗格中的"设计库"按钮 🗄，打开"设计库"对话框；单击"设计库"对话框中的 🗄 ch07 节点，在设计库下部的预览对话框中选择 sm_04_0 文件并拖动到图 7.6.98 所示的平面，在系统弹出的"成形工具特征"对话框中单击 ☑ 按钮；单击设计树中 ⚙ sm_04_01 节点前的 ▸，右击 (-) 草图48 特征，在系统弹出的快捷菜单中选择 ☑ 命令，进入草绘环境，编辑草图，如图 7.6.99 所示，退出草绘环境，完成成形工具 9 的创建。

图 7.6.98　成形工具 9

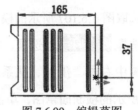

图 7.6.99　编辑草图

Step32. 创建图 7.6.100 所示的成形工具 10，编辑草图如图 7.6.101 所示。详细操作过程参见 Step31。

图 7.6.100　成形工具 10

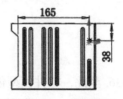

图 7.6.101　编辑草图

Step33. 创建图 7.6.102 所示的成形工具 11。单击任务窗格中的"设计库"按钮 ，打开"设计库"对话框；单击"设计库"对话框中的 ch07 节点，在设计库下部的预览对话框中选择 sm_05_0 文件并拖动到图 7.6.102 所示的平面，在系统弹出的"成形工具特征"对话框中单击 ✓ 按钮；单击设计树中 sm_05_01 节点前的 ▶，右击 (-) 草图52 特征，在系统弹出的快捷菜单中选择 命令，进入草绘环境，编辑草图，如图 7.6.103 所示，退出草绘环境，完成成形工具 11 的创建。

图 7.6.102　成形工具 11

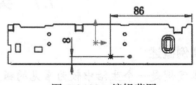

图 7.6.103　编辑草图

Step34. 创建图 7.6.104 所示的成形工具 12，编辑草图如图 7.6.105 所示。详细操作过程参见 Step33。

图 7.6.104　成形工具 12

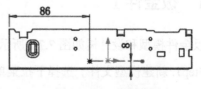

图 7.6.105　编辑草图

Step35. 创建图 7.6.106 所示的孔 3。选择下拉菜单 ➡ ➡

命令；选取图 7.6.107 所示的模型表面为孔的放置面，在"孔"对话框 **方向 1(1)** 区域的下拉列表中选择 成形到下一面 选项，在 **方向 1(1)** 区域的 ⊘ 文本框中输入数值 8，单击 ✅ 按钮；在设计树中右击"孔 3"，从系统弹出的快捷菜单中选择 🖉 命令，进入草绘环境，绘制图 7.6.108 所示的横断面草图，单击 ↳ 按钮，退出草绘环境。

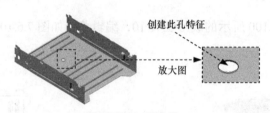

图 7.6.106　创建孔 3

Step36. 至此，零件模型创建完毕。选择下拉菜单 文件(F) ➡ 💾 保存(S) 命令，将模型命名为 box_bottom，即可保存零件模型。

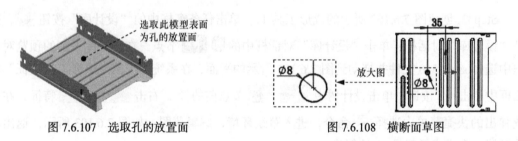

图 7.6.107　选取孔的放置面　　　　　　　　图 7.6.108　横断面草图

7.7　实例 7——老鼠夹

实例概述

本实例是一个生活中较为常见的钣金件——老鼠夹，其设计过程是通过在一个基体 – 法兰上添加切除 – 拉伸和数组等特征以形成所需要的形状。在设计过程中合理安排特征的次序是一个关键点，否则达不到所需要的形状。

7.7.1　钣金件 1

钣金件模型和设计树如图 7.7.1 所示。

Step1. 新建模型文件。选择下拉菜单 文件(F) ➡ 🗋 新建(N)... 命令，在系统弹出的"新建 SOLIDWORKS 文件"对话框中选择"零件"模块，单击 确定 按钮，进入建模环境。

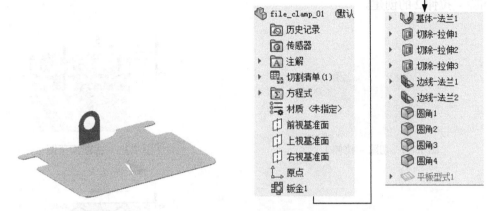

图 7.7.1　钣金件模型及设计树

Step2. 创建图 7.7.2 所示的钣金基础特征——基体 – 法兰 1。选择下拉菜单 插入(I) ➡ 钣金(H) ▸ ➡ 基体法兰(A)... 命令，或单击"钣金"选项卡上的"基体 – 法兰"按钮 ；选取前视基准面作为草图基准面，在草绘环境中绘制图 7.7.3 所示的横断面草图，选择下拉菜单 插入(I) ➡ 退出草图 命令，退出草绘环境，此时系统弹出"基体法兰"对话框；在 钣金参数(S) 区域的 文本框中输入厚度值 0.2，在 折弯系数(A) 区域的下拉列表中选择 K因子 选项，把 K 文本框中的 K 因子系数值改为 0.4，在 自动切释放槽(T) 区域的下拉列表中选择 矩形 选项，选中 使用释放槽比例(A) 复选框，在 比例(I): 文本框中输入比例系数值 0.5；单击 按钮，完成基体 – 法兰 1 的创建。

图 7.7.2　基体 – 法兰 1

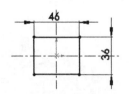

图 7.7.3　横断面草图

Step3. 创建图 7.7.4 所示的切除 – 拉伸 1。选择下拉菜单 插入(I) ➡ 切除(C) ▸ ➡ 拉伸(E)... 命令；选取前视基准面作为草图基准面，在草绘环境中绘制图 7.7.5 所示的横断面草图；在"切除 – 拉伸"对话框 方向 1(1) 区域的 下拉列表中选择 完全贯穿 选项，选中 正交切除(N) 复选框，其他参数采用系统默认设置值；单击对话框中的 按钮，完成切除 – 拉伸 1 的创建。

Step4. 创建图 7.7.6 所示的切除 – 拉伸 2。选择下拉菜单 插入(I) ➡ 切除(C) ▸ ➡ 拉伸(E)... 命令；选取前视基准面作为草图基准面，在草绘环境中绘制图 7.7.7 所示的横断面草图；在"切除 – 拉伸"对话框 方向 1(1) 区域的 下拉列表中选择 完全贯穿 选项，选中 正交切除(N) 复选框，其他参数采用系统默认设置值；单击该对话框中的 按钮，

完成切除 – 拉伸 2 的创建。

图 7.7.4　切除 – 拉伸 1

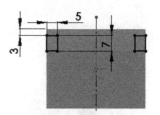

图 7.7.5　横断面草图

图 7.7.6　切除 – 拉伸 2

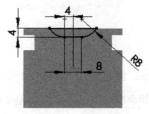

图 7.7.7　横断面草图

Step5. 创建图 7.7.8 所示的切除 – 拉伸 3。选择下拉菜单 插入(I) ➡ 切除(C) ➡ 拉伸(E)... 命令；选取前视基准面作为草图基准面，在草绘环境中绘制图 7.7.9 所示的横断面草图；在"切除 – 拉伸"对话框 方向1(1) 区域的 ↗ 下拉列表中选择 完全贯穿 选项，选中 ☑ 正交切除(N) 复选框，其他参数采用系统默认设置值；单击该对话框中的 ✔ 按钮，完成切除 – 拉伸 3 的创建。

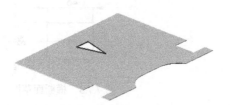

图 7.7.8　切除 – 拉伸 3

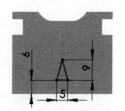

图 7.7.9　横断面草图

Step6. 创建图 7.7.10 所示的钣金特征——边线 – 法兰 1。选择下拉菜单 插入(I) ➡ 钣金(H) ➡ 边线法兰(E)... 命令，或单击"钣金"选项卡中的 🔧 按钮；选取图 7.7.11 所示的模型边线为生成边线 – 法兰 1 的边线，在 角度(G) 区域的 ↗ 文本框中输入角度值 12，在"边线 – 法兰"对话框 法兰长度(L) 区域的 ↗ 下拉列表中选择 给定深度 选项，在 📏 文本框中输入深度值 10，在 折弯位置: 区域中单击"材料在外"按钮 🔧；单击 ✔ 按钮，完成边线 – 法兰 1 的初步创建；在设计树的 🔧 边线-法兰1 上右击，在系统弹出的快捷菜单上单击 🖉 按钮，系统自动转换为编辑草图模式，编辑图 7.7.12 所示的草图，退出草绘环境，完成边线 – 法兰 1 的创建。

图 7.7.10 边线－法兰 1   图 7.7.11 选取边线－法兰 1 的边线

图 7.7.12 边线－法兰 1 的草图

Step7. 创建图 7.7.13 所示的钣金特征——边线－法兰 2。选择下拉菜单 插入(I) ➡ 钣金(H) ➡ 边线法兰(E)... 命令；选取图 7.7.14 所示的模型边线为生成边线－法兰 2 的边线，取消选中 □ 使用默认半径(U) 复选框，在 文本框中输入折弯半径值 0.2，在 角度(G) 区域的 文本框中输入角度值 90，在 折弯位置: 区域中单击"折弯在外"按钮 ；单击 按钮，完成边线－法兰 2 的初步创建；在设计树的 边线-法兰2 上右击，在系统弹出的快捷菜单上单击 按钮；系统自动转换为编辑草图模式，编辑图 7.7.15 所示的草图；选择下拉菜单 插入(I) ➡ 退出草图 命令，退出草绘环境，此时系统自动完成边线－法兰 2 的创建。

图 7.7.13 边线－法兰 2   图 7.7.14 选取边线－法兰 2 的边线

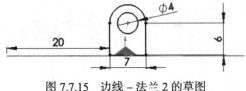

图 7.7.15 边线－法兰 2 的草图

Step8. 创建图 7.7.16b 所示的圆角 1。选择下拉菜单 插入(I) ➡ 特征(F) ➡ 圆角(F)... 命令；接受系统默认的圆角类型，选取图 7.7.16a 所示的模型边线为要圆角的对象，在 圆角参数 区域的 文本框中输入圆角半径值1.5；单击 ✓ 按钮，完成圆角1的创建。

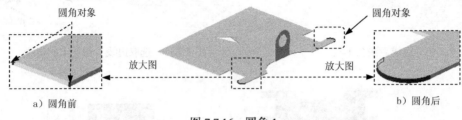

a）圆角前　　　　　　　　　　　　　　　　　　　　　b）圆角后

图 7.7.16　圆角 1

Step9. 创建图 7.7.17b 所示的圆角 2。选取图 7.7.17a 所示的模型边线为要圆角的对象，在 圆角参数 区域的 文本框中输入圆角半径值 3，其余操作过程参见 Step8。

a）圆角前　　　　　　　　　　　　　　　　　　　　　b）圆角后

图 7.7.17　圆角 2

Step10. 创建图 7.7.18 所示的圆角 3，在 圆角参数 区域的 文本框中输入圆角半径值1，其余操作过程参见 Step8。

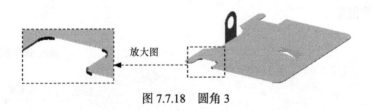

图 7.7.18　圆角 3

Step11. 创建图 7.7.19 所示的圆角 4，在 圆角参数 区域的 文本框中输入圆角半径值1，其余操作过程参见 Step8。

图 7.7.19　圆角 4

Step12. 至此，钣金件模型创建完毕。选择下拉菜单 文件(F) ➡ 保存(S) 命令，将模型命名为 file_clamp_01，即可保存钣金件模型。

7.7.2 钣金件 2

钣金件模型及设计树如图 7.7.20 所示。

Step1. 新建模型文件。选择下拉菜单 文件(F) ➡ 新建(N)... 命令，在系统弹出的"新建 SOLIDWORKS 文件"对话框中选择"零件"模块，单击 确定 按钮，进入建模环境。

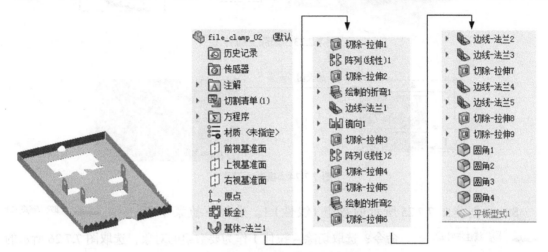

图 7.7.20 钣金件模型及设计树

Step2. 创建图 7.7.21 所示的钣金基础特征——基体 – 法兰 1。选择下拉菜单 插入(I) ➡ 钣金(H) ➡ 基体法兰(A)... 命令，或单击"钣金"选项卡上的"基体 – 法兰"按钮 ；选取前视基准面作为草图基准面，在草绘环境中绘制图 7.7.22 所示的横断面草图，选择下拉菜单 插入(I) ➡ 退出草图 命令，退出草绘环境，此时系统弹出"基体法兰"对话框；在 钣金参数(S) 区域的 文本框中输入厚度值 0.2，在 折弯系数(A) 区域的下拉列表中选择 K 因子 选项，把 K 文本框中的 K 因子系数值改为 0.4，在 自动切释放槽(T) 区域的下拉列表中选择 矩形 选项，选中 使用释放槽比例(A) 复选框，在 比例(T): 文本框中输入比例系数值 0.5；单击 按钮，完成基体 – 法兰 1 的创建。

图 7.7.21 基体 – 法兰 1   图 7.7.22 横断面草图

Step3. 创建图 7.7.23 所示的切除 – 拉伸 1。选择下拉菜单 插入(I) ➡ 切除(C) ➡ 拉伸(E)... 命令；选取前视基准面作为草图基准面，在草绘环境中绘制图 7.7.24 所示的横断面草图；在"切除 – 拉伸"对话框 方向1(1) 区域的 ↗ 下拉列表中选择 完全贯穿 选项，选中 ☑ 正交切除(N) 复选框，其他参数采用系统默认设置值；单击对话框中的 ✓ 按钮，完成切除 – 拉伸 1 的创建。

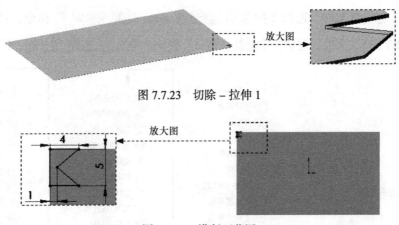

图 7.7.23　切除 – 拉伸 1

图 7.7.24　横断面草图

Step4. 创建图 7.7.25 所示的数组（线性）1。选择下拉菜单 插入(I) ➡ 阵列/镜向(E) ➡ 线性阵列(L)... 命令；选取切除 – 拉伸 1 作为要数组的对象，选取图 7.7.26 所示的线作为数组方向参考线，在 ⟨◇Di⟩ 文本框中输入间距值 5.0，在 ⌗ 文本框中输入数值 18；单击 ✓ 按钮，完成数组（线性）1 的创建。

图 7.7.25　数组（线性）1　　　　　　　　　　图 7.7.26　定义数组方向

Step5. 创建图 7.7.27 所示的切除 – 拉伸 2。选择下拉菜单 插入(I) ➡ 切除(C) ▸ ➡ 拉伸(E)... 命令；选取前视基准面作为草图基准面，在草绘环境中绘制图 7.7.28 所示的横断面草图；在"切除 – 拉伸"对话框 方向1(1) 区域的 ↗ 下拉列表中选择 完全贯穿 选项，选中 ☑ 正交切除(N) 复选框，其他参数采用系统默认设置值；单击对话框中的 ✓ 按钮，完成切除 – 拉伸 2 的创建。

图 7.7.27　切除 – 拉伸 2

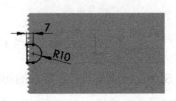

图 7.7.28　横断面草图

Step6. 创建图 7.7.29 所示的钣金特征——绘制的折弯 1。选择下拉菜单 插入(I) ➡
钣金 (H) ➡ 绘制的折弯(S)... 命令，或单击"钣金"选项卡上的"绘制的折弯"按
钮 ；选取图 7.7.29 所示的模型表面作为折弯线基准面，在草绘环境中绘制图 7.7.30 所
示的绘制的折弯线，选择下拉菜单 插入(I) ➡ 退出草图 命令，退出草绘环境，此
时系统弹出"绘制的折弯"对话框；在图 7.7.30 所示的位置处单击，确定折弯固定侧；
在 折弯参数(P) 区域的 文本框中输入折弯角度值 90，在 折弯位置: 区域中单击"材料在
内"按钮 ，取消选中 使用默认半径(U) 复选框，在 文本框中输入折弯半径值 0.1；
单击 按钮，完成绘制的折弯 1 的创建。

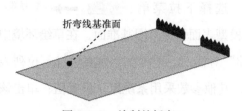

图 7.7.29 绘制的折弯 1

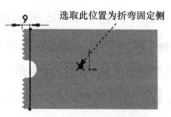

图 7.7.30 绘制的折弯线

Step7. 创建图 7.7.31 所示的钣金特征——边线–法兰 1。选择下拉菜单 插入(I) ➡
钣金 (H) ➡ 边线法兰(E)... 命令，或单击"钣金"选项卡中的 按钮；选取图 7.7.32
所示的模型边线为生成边线–法兰 1 的边线；取消选中 使用默认半径(U) 前面的复选
框，在 文本框中输入折弯半径值 0.2，在 角度(G) 区域的 文本框中输入角度值 90，
在 折弯位置: 区域中单击"折弯在外"按钮 ；单击 按钮，完成边线–法兰 1 的初步创
建。在设计树的 边线-法兰1 上右击，在系统弹出的快捷菜单上单击 按钮，系统自动转
换为编辑草图模式，编辑图 7.7.33 所示的草图；选择下拉菜单 插入(I) ➡ 退出草图 命
令，退出草绘环境，此时系统自动完成边线–法兰 1 的创建。

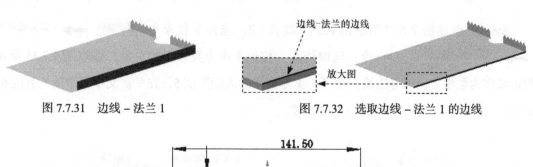

图 7.7.31 边线–法兰 1

图 7.7.32 选取边线–法兰 1 的边线

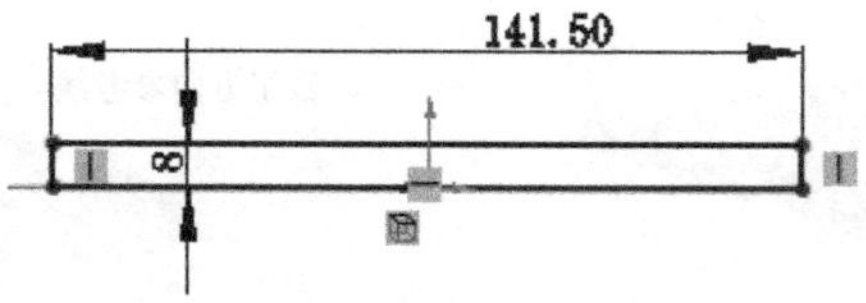

图 7.7.33 边线–法兰 1 的草图

Step8. 创建图 7.7.34b 所示的镜像 1。选择下拉菜单 插入(I) ➡ 阵列/镜向(E) ➡ ◗◖ 镜向(M)... 命令；选取上视基准面作为镜像基准面，选取边线 – 法兰 1 作为镜像 1 的对象；单击对话框中的 ✔ 按钮，完成镜像 1 的创建。

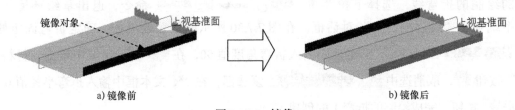

a) 镜像前   b) 镜像后

图 7.7.34　镜像 1

Step9. 创建图 7.7.35 所示的切除 – 拉伸 3。选择下拉菜单 插入(I) ➡ 切除(C) ➤ ➡ ▦ 拉伸(E)... 命令；选取图 7.7.35 所示的模型表面作为草图基准面，在草绘环境中绘制图 7.7.36 所示的横断面草图；在 "切除 – 拉伸" 对话框 方向 1(1) 区域的 ↗ 下拉列表中选择 完全贯穿 选项，选中 ☑ 正交切除(N) 复选框，其他参数采用系统默认设置值；单击该对话框中的 ✔ 按钮，完成切除 – 拉伸 3 的创建。

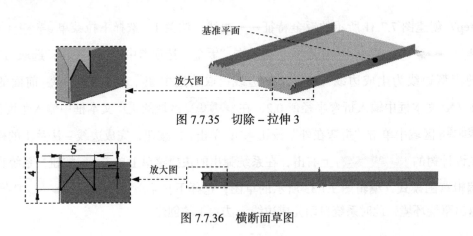

基准平面

放大图

图 7.7.35　切除 – 拉伸 3

放大图

图 7.7.36　横断面草图

Step10. 创建图 7.7.37 所示的数组（线性）2。选择下拉菜单 插入(I) ➡ 阵列/镜向(E) ➡ ▦ 线性阵列(L)... 命令；选取切除 – 拉伸 3 作为要数组的对象，选取图 7.7.38 所示的边线作为数组方向引导边线；在 🔷 文本框中输入间距值 5，在 ▦ 文本框中输入数值 6；单击 ✔ 按钮，完成数组（线性）2 的创建。

数组方向参考线

图 7.7.37　数组（线性）2   图 7.7.38　定义数组方向

Step11. 创建图 7.7.39 所示的切除 – 拉伸 4。选择下拉菜单 插入(I) ➡ 切除(C) ➡ 拉伸(E)... 命令；选取图 7.7.39 所示的模型表面作为草图基准面，在草绘环境中绘制图 7.7.40 所示的横断面草图；在"切除 – 拉伸"对话框 方向 1(1) 区域的 下拉列表中选择 完全贯穿 选项，选中 ☑ 正交切除(N) 复选框，其他参数采用系统默认设置值；单击对话框中的 ✔ 按钮，完成切除 – 拉伸 4 的创建。

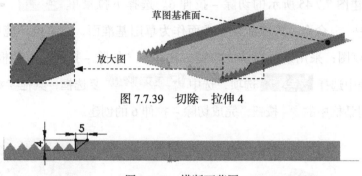

图 7.7.39　切除 – 拉伸 4

图 7.7.40　横断面草图

Step12. 创建图 7.7.41 所示的切除 – 拉伸 5。选择下拉菜单 插入(I) ➡ 切除(C) ➡ 拉伸(E)... 命令；选取前视基准面作为草图基准面，在草绘环境中绘制图 7.7.42 所示的横断面草图；在"切除 – 拉伸"对话框 方向 1(1) 区域的 下拉列表中选择 完全贯穿 选项，选中 ☑ 正交切除(N) 复选框，其他参数采用系统默认设置值；单击对话框中的 ✔ 按钮，完成切除 – 拉伸 5 的创建。

图 7.7.41　切除 – 拉伸 5

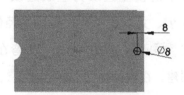

图 7.7.42　横断面草图

Step13. 创建图 7.7.43 所示的钣金特征——绘制的折弯 2。选择下拉菜单 插入(I) ➡ 钣金 (H) ➡ 绘制的折弯(S)... 命令，或单击"钣金"选项卡上的"绘制的折弯"按钮 ；选取图 7.7.43 所示的模型表面作为折弯线基准面，在草绘环境中绘制图 7.7.44 所示的绘制的折弯线，选择下拉菜单 插入(I) ➡ 退出草图 命令，退出草绘环境，此时系统弹出"绘制的折弯"对话框；在图 7.7.44 所示的位置处单击，确定折弯固定侧；在 折弯参数(P) 区域的 文本框中输入折弯角度值 90，在 折弯位置: 区域中单击"材料在外"按钮 ，取消选中 ☐ 使用默认半径(U) 复选框，在 文本框中输入折弯半径值 0.1；单击 ✔ 按钮，完成绘制的折弯 2 的创建。

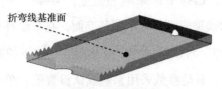

图 7.7.43　绘制的折弯 2

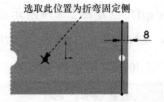

图 7.7.44　绘制的折弯线

Step14. 创建图 7.7.45 所示的切除－拉伸 6。选择下拉菜单 插入(I) ➡️ 切除(C) ▶️
➡️ 拉伸(E)... 命令；选取前视基准面作为草图基准面，在草绘环境中绘制图 7.7.46 所示的横断面草图；采用系统默认的拉伸方向，在"切除－拉伸"对话框 方向 1(1) 区域的 下拉列表中选择 完全贯穿 选项，选中 ☑ 正交切除(N) 复选框，其他参数采用系统默认设置值；单击对话框中的 ✅ 按钮，完成切除－拉伸 6 的创建。

图 7.7.45　切除－拉伸 6

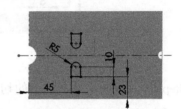

图 7.7.46　横断面草图

Step15. 创建图 7.7.47 所示的钣金特征——边线－法兰 2。选择下拉菜单 插入(I) ➡️
钣金(H) ▶️ ➡️ 边线法兰(E)... 命令，或单击"钣金"选项卡中的 按钮；选取图 7.7.48 所示的模型边线为生成边线－法兰 2 的边线；取消选中 ☐ 使用默认半径(U) 复选框，在 文本框中输入折弯半径值 0.1，在 角度(G) 区域的 文本框中输入角度值 90，在 折弯位置: 区域中单击"折弯在外"按钮 ；单击 ✅ 按钮，完成边线－法兰 2 的初步创建。在设计树的 边线－法兰 2 上右击，在系统弹出的快捷菜单中单击 按钮，系统自动转换为编辑草图模式，编辑图 7.7.49 所示的边线－法兰 2 的草图；选择下拉菜单 插入(I)
➡️ 退出草图 命令，退出草绘环境，此时系统自动完成边线－法兰 2 的创建。

图 7.7.47　边线－法兰 2

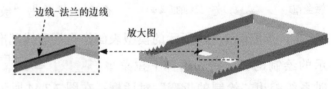

图 7.7.48　选取边线－法兰 2 的边线

Step16. 创建图 7.7.50 所示的钣金特征——边线－法兰 3。选取图 7.7.51 所示的模型边线为生成边线－法兰 3 的边线；编辑图 7.7.52 所示的边线－法兰 3 的草图；其余操作过程参见 Step15。

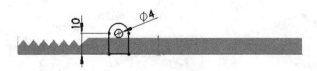

图 7.7.49　边线 – 法兰 2 的草图

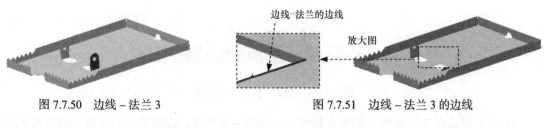

图 7.7.50　边线 – 法兰 3　　　　　　图 7.7.51　边线 – 法兰 3 的边线

图 7.7.52　边线 – 法兰 3 的草图

Step17. 创建图 7.7.53 所示的切除 – 拉伸 7。选择下拉菜单 插入(I) ➡ 切除(C) ▸ ➡ 拉伸(E)... 命令；选取前视基准面作为草图基准面，在草绘环境中绘制图 7.7.54 所示的横断面草图；在"切除 – 拉伸"对话框 方向1(1) 区域的 ↗ 下拉列表中选择 完全贯穿 选项，取消选中 □ 正交切除(N) 复选框，其他参数采用系统默认设置值；单击对话框中的 ✓ 按钮，完成切除 – 拉伸 7 的创建。

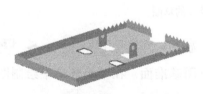

图 7.7.53　切除 – 拉伸 7

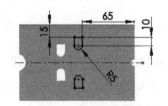

图 7.7.54　横断面草图

Step18. 创建图 7.7.55 所示的钣金特征——边线 – 法兰 4。选择下拉菜单 插入(I) ➡ 钣金(H) ▸ ➡ 边线法兰(E)... 命令，或单击"钣金"选项卡中的 按钮；选取图 7.7.56 所示的模型边线为生成边线 – 法兰 4 的边线；取消选中 □ 使用默认半径(U) 复选框，在 文本框中输入折弯半径值 0.1，在 角度(G) 区域的 文本框中输入角度值 90，在 折弯位置: 区域中单击"折弯在外"按钮 ，单击 ✓ 按钮，完成边线 – 法兰 4 的初步创建。在设计树的 边线-法兰4 上右击，在系统弹出的快捷菜单中单击 按钮，系统自动转换为编辑草图模式，编辑图 7.7.57 所示的边线 – 法兰 4 的草图；选择下拉菜单 插入(I) ➡ 退出草图 命令，退出草绘环境，此时系统自动完成边线 – 法兰 4 的创建。

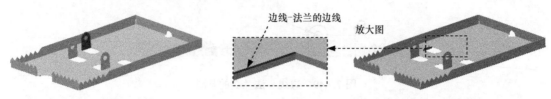

图 7.7.55　边线 – 法兰 4　　　　　　　　图 7.7.56　选取边线 – 法兰 4 的边线

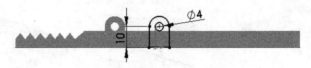

图 7.7.57　边线 – 法兰 4 的草图

Step19. 创建图 7.7.58 所示的钣金特征——边线 – 法兰 5。选取图 7.7.59 所示的模型边线为生成边线 – 法兰 5 的边线，编辑图 7.7.60 所示的边线 – 法兰 5 的草图；其余操作过程参见 Step18。

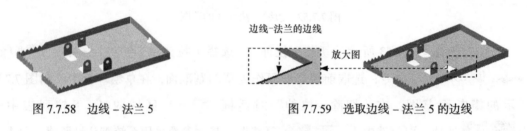

图 7.7.58　边线 – 法兰 5　　　　　　　　图 7.7.59　选取边线 – 法兰 5 的边线

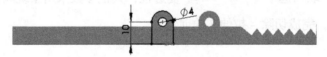

图 7.7.60　边线 – 法兰 5 的草图

Step20. 创建图 7.7.61 所示的切除 – 拉伸 8。选择下拉菜单 插入(I) ➡ 切除(C) ▶ ➡ 拉伸(E)... 命令；选取前视基准面作为草图基准面，在草绘环境中绘制图 7.7.62 所示的横断面草图；在 "切除 – 拉伸" 对话框 方向1(1) 区域的 下拉列表中选择 完全贯穿 选项，取消选中 □ 正交切除(N) 复选框，其他参数采用系统默认设置值；单击对话框中的 按钮，完成切除 – 拉伸 8 的创建。

图 7.7.61　切除 – 拉伸 8

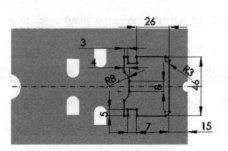

图 7.7.62　横断面草图

Step21. 创建图 7.7.63 所示的切除 – 拉伸 9。选择下拉菜单 [插入(I)] ➡ [切除(C)] ▸ ➡ [拉伸(E)...] 命令；选取前视基准面作为草图基准面，在草绘环境中绘制图 7.7.64 所示的横断面草图；在"切除 – 拉伸"对话框 [方向1(1)] 区域的 [↗] 下拉列表中选择 [完全贯穿] 选项，取消选中 □ [正交切除(N)] 复选框，其他参数采用系统默认设置值；单击对话框中的 [✓] 按钮，完成切除 – 拉伸 9 的创建。

图 7.7.63　切除 – 拉伸 9

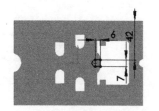

图 7.7.64　横断面草图

Step22. 创建图 7.7.65b 所示的圆角 1。选择下拉菜单 [插入(I)] ➡ [特征(F)] ▸ ➡ [圆角(F)...] 命令；接受系统默认的圆角类型；选取图 7.7.65a 所示的模型边线为要圆角的对象，在 [圆角参数] 区域的 [↖] 文本框中输入圆角半径值 0.5；单击 [✓] 按钮，完成圆角 1 的创建。

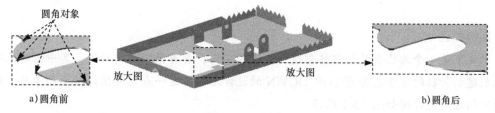

图 7.7.65　圆角 1

Step23. 创建图 7.7.66b 所示的圆角 2。选取图 7.7.66a 所示的模型边线为要圆角的对象，在 [圆角参数] 区域的 [↖] 文本框中输入圆角半径值 0.5，其余操作过程参见 Step22。

图 7.7.66　圆角 2

Step24. 创建图 7.7.67 所示的圆角 3，在 [圆角参数] 区域的 [↖] 文本框中输入圆角半径值 0.5，其余操作过程参见 Step22。

Step25. 创建图 7.7.68 所示的圆角 4，在 [圆角参数] 区域的 [↖] 文本框中输入圆角半径值

0.5，其余操作过程参见 Step22。

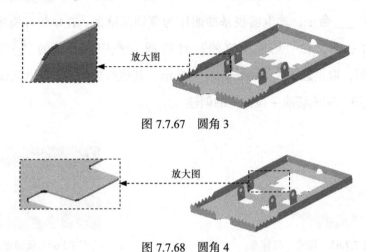

图 7.7.67　圆角 3

图 7.7.68　圆角 4

Step26. 至此，零件模型创建完毕。选择下拉菜单 文件(F) ➡ 保存(S) 命令，将模型命名为 file_clamp_02，即可保存零件模型。

7.8　实例 8——防尘罩的自顶向下设计

实例概述

本实例是一个为已有的装配体创建防尘罩的实例，具有很强的实用性，其中借助已有特征来创建新特征的方法包含有 TOP_DOWN 的设计思想，这一点尤其值得借鉴和学习。钣金模型及相应的设计树如图 7.8.1 所示。

Task1. 设置工作目录

将工作目录设置至 D：\sw20.4\work\ch07.08（将所有零件保存在此目录下）。

Task2. 新建 cover_asm.asm 装配体

Step1. 新建一个装配文件。选择下拉菜单 文件(F) ➡ 新建(N)... 命令，在系统弹出的"新建 SOLIDWORKS 文件"对话框中选择"装配体"选项，单击 确定 按钮，进入装配环境。

Step2. 导入装配件。单击"开始装配体"对话框中的 浏览(B)... 按钮，在系统弹出的"打开"对话中选择 pipe_ok，单击 打开(O) 按钮。

Step3. 单击"开始装配体"对话框中的 ✅ 按钮。

Step4. 保存装配体。选择下拉菜单 文件(F) ➡ 另存为(A)... 命令，将装配体命名为 cover_asm 并保存。

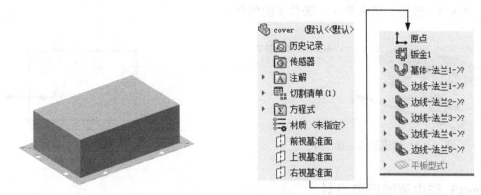

图 7.8.1　钣金模型及设计树

Task3. 创建图 7.8.2 所示的基准面 1

Step1. 在 cover_asm 装配中选择下拉菜单 插入(I) ➡ 参考几何体(G) ➡ 基准面(P)... 命令。

Step2. 选取图 7.8.3 所示的模型背面作为参考实体（注：具体参数和操作参见随书学习资源）。

Step3. 单击对话框中的 ✅ 按钮，完成基准面 1 的创建。

图 7.8.2　创建基准面 1　　　　　　　　　　　图 7.8.3　选取参照面

Task4. 创建防尘罩的初步模型

Step1. 创建新零件。选择下拉菜单 插入(I) ➡ 零部件(O) ➡ 新零件(N)... 命令，在系统弹出的"新建 SOLIDWORKS 文件"对话框中单击 确定 按钮，在图形区任意位置单击来放置新零件。

Step2. 在设计树中右击 (固定)[零件1^装配体1]<1>，在系统弹出的快捷菜单中单击 按钮，进入零件编辑环境。

Step3. 创建图 7.8.4 所示的基体 – 法兰 1。选择下拉菜单 插入(I) ➡ 钣金(H) ➡ 基体法兰(A)... 命令；选取基准面 1 为草图基准面，绘制图 7.8.5 所示的草图；采用系统默认的深度方向，在"基体法兰"对话框的 钣金参数(S) 区域中输入厚度值 2；在 折弯系数(A)

区域的下拉列表中选择 K 因子 选项，并在其文本框中输入值 0.4，其他参数采用系统默认设置值；单击 ✅ 按钮，完成基体 – 法兰 1 的创建。

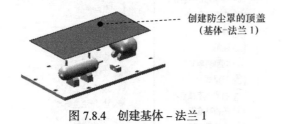

图 7.8.4　创建基体 – 法兰 1

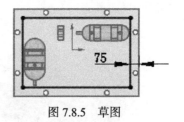

图 7.8.5　草图

Task5. 防尘罩的细节设计

Step1. 在装配中创建图 7.8.6 所示的钣金特征——边线 – 法兰 1。选择下拉菜单 插入(I) ➡ 钣金(H) ➡ 边线法兰(E)... 命令，或单击"钣金"选项卡中的 📎 按钮；在"边线 – 法兰"对话框 法兰长度(L) 区域的 ↗ 下拉列表中选择 成形到一顶点 选项，选取图 7.8.7 所示的模型顶点作为边线 – 法兰 1 的终止点，选取图 7.8.8 所示的四条模型边线为生成边线 – 法兰 1 的边线；取消选中 ☐ 使用默认半径(U) 复选框，在 🅚 文本框中输入折弯半径值 1.5，在"缝隙距离" 🅶 文本框中输入数值 0.1，在 角度(G) 区域的 ᴸᵗ 文本框中输入角度值 90，在 法兰位置(N) 区域中单击"材料在内"按钮 🅛；单击 ✅ 按钮，完成边线 – 法兰 1 的创建。

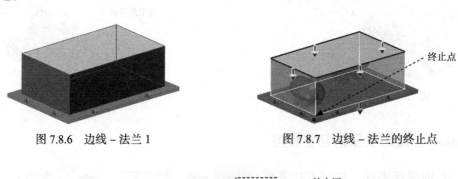

图 7.8.6　边线 – 法兰 1　　　　　　　　　　　图 7.8.7　边线 – 法兰的终止点

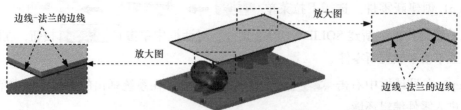

图 7.8.8　选取边线 – 法兰 1 的边线

Step2. 创建图 7.8.9 所示的钣金特征——边线 – 法兰 2。选择下拉菜单 插入(I) ➡ 钣金(H) ➡ 边线法兰(E)... 命令，或单击"钣金"选项卡中的 📎 按钮；选取图 7.8.10

所示的模型边线为生成边线 – 法兰 2 的边线；取消选中 [☐ 使用默认半径(U)] 复选框，在 [↖] 文本框中输入折弯半径值 0.5，在 [角度(G)] 区域的 [↗ᴬ] 文本框中输入角度值 90，在 [折弯位置:] 区域中单击"材料在内"按钮 [▣]；单击 [✓] 按钮，完成边线 – 法兰 2 的初步创建；在设计树的 [▣ 边线-法兰2] 上右击，在系统弹出的快捷菜单中单击 [☑] 按钮，系统自动转换为编辑草图模式，编辑图 7.8.11 所示的草图；选择下拉菜单 [插入(I)] ➡ [☐ 退出草图] 命令，退出草绘环境，此时系统自动完成边线 – 法兰 2 的创建。

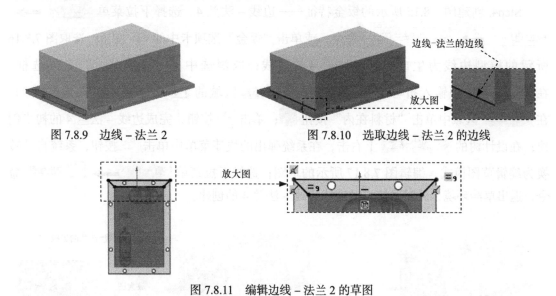

图 7.8.9　边线 – 法兰 2　　　　图 7.8.10　选取边线 – 法兰 2 的边线

图 7.8.11　编辑边线 – 法兰 2 的草图

Step3. 创建图 7.8.12 所示的钣金特征——边线 – 法兰 3。选择下拉菜单 [插入(I)] ➡ [钣金(H)] ➡ [▣ 边线法兰(E)...] 命令，或单击"钣金"选项卡中的 [▣] 按钮；选取图 7.8.13 所示的模型边线为生成边线 – 法兰 3 的边线；取消选中 [☐ 使用默认半径(U)] 复选框，在 [↖] 文本框中输入折弯半径值 0.5，在 [角度(G)] 区域的 [↗ᴬ] 文本框中输入角度值 90，在 [折弯位置:] 区域中单击"材料在内"按钮 [▣]；单击 [✓] 按钮，完成边线 – 法兰 3 的初步创建；在设计树的 [▣ 边线-法兰3] 上右击，在系统弹出的快捷菜单中单击 [☑] 按钮，系统自动转换为编辑草图模式，编辑图 7.8.14 所示的草图；选择下拉菜单 [插入(I)] ➡ [☐ 退出草图] 命令，退出草绘环境，此时系统自动完成边线 – 法兰 3 的创建。

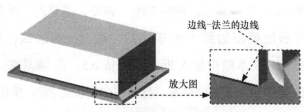

图 7.8.12　边线 – 法兰 3　　　　图 7.8.13　选取边线 – 法兰 3 的边线

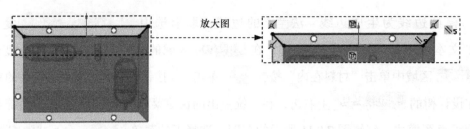

图 7.8.14　编辑边线 – 法兰 3 的草图

Step4. 创建图 7.8.15 所示的钣金特征——边线 – 法兰 4。选择下拉菜单 插入(I) ➡
钣金(H) ➡ 边线法兰(E)... 命令，或单击"钣金"选项卡中的 按钮；选取图 7.8.16 所示的模型边线为生成边线 – 法兰 4 的边线；取消选中 □ 使用默认半径(U) 复选框，在 文本框中输入折弯半径值 0.5，在 角度(G) 区域的 文本框中输入角度值 90，在 折弯位置: 区域中单击"材料在内"按钮 ；单击 按钮，完成边线 – 法兰 4 的初步创建；在设计树的 边线-法兰4 上右击，在系统弹出的快捷菜单中单击 按钮，系统自动转换为编辑草图模式，编辑图 7.8.17 所示的草图；选择下拉菜单 插入(I) ➡ 退出草图 命令，退出草绘环境，此时系统自动完成边线 – 法兰 4 的创建。

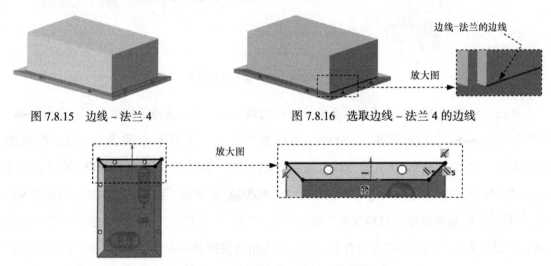

图 7.8.15　边线 – 法兰 4　　　　　图 7.8.16　选取边线 – 法兰 4 的边线

图 7.8.17　编辑边线 – 法兰 4 的草图

Step5. 创建图 7.8.18 所示的钣金特征——边线 – 法兰 5。选择下拉菜单 插入(I) ➡
钣金(H) ➡ 边线法兰(E)... 命令，或单击"钣金"选项卡中的 按钮；选取图 7.8.19 所示的模型边线为生成边线 – 法兰 5 的边线；取消选中 □ 使用默认半径(U) 复选框，在 文本框中输入折弯半径值 0.5，在 角度(G) 区域的 文本框中输入角度值 90，在 折弯位置: 区域中单击"材料在内"按钮 ；单击 按钮，完成边线 – 法兰 5 的初步创建；在设计树的 边线-法兰5 上右击，在系统弹出的菜单上单击 按钮，系统自动转换为编辑草图模式，编辑图 7.8.20 所示的草图；选择下拉菜单 插入(I) ➡ ▢ 退出草图 命令，退出草绘环境，此时系统自动完成边线 – 法兰 5 的创建。

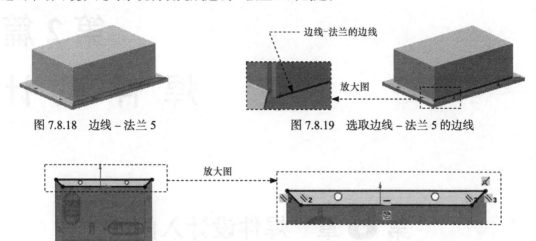

图 7.8.18　边线 – 法兰 5　　　　图 7.8.19　选取边线 – 法兰 5 的边线

图 7.8.20　编辑边线 – 法兰 5 的草图

Step6. 至此，零件模型创建完毕。选择下拉菜单 文件(F) ➡ 🖳 另存为(A)… 命令，将模型命名为 cover，保存零件模型。

Step7. 单击 🐾 按钮，退出零件编辑环境，选择下拉菜单 文件(F) ➡ 🖫 保存(S) 命令，保存装配体模型。

第 2 篇
焊 件 设 计

第 8 章　焊件设计入门

本章提要

本章主要介绍了焊件在实际中的应用及 SolidWorks 焊件设计的特点，它们是焊件设计入门的必备知识，希望读者在认真学习本章后对焊件的基本知识能有一定的了解。

8.1　焊件设计概述

焊件是利用型材，通过焊接技术将其连接起来，从而组成所需要的组合件（部件）。由于焊件具有方便灵活、价格便宜、材料利用率高、设计及操作方便等特点，因此应用十分普遍，日常生活中也十分常见。图 8.1.1 所示为两种常见的焊件。

图 8.1.1　常见的两种焊件

使用 SolidWorks 软件创建焊件的过程一般如下。

（1）新建一个"零件"文件，进入建模环境。

（2）通过二维草绘或三维草绘功能创建出布局框架草图。

（3）根据布局框架草图建立结构构件。

（4）对结构构件进行剪裁或延伸。

（5）创建焊件切割清单。

（6）创建焊件工程图。

8.2　下拉菜单及工具栏简介

8.2.1　下拉菜单

焊件设计的命令主要分布在 插入(I) ➡ 焊件(W) 子菜单中，如图 8.2.1 所示。

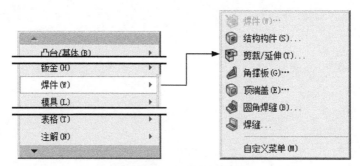

图 8.2.1　"焊件"子菜单

8.2.2　工具栏

右击工具栏，在系统弹出的快捷菜单中确认 焊件(D) 选项被激活（ 焊件(D) 前的 按钮被按下），"焊件"工具条（图 8.2.2）显示在工具栏按钮区。

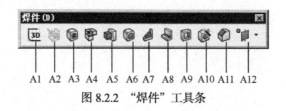

图 8.2.2　"焊件"工具条

注意：用户会看到有些菜单命令和按钮处于非激活状态（呈灰色，即暗色），这是因为它们目前还没有处在发挥功能的环境中，一旦进入有关的环境，它们便会自动激活。

A1：3D 草图　　　　　　　　　A7：角撑板

A2：焊件　　　　　　　　　　　A8：焊缝

A3：结构构件　　　　　　　　　A9：拉伸切除

A4：剪裁 / 延伸　　　　　　　　A10：异形孔向导

A5：拉伸凸台 / 基体　　　　　　A11：倒角

A6：顶端盖　　　　　　　　　　A12：参考几何体

第9章 创建焊件

本章提要

本章重点讲解焊件的具体创建过程，包括布局草图、自定义轮廓、创建子焊件、创建焊件切割清单、焊件的加工处理以及创建焊件工程图等。需要注意焊件的主体部分——结构构件的创建方法。

9.1 结构构件

9.1.1 概述

结构构件就是焊件中的基本单元。每个结构构件必须包括两个要素：框架草图和轮廓，如图 9.1.1 所示。如果用人体来比喻结构构件的话，框架草图相当于人体的骨骼，而轮廓相当于人体的肌肉。

9.1.2 布局框架草图

框架草图布局的好与坏会直接影响到整个焊件的质量与外观，布局出一个完美的框架草图是创建焊件的基础。框架草图的布局可以在 2D 或 3D 草绘环境中进行，如果焊件结构比较复杂，可考虑用 3D 草图。下面分别讲解两种布局草图的创建过程。

1. 布局 2D 草图的一般过程

下面以图 9.1.2 所示的草图来说明布局 2D 草图的一般过程。

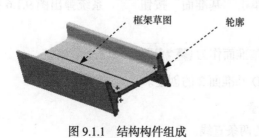

图 9.1.1　结构构件组成　　　　图 9.1.2　布局 2D 草图

Step1. 新建一个零件模型文件，将其命名为 2D_sketch，并保存至 D: \sw20.4\work\ch09.01。

Step2. 选择命令。选择下拉菜单 插入(I) ➡️ 草图绘制 命令，或在工具栏中单击"编辑草图"按钮 。

Step3. 定义草图基准面。选取前视基准面为草图基准面。

Step4. 绘制草图。在草绘环境中绘制图 9.1.2 所示的草图。

Step5. 选择下拉菜单 插入(I) ➡️ 退出草图 命令，退出草图设计环境。

Step6. 至此，2D 草图创建完毕。选择下拉菜单 文件(F) ➡️ 保存(S) 命令，保存零件模型。

2. 布局 3D 草图的一般过程

下面以图 9.1.3 所示的草图来说明布局 3D 草图的一般过程。

Step1. 新建一个零件模型文件，将其命名为 3D_sketch，并保存至 D: \sw20.4\work\ch09.01。

Step2. 选择命令。选择下拉菜单 插入(I) ➡️ 3D 3D 草图(3) 命令。

基准面2@3D草图1

基准面3@3D草图1

图 9.1.3 布局 3D 草图

Step3. 定义草图基准面。选取上视基准面为草图基准面。

Step4. 绘制矩形。在草绘环境中绘制图 9.1.4 所示的矩形。

Step5. 添加几何关系。如图 9.1.4 所示，约束边线 3 与边线 4 相等。约束边线 2 沿 Z 方向，约束边线 3 沿 X 方向。

Step6. 创建图 9.1.5 所示的 3D 草图基准面 2。

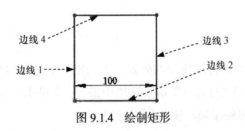
边线 4

边线 1

边线 3

边线 2

100

图 9.1.4 绘制矩形

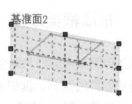
基准面2

图 9.1.5 基准面 2

说明： 因为系统把第一次选取的基准面（本例为上视基准面）作为基准面 1，所以此步创建的是基准面 2。

（1）选择命令。在"草图"工具栏中单击"基准面"按钮 。系统弹出图 9.1.6 所示的"草图绘制平面"对话框。

（2）定义 3D 草图基准面 2。选取前视基准面作为 第一参考 ，单击 按钮。

（3）单击对话框中的 按钮，完成 3D 基准面 2 的创建。

说明： 文本框可以定义基准面的数量。

Step7. 在基准面 2 上创建图 9.1.7 所示的两条直线。

Step8. 创建 3D 草图基准面 3。

（1）选择命令。在工具栏中单击"基准面"按钮 。

（2）定义 3D 草图基准面 3。选取 Step6 中创建的基准面 2 为 第一参考，在 ⊢ 文本框中输入偏距值 100，选中 ☑ 反向(D) 复选框。

（3）单击对话框中的 ✅ 按钮，完成 3D 基准面 3 的创建。

Step9. 在基准面 3 上创建图 9.1.8 所示的两条直线。

图 9.1.6　"草图绘制平面"对话框

图 9.1.7　创建直线

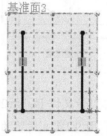

图 9.1.8　定义边角边线

Step10. 单击 按钮，完成 3D 草图的绘制。

Step11. 至此，3D 草图创建完毕。选择下拉菜单 文件(F) ➡ 保存(S) 命令，保存零件模型。

9.1.3　创建结构构件

1. 选择"结构构件"命令的方法

选择"结构构件"命令有如下两种方法。

方法一：选择下拉菜单 插入(I) ➡ 焊件(W) ➡ 结构构件(S)... 命令，如图 9.1.9 所示。

方法二：在"焊件"工具栏中单击"结构构件"按钮 ，如图 9.1.10 所示。

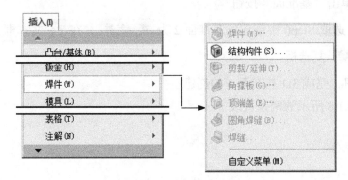

图 9.1.9　下拉菜单的位置　　　　　图 9.1.10　工具栏按钮的位置

2. 结构构件的一般创建过程

下面以图 9.1.11 所示的模型为例，介绍结构构件的创建过程。

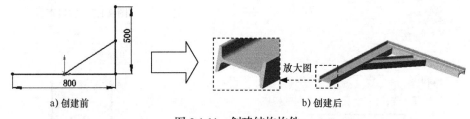

a) 创建前　　　　　　b) 创建后

图 9.1.11　创建结构构件

Step1. 打开文件 D: \sw20.4\work\ch09.01\2D_sketch.SLDPRT。

说明：图 9.1.11a 所示为图 9.1.11b 所示结构构件的 2D 草图。

Step2. 选择命令。选择下拉菜单 插入(I) ➡ 焊件(W) ➡ 结构构件(S)... 命令，或在工具栏中单击"结构构件"按钮 ，系统弹出图 9.1.12 所示的"结构构件"对话框。

说明：当选择 结构构件(S)... 命令后，系统自动在设计树中添加 焊件 特征。各种结构构件轮廓类型如图 9.1.13 所示。

图 9.1.12 所示的"结构构件"对话框的 设定 区域中边角处理说明如下。

- 选中 ☑ 应用边角处理(C) 复选框（在不涉及边角处理时，设定 区域中没有该复选框），会在其下方出现三种边角处理方法，即 （终端斜接）、 （终端对接1）、 （终端对接2），三种处理方法的区别如图 9.1.14 所示。

- （连接线段之间的简单切除）：使结构构件与平面接触面相齐平（有助于制造），如图 9.1.15 所示，该选项只有在使用终端对接1和终端对接2时可用。

- （连接线段之间的封顶切除）：将结构构件剪裁到接触实体，如图 9.1.16 所示，该选项只有在使用终端对接1和终端对接2时可用。

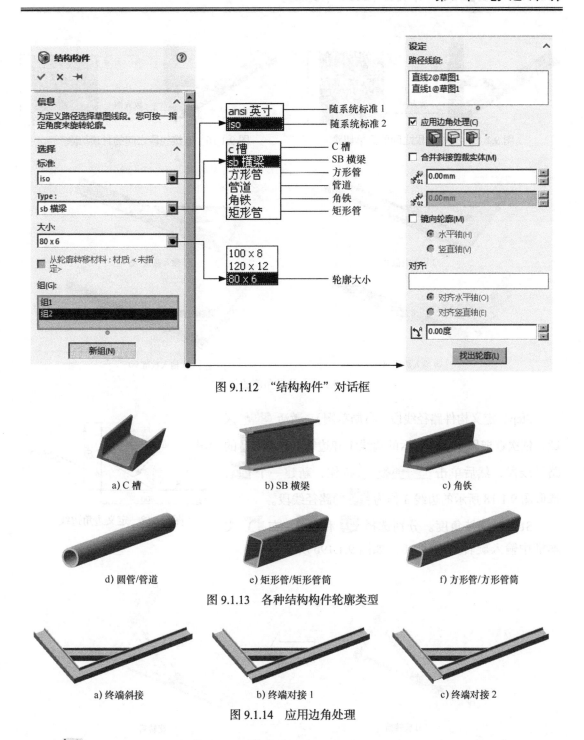

图 9.1.12 "结构构件"对话框

a) C 槽   b) SB 横梁   c) 角铁

d) 圆管/管道   e) 矩形管/矩形管筒   f) 方形管/方形管筒

图 9.1.13 各种结构构件轮廓类型

a) 终端斜接   b) 终端对接 1   c) 终端对接 2

图 9.1.14 应用边角处理

- （旋转角度）文本框：用来调整结构构件轮廓以路径线段为旋转轴所旋转的角度。

在"旋转角度" 文本框中输入数值 0、30、60、90 的比较如图 9.1.17 所示。

Step3. 定义构件轮廓。在 标准 下拉列表中选择 iso 选项；在 Type: 下拉列表中选择 sb 横梁 选项；在 大小 下拉列表中选择 80 x 6 选项。

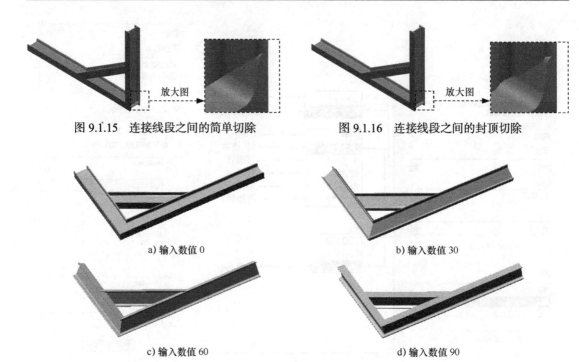

图 9.1.15　连接线段之间的简单切除　　　　图 9.1.16　连接线段之间的封顶切除

a) 输入数值 0　　　　　　　　　　　　　b) 输入数值 30

c) 输入数值 60　　　　　　　　　　　　　d) 输入数值 90

图 9.1.17　旋转角度比较

Step4. 定义构件路径线段（布局草图）。激活 组(G): 区域，依次选取图 9.1.18 所示的边线 1 和边线 2 作为 组1 的路径线段，然后单击 新组(N) 按钮，新建一个 组2，选取图 9.1.18 所示的边线 3 作为 组2 的路径线段。

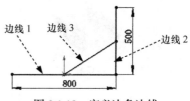

图 9.1.18　定义边角边线

Step5. 旋转角度。分别选择 组1 和 组2，在 文本框中输入旋转角度值 90，如图 9.1.19b 所示。

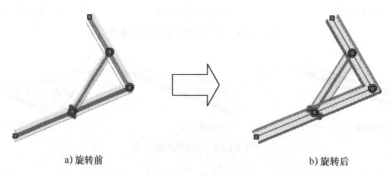

a) 旋转前　　　　　　　　　　　　　　　b) 旋转后

图 9.1.19　旋转角度

Step6. 边角处理。选择 组1，在"结构构件"对话框的 设定 区域中选中 ☑ 应用边角处理(C) 复选框后，单击"终端斜接"按钮 。

Step7. 更改穿透点。选择 组1，在 设定 区域中单击 找出轮廓(L) 按钮，屏幕将轮廓草图放大，单击图 9.1.20 所示的虚拟交点 1，系统自动约束此点与框架草图的原点重合（图 9.1.21）。

说明： 单击虚拟交点 2，系统会弹出"边角处理"对话框，用于进行边角处理。

Step8. 单击该对话框中的 ✓ 按钮，完成"结构构件"的创建。

Step9. 选择下拉菜单 文件(F) ➡️ 📄 另存为(A)... 命令，将模型命名为 2D_sketch_01 即可保存零件模型。

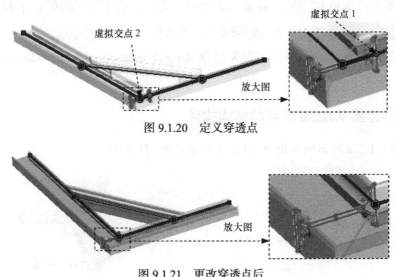

图 9.1.20　定义穿透点

图 9.1.21　更改穿透点后

9.1.4　自定义构件轮廓

自定义构建轮廓就是自己绘制结构构件的轮廓草图，然后通过文件转换把绘制的轮廓草图转换成能够被"结构构件"命令所调用的结构构件轮廓。在很多时候，系统给定的焊件结构构件轮廓不是合适的轮廓，这时就涉及下载焊件轮廓或自定义焊件轮廓。

本节将通过具体的步骤来讲述自定义结构构件轮廓创建结构构件的一般步骤。

Task1. 创建图 9.1.22 所示的构件轮廓

Step1. 创建目录。在 SolidWorks 安装目录 \lang\chinese-simplified\weldment profiles 下新建 user 文件夹，在其下再次新建文件夹 square。

Step2. 新建模型文件。选择下拉菜单 文件(F) ➡️ 📄 新建(N)... 命令，在系统弹出的"新建 SOLIDWORKS 文件"对话框中选择"零件"模块，单击 确定 按钮，进入建模环境。

Step3. 选择命令。选择下拉菜单 插入(I) ➡️ 📄 草图绘制 命令。

Step4. 定义草图基准面。选取前视基准面为草图基准面。

Step5. 绘制草图。在草绘环境中绘制图 9.1.22 所示的草图。

说明： 在定义草图时，必须在重要的位置设置点，以便在创建结构构件时更改穿透点。

Step6. 选择下拉菜单 插入(I) ➡ ☐ 退出草图 命令，退出草图设计环境。

Step7. 保存草图。

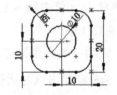

图 9.1.22 自定义轮廓草图

（1）单击选中设计树中的 ☐ (-) 草图1 特征。

（2）选择下拉菜单 文件(F) ➡ 💾 保存(S) 命令，在 保存类型(T): 下拉列表中选择 Lib Feat Part (*.sldlfp) 类型，在 文件名(N): 文本框中输入数值 20X20。

（3）把文件保存于 SolidWorks 安装目录 \lang\chinese-simplified\weldment profiles\user\square 下。

Task2. 创建图 9.1.23b 所示的结构构件

说明： 图 9.1.23a 所示的草图为 9.1.2 节中创建的 3D 草图。

a) 创建前　　　　　　　　　　b) 创建后

图 9.1.23 创建结构构件

Step1. 打开文件 D：\sw20.4\work\ch09.01\3D_sketch.SLDPRT。

Step2. 创建图 9.1.24 所示的结构构件 1。选择下拉菜单 插入(I) ➡ 焊件(W) ➡ 🧊 结构构件(S)... 命令，或在工具栏中单击 "结构构件" 按钮 🧊。

Step3. 定义构件轮廓。

（1）定义标准。在 标准: 下拉列表中选择 user 选项。

（2）定义类型。在 Type: 下拉列表中选择 square 选项。

（3）定义大小。在 大小: 下拉列表中选择 20x20 选项。

Step4. 定义构件路径线段（布局草图）。依次选取图 9.1.25 所示的边线 1~ 边线 4。

图 9.1.24 结构构件 1

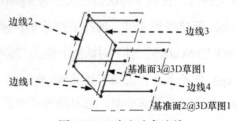

图 9.1.25 定义边角边线

Step5. 更改穿透点。

（1）找出最佳虚拟交点。单击 找出轮廓(L) 按钮，在屏幕上放大的轮廓草图中显示图 9.1.26
所示的虚拟交点。

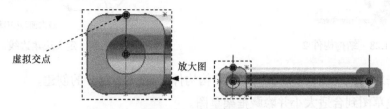

图 9.1.26 定义穿透点

说明：虚拟交点的位置和个数是在自定义轮廓时定义的，这里只能选取最佳的一个，并
且把它约束到路径上的草图原点上。

（2）调整视图方位。把结构构件轮廓草图调整到最佳位置（通常是使轮廓草图正视于屏
幕）。本例是在"视图"工具栏中选取"前视"选项。

说明：每一个零件在视图中的最佳位置不一样，选取时要根据实际情况而定。

（3）选取虚拟交点。在图 9.1.26 所示的虚拟交点上单击，系统自动约束此点与路径的
草图原点重合，如图 9.1.27 所示。

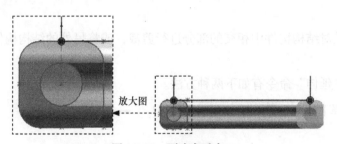

图 9.1.27 更改穿透点

Step6. 调整草图到合适大小并隐藏框架草图。

Step7. 边角处理。在 设定 区域中选中 ☑ 应用边角处理(C) 复选框之后单击"终端斜接"
按钮 🔲。单击该对话框中的 ✓ 按钮，完成自定义轮廓结构构件 1（图 9.1.24）的创建。

Step8. 创建图 9.1.28 所示的结构构件 2。

（1）选择下拉菜单 插入(I) ➡ 焊件(W) ➡ 结构构件(S)... 命令，或在工具栏中
单击"结构构件"按钮 🔲。

（2）定义构件轮廓。

① 定义标准。在 标准: 下拉列表中选择 user 选项。

② 定义类型。在 Type: 下拉列表中选择 square 选项。

③ 定义大小。在 大小: 下拉列表中选择 20x20 选项。

（3）定义构件路径线段（布局草图）。依次选取图 9.1.29 所示的边线。

图 9.1.28 结构构件 2

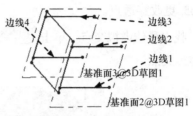

图 9.1.29 定义边角边线

（4）单击对话框中的 ✅ 按钮，完成结构构件 2（图 9.1.28）的创建。

（5）调整草图到合适大小并隐藏框架草图。

Step9. 至此，"结构构件"创建完毕。选择下拉菜单 文件(F) ➡ 📄 另存为(A)... 命令，将模型命名为 3D_sketch_01 即可保存零件模型。

9.2 剪裁 / 延伸

9.2.1 概述

剪裁 / 延伸是对结构构件中相交的部分进行剪裁，或将另外的结构构件延伸至与其他构件相交。

选择"剪裁 / 延伸"命令有如下两种方法。

方法一：选择下拉菜单 插入(I) ➡ 焊件(W) ➡ 🗂 剪裁/延伸(T)... 命令，如图 9.2.1 所示。

方法二：在工具栏中单击"剪裁 / 延伸"按钮 🗂，如图 9.2.2 所示。

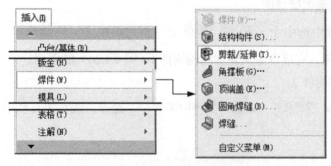

图 9.2.1 下拉菜单的位置

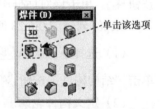

图 9.2.2 工具栏按钮的位置

9.2.2 创建剪裁 / 延伸的一般过程

下面以图 9.2.3 所示的草图来说明剪裁 / 延伸的一般创建过程。

a) 创建前　　　　　　　　　　b) 创建后

图 9.2.3　剪裁 / 延伸

Task 1. 创建图 9.2.4b 所示的剪裁 / 延伸 1

Step1. 打开 D：\sw20.4\work\ch09.02\clipping_extend.SLDPRT 文件。

放大图　　　　　　　　　　　　　　　　　　　放大图

a) 创建前　　　　　　　　　　　　　　　　　b) 创建后

图 9.2.4　剪裁 / 延伸 1

Step2. 选择命令。选择下拉菜单 插入(I) ➡ 焊件(W) ➡ 剪裁/延伸(T)... 命令，或在工具栏中单击"剪裁 / 延伸"按钮 ，系统弹出图 9.2.5 所示的"剪裁 / 延伸"对话框。

说明："剪裁 / 延伸"对话框的 剪裁边界 区域会根据定义的边角类型而有所改变，当单击"终端剪裁"按钮 时，剪裁边界 区域会出现 ⊙ 面/平面(F) 和 ⊙ 实体(B) 两个单选项，当单击其他三个按钮时，没有这两个单选项。

Step3. 定义边角类型。在 边角类型 区域中单击"终端斜接"按钮 。

Step4. 定义要剪裁的实体。选取图 9.2.6 所示结构构件 1。

图 9.2.5　"剪裁 / 延伸"对话框

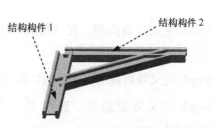

结构构件 1　　　　结构构件 2

图 9.2.6　定义剪裁 / 延伸实体

Step5. 定义剪裁边界。选取图 9.2.6 所示结构构件 2。选中 ☑ 预览(P) 复选框和 ☑ 允许延伸(A) 复选框。

Step6. 单击对话框中的 ✓ 按钮，完成剪裁 / 延伸 1 的创建。

图 9.2.5 所示的"剪裁 / 延伸"对话框 边角类型 区域中各按钮的说明如下。

- ⬚：终端剪裁，如图 9.2.7 所示。
- ⬚：终端斜接，如图 9.2.8 所示。
- ⬚：终端对接 1，如图 9.2.9 所示。
- ⬚：终端对接 2，如图 9.2.10 所示。

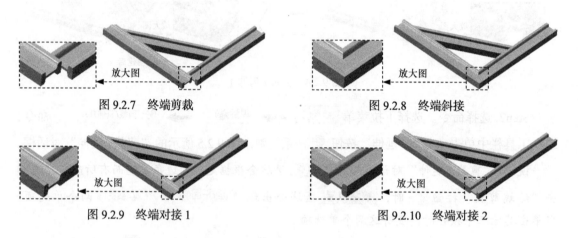

图 9.2.7　终端剪裁　　　　　　　　　　　图 9.2.8　终端斜接

图 9.2.9　终端对接 1　　　　　　　　　　图 9.2.10　终端对接 2

Task 2. 创建图 9.2.11b 所示的剪裁 / 延伸 2

Step1. 选择命令。选择下拉菜单 插入(I) ➡ 焊件(W) ➡ 剪裁/延伸(T)... 命令，或在工具栏中单击"剪裁 / 延伸"按钮 ⬚，系统弹出"剪裁 / 延伸"对话框。

a) 创建前　　　　　　　　　　　　　b) 创建后

图 9.2.11　剪裁 / 延伸 2

Step2. 定义边角类型。在"剪裁 / 延伸"对话框的 边角类型 区域中单击"终端剪裁"按钮 ⬚。

Step3. 定义要剪裁的实体。选取图 9.2.12 所示结构构件 1。

Step4. 定义剪裁边界。选中 ⊙ 面/平面(F) 单选项，选取图 9.2.12 所示的剪裁面。选中 ☑ 预览(P) 复选框。

图 9.2.12　定义剪裁 / 延伸实体

说明：选中 面/平面(F) 单选项，剪裁边界可以是实体上的面，也可以是基准面。选中 实体(B) 单选项，剪裁边界是一个实体。

Step5. 单击对话框中的 ✅ 按钮，完成剪裁 / 延伸 2 的创建。

Task 3. 创建图 9.2.13 所示的剪裁 / 延伸特征 3

其创建过程与剪裁 / 延伸 2 类似，这里不再赘述。

注意：在创建图 9.2.13 所示的剪裁 / 延伸特征 3 时，须在图 9.2.14 所示的标签上单击，使其在"保留"和"丢弃"之间切换，可根据实际情况选择要保留 / 丢弃的实体。

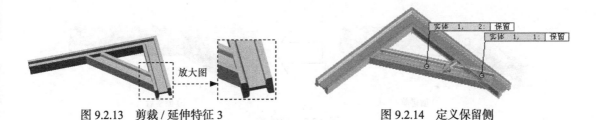

图 9.2.13　剪裁 / 延伸特征 3　　　　　　图 9.2.14　定义保留侧

Task 4. 保存焊件模型

选择下拉菜单 文件(F) ➡ 🖫 另存为(A)… 命令，并将其命名为 clipping_extend_ok。

9.3　顶　端　盖

9.3.1　概述

顶端盖就是在结构构件的开放端添加的一块材料，其作用是用来封闭开放端口。运用"顶端盖"命令，可以创建顶端盖特征，但是"顶端盖"命令只能运用于有线性边线的轮廓。

选择"顶端盖"命令有如下两种方法。

方法一：选择下拉菜单 插入(I) ➡ 焊件(W) ▶ 🔟 顶端盖(E)… 命令，如图 9.3.1 所示。

方法二：在工具栏中单击"顶端盖"按钮 ，如图 9.3.2 所示。

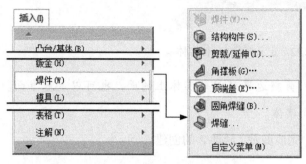

图 9.3.1　下拉菜单的位置　　　　　　　　　图 9.3.2　工具栏按钮的位置

9.3.2　创建顶端盖的一般过程

下面以图 9.3.3 所示的模型为例，介绍顶端盖的创建过程。

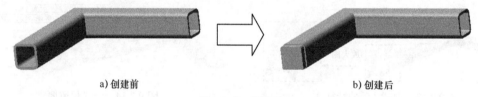

a) 创建前　　　　　　　　　　　　　　b) 创建后

图 9.3.3　顶端盖

Step1. 打开文件 D：\sw20.4\work\ch09.03\tectorial.SLDPRT。

Step2. 选择命令。选择下拉菜单 插入(I) ➡ 焊件(W) ➡ 顶端盖(E)… 命令，或在工具栏中单击"顶端盖"按钮 ，系统弹出图 9.3.4 所示的"顶端盖"对话框。

Step3. 定义顶端盖参数。

（1）定义顶面。选取图 9.3.5 所示的顶面。

（2）定义厚度。在 文本框中输入厚度值 5。

Step4. 定义等距参数。在 等距(O) 区域中选中 厚度比率 单选项，在 文本框中输入厚度比例值 0.5，选中 边角处理(N) 复选框，然后选中 倒角 单选项，在 文本框中输入倒角距离值 1。

说明：选中 等距值 单选项，则采用等距距离来定义结构构件边线到顶端盖边线之间的距离。

Step5. 单击对话框中的 按钮，完成顶端盖的创建。

图 9.3.4　"顶端盖"对话框

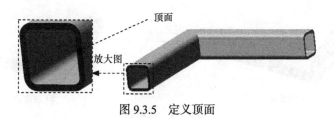

图 9.3.5　定义顶面

Step6. 保存焊件模型。选择下拉菜单 文件(F) ➡ 另存为(A)... 命令，并将其命名为 tectorial_ok，保存零件模型。

9.4　角　撑　板

9.4.1　概述

角撑板就是在两个交叉结构构件的相邻两个面之间添加的一块材料，起加固的作用。"角撑板"命令可添加角撑板特征，它并不只限于在焊件中使用，也可用于其他任何零件中。角撑板包括"三角形"和"多边形"两种轮廓，值得注意的是角撑板没有轮廓草图。

选择"角撑板"命令有如下两种方法。

方法一：选择下拉菜单 插入(I) ➡ 焊件(W) ➡ 角撑板(G)... 命令，如图 9.4.1 所示。

方法二：在工具栏中单击"角撑板"按钮 ，如图 9.4.2 所示。

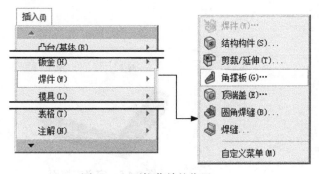

图 9.4.1　下拉菜单的位置

图 9.4.2　工具栏按钮的位置

9.4.2　创建角撑板的一般过程

下面以图 9.4.3 所示的模型为例，介绍角撑板的一般创建过程。

a) 创建前   b) 创建后

图 9.4.3   角撑板

Step1. 打开文件 D：\sw20.4\work\ch09.04\corner_prop up_board.SLDPRT。

Step2. 选取命令。选择下拉菜单 插入(I) ➡️ 焊件(W) ➡️ 角撑板(G)… 命令，或在工具栏中单击"角撑板"按钮 ，系统弹出图 9.4.4 所示的"角撑板"对话框。

Step3. 定义支撑面。选取图 9.4.5 所示的面 1 和面 2 为支撑面。

图 9.4.4   "角撑板"对话框

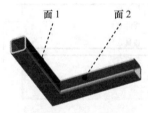

图 9.4.5   定义支撑面

图 9.4.4 所示的"角撑板"对话框中各选项说明如下。

- 在 轮廓(P) 区域中选择多边形轮廓 ，生成"角撑板"的形状如图 9.4.6 所示。

- 在 轮廓(P) 区域中选择三角形轮廓 ，生成"角撑板"的形状如图 9.4.7 所示。

- 当在 位置(L) 区域中把定位点设置为 （轮廓定位于中点）时，厚度：选项中选择

▤（轮廓线内边）、▤（轮廓线两边）、▤（轮廓线外边）三种选项的区别如图 9.4.8
所示。

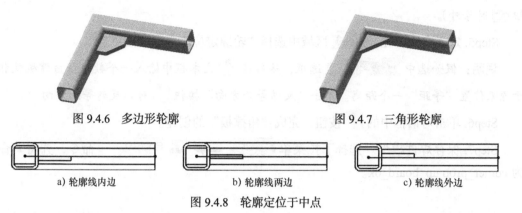

图 9.4.6 多边形轮廓   图 9.4.7 三角形轮廓

a) 轮廓线内边   b) 轮廓线两边   c) 轮廓线外边

图 9.4.8 轮廓定位于中点

- 当在 位置(L) 区域中把定位点设置为 ▐━（轮廓定位于起点）时，厚度: 选项中选
  择 ▤（轮廓线内边）、▤（轮廓线两边）、▤（轮廓线外边）三个选项的区别如
  图 9.4.9 所示。

- 当在 位置(L) 区域中把定位点设置为 ━▌（轮廓定位于端点）时，厚度: 选项中选
  择 ▤（轮廓线内边）、▤（轮廓线两边）、▤（轮廓线外边）三个选项的区别如
  图 9.4.10 所示。

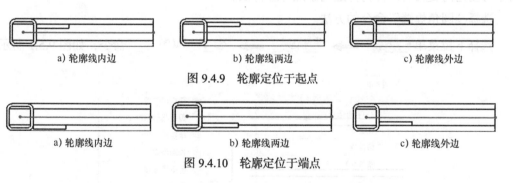

a) 轮廓线内边   b) 轮廓线两边   c) 轮廓线外边

图 9.4.9 轮廓定位于起点

a) 轮廓线内边   b) 轮廓线两边   c) 轮廓线外边

图 9.4.10 轮廓定位于端点

Step4. 定义轮廓。

（1）定义轮廓类型。在 轮廓(P) 区域中选择三角形轮廓 ▱。

（2）定义轮廓参数。在 d1: 文本框中输入轮廓距离值 25；在 d2: 文本框中输入轮廓距离
值 25。

说明：单击"反转轮廓 d1 和 d2 参数"按钮 ↗ 可以交换"轮廓距离 d1"和"轮廓距离
d2"两个参数数值。

（3）定义厚度参数。在 厚度: 选项中单击"两边"按钮 ▤，在 ✑ 文本框中输入角撑
板厚度值 5。

说明： 角撑板的厚度设置方式与肋的设置方式相同。值得注意的是，当在 参数(A) 中设置定位点时，厚度设置方式会随定位点的改变而改变（选中"轮廓定位于中点"按钮 时除外）。

Step5. 定义参数。在 位置(L) 区域中选择"轮廓定位于中点"按钮 。

说明： 假如选中 ☑ 等距(O) 复选框，然后在 文本框中输入一个数值，角撑板就相对于原来位置"等距"一个距离。单击"反转等距方向"按钮 可以反转等距方向。

Step6. 单击对话框中的 按钮，完成"角撑板"的创建。

Step7. 保存焊件模型。选择下拉菜单 文件(F) ➡ 另存为(A)... 命令，并将其命名为 corner_prop up_board_ok。

9.5 圆 角 焊 缝

9.5.1 概述

焊缝就是在交叉的焊件构件之间通过焊接把焊件构件固定在一起的材料。"圆角焊缝"命令可在任何交叉的焊件构件之间添加焊缝特征。

选择"圆角焊缝"命令的方法。

选择下拉菜单 插入(I) ➡ 焊件(W) ➡ 圆角焊缝(B)... 命令，如图 9.5.1 所示。

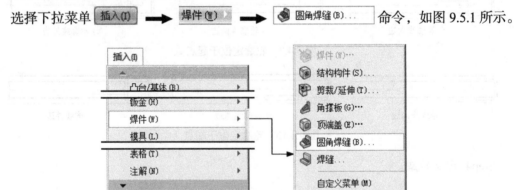

图 9.5.1 下拉菜单的位置

9.5.2 创建圆角焊缝的一般过程

Task1. 创建图 9.5.2b 所示的"全长"圆角焊缝

Step1. 打开文件 D: \sw20.4\work\ch09.05\garden_corner.SLDPRT。

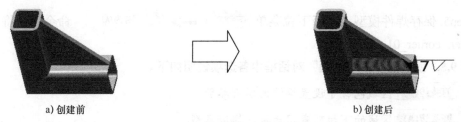

a) 创建前　　　　　　　　　　　　　　　　b) 创建后

图 9.5.2　"全长"圆角焊缝

Step2. 选择命令。选择下拉菜单 插入(I) ➡ 焊件(W) ▶ ➡ 圆角焊缝(B)... 命令。系统弹出图 9.5.3 所示的"圆角焊缝"对话框。

Step3. 定义圆角焊缝各参数。

（1）定义类型。在 箭头边(A) 区域的下拉列表中选择 全长 选项。

（2）定义圆角大小。在 圆角大小: 文本框中输入焊缝圆角值 7，选中 ☑切线延伸(G) 复选框。

（3）定义面组 1。选取图 9.5.4 所示的面 1。

（4）定义面组 2。激活 第二组面: 列表框，选取图 9.5.4 所示的面 2。

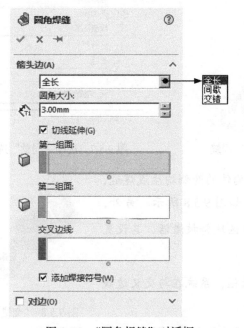

图 9.5.3　"圆角焊缝"对话框

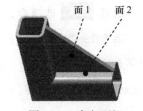

图 9.5.4　定义面组

说明： 当 箭头边(A) 区域选择 全长 或 间歇 选项后，☐对边(O) 区域的"焊缝"类型不能选择 交错 选项；选中 ☑切线延伸(G) 复选框，可在非平面、相切面定义圆角焊缝；定义完面组 1 和面组 2 后，系统自动把它们的交线定义为 交叉边线:。

Step4. 单击对话框中的 ✅ 按钮，完成"全长"圆角焊缝的创建。

Step5. 保存焊件模型。选择下拉菜单 文件(F) ➡ 另存为(A)... 命令，并将其命名为 garden_corner_01_ok。

图 9.5.3 所示的"圆角焊缝"对话框中各选项说明如下。

- 箭头边(A) 区域包含了设置焊缝的所有参数。

- 箭头边(A) 区域的下拉列表用于设置焊缝类型。

  ☑ 全长：将焊缝设置为连续的，如图 9.5.5 所示，当选择该选项后，圆角大小： 文本框用于设置焊缝圆角值。

  ☑ 间歇：将焊缝设置为均匀间断的，如图 9.5.6 所示，当选择该选项后，其下面的参数将发生变化，如图 9.5.7 所示，其中 焊缝长度： 文本框用于设置每个焊缝段的长度；节距： 文本框用于设置每个焊缝起点之间的距离。

图 9.5.5 "全长"焊缝

图 9.5.6 "间歇"焊缝

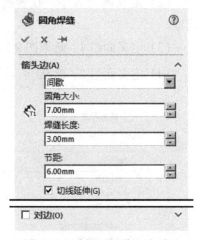

图 9.5.7 选择"间歇"选项后

  ☑ 交错：选择该选项后系统将在构件的两侧均生成焊缝，并且两侧的焊缝为交叉类型，如图 9.5.8 所示。另外，选择 交错 选项后，☐ 对边(O) 区域将被激活，其设置与 箭头边(A) 区域的设置相同。

- ☑ 切线延伸(G) 复选框：选中该复选框，系统在与交叉边线相切的边线生成焊缝。

图 9.5.8 "交错"焊缝

- 第一组面： 列表框：用于显示选取的需要添加焊缝的第一面。单击以激活该列表框后，可在图形区中选取需要添加焊缝的第一面。

- 第二组面： 列表框：用于显示选取的需要添加焊缝的第二面。单击以激活该列表框后，可在图形区中选取需要添加焊缝的第二面。

- 交叉边线： 列表框：用于显示第一面与第二面的交线，该交线为系统自动计算，无须用户选取。

Task2. 创建图 9.5.9b 所示的 "间歇" 圆角焊缝

a) 创建前

b) 创建后

图 9.5.9 "间歇" 圆角焊缝

Step1. 打开 D：\sw20.4\work\ch09.05\garden_corner.SLDPRT 文件。

Step2. 选择命令。选择下拉菜单 插入(I) ➡ 焊件(W) ➡ 🔊 圆角焊缝(B)... 命令，系统弹出图 9.5.3 所示的 "圆角焊缝" 对话框。

Step3. 定义 "圆角焊缝" 各参数。

（1）定义类型。在 箭头边(A) 区域的下拉列表中选择 间歇 选项。

说明：当 箭头边(A) 区域选择 间歇 或 交错 选项后， ☐ 对边(O) 区域定义的焊缝必须与 箭头边(A) 区域定义的焊缝对称。

面 1   面 2

图 9.5.10 定义面组

（2）定义圆角大小。在 🔺 文本框中输入数值 7，选中 ☑ 切线延伸(G) 复选框。

（3）定义焊缝长度。在 焊缝长度: 文本框中输入焊缝长度值 3。

（4）定义节距。在 节距: 文本框中输入焊缝节距值 6。

（5）定义面组 1。选取图 9.5.10 所示的面 1。

（6）定义面组 2。激活 第二组面: 列表框，选取图 9.5.10 所示的面 2。

Step4. 单击对话框中的 ✅ 按钮，完成 "间歇" 圆角焊缝的创建。

Step5. 保存焊件模型。选择下拉菜单 文件(F) ➡ 📄 另存为(A)... 命令，并将其命名为 garden_corner_02_ok。

Task3. 创建图 9.5.11b 所示的 "交错" 圆角焊缝

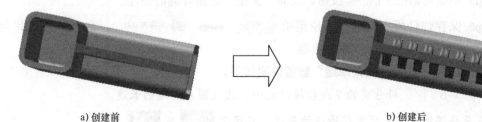
a) 创建前   b) 创建后

图 9.5.11 "交错" 圆角焊缝

Step1. 打开 D：\sw20.4\work\ch09.05\garden_corner.SLDPRT 文件。

Step2. 选择命令。选择下拉菜单 插入(I) ➡ 焊件(W) ➡ 圆角焊缝(B)... 命令，系统弹出图 9.5.3 所示的"圆角焊缝"对话框。

Step3. 定义"圆角焊缝"各参数。

（1）定义类型。在 箭头边(A) 区域的下拉列表中选择 交错 选项。

说明： 当选择 交错 选项后， □ 对边(O) 复选框自动被选中， 圆角大小: 文本框和 焊缝长度: 文本框中默认的参数都与 箭头边(A) 区域的相同。但是，除定义的类型不能修改外， 圆角大小: 文本框和 焊缝长度: 文本框中的数值都能修改。

（2）定义圆角大小。在 箭头边(A) 区域的 文本框中输入数值 4。选中 ☑ 切线延伸(G) 复选框。

（3）定义焊缝长度。在 焊缝长度: 文本框中输入焊缝长度值 3。

（4）定义节距。在 节距: 文本框中输入焊缝节距值 6。

（5）定义面组 1。选取图 9.5.12 所示的面 1。

（6）定义面组 2。激活 第二组面: 列表框，选取图 9.5.12 所示的面 2。

Step4. 定义 ☑ 对边(O) 区域中的"圆角焊缝"各参数。

（1）定义圆角大小。在 文本框中输入数值 4，选中 ☑ 切线延伸(G) 复选框。

（2）定义焊缝长度。在 焊缝长度: 文本框中输入焊缝长度值 3。

（3）定义面组 1。选取图 9.5.12 所示的面 3。

（4）定义面组 2。激活 第二组面: 列表框，选取图 9.5.12 所示的面 2。

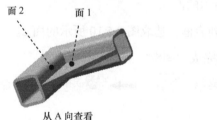
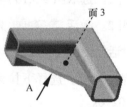

从 A 向查看

图 9.5.12 定义面组

Step5. 单击对话框中的 ✓ 按钮，完成"交错"圆角焊缝的创建。

Step6. 保存焊件模型。选择下拉菜单 文件(F) ➡ 另存为(A)... 命令，并将其命名为 garden_corner_03_ok，保存零件模型。

图 9.5.13 所示的各"圆角焊缝"数值说明如下。

- 7∨ 3-6 "∨"符号前的 7 是指焊缝大小，代表圆角焊缝的长度。
- 3 是指焊缝长度，代表焊缝段的长度，只用于 间歇 或 交错 类型。
- 6 是指焊缝节距，代表一个焊缝起点与下一个焊缝起点之间的距离，只用于 间歇 及 交错 类型。

a)"全长"圆角焊缝

b)"间歇"圆角焊缝

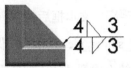
c)"交错"圆角焊缝

图 9.5.13 各"圆角焊缝"数值说明

9.6 子 焊 件

对于一个庞大的焊件，有时会因为某些原因而把它分解成很多独立的小焊件，这些小焊件就是"子焊件"。子焊件可以单独保存，但它与父焊件是相关联的。

下面以图 9.6.1 所示的焊件来说明子焊件的一般创建过程。

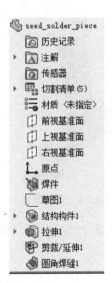

图 9.6.1 焊件模型及设计树

Step1. 打开 D：\sw20.4\work\ch09.06\seed_solder_piece.SLDPRT 文件。

Step2. 展开设计树中的 ▸ ⊞ 切割清单 (5)，如图 9.6.2 所示。

说明：▸ ⊞ 切割清单 (5) 上的"5"是指切割清单里包括 5 个项目。

Step3. 右击 🞷 结构构件1[1]，此时所选的构件高亮显示。在系统弹出的快捷菜单中选择 生成子焊件 (A) 选项，在设计树的 ▸ ⊞ 切割清单 (5) 下面出现 ▸ 📁 子焊件1 (1)，如图 9.6.3 所示。

Step4. 右击 ▸ 📁 子焊件1 (1)，在系统弹出的快捷菜单中选择 插入到新零件... (B) 选项，在系统弹出的"新建 SolidWorks 文件"对话框中单击 确定 按钮，系统弹出"插入到新零件"对话框，然后在绘图区域中选取图 9.6.4 所示实体，单击"插入到新零件"对话

框 文件名称： 文本框后的 ... 按钮，系统弹出"另存为"对话框，在 文件名(N)： 文本框中输入 seed_solder_piece_01，并保存于 D：\sw20.4\work\ch09.06\ok 文件夹中，单击 保存(S) 按钮，系统返回到"插入到新零件"对话框，单击 ✓ 按钮，完成创建。

图 9.6.2　展开"切割清单"　　　　　　　　　图 9.6.3　子焊件 1

Step5. 用同样的方法为设计树中的 拉伸1 和 剪裁/延伸1 创建子焊件，并单独保存。子焊件在设计树中的显示如图 9.6.5 所示。

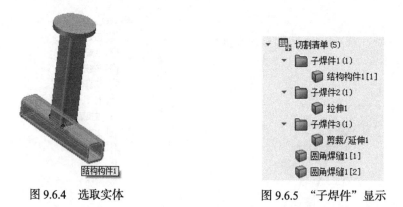

图 9.6.4　选取实体　　　　　　　　　图 9.6.5　"子焊件"显示

说明：要选取多个选项时，只需按住 Ctrl 键的同时分别单击要选取的项目即可。

9.7　焊件工程图

焊件工程图的制作与其他工程图的制作一样，只不过焊件工程图中可以给独立的实体添加视图和添加切割清单表格。

9.7.1　添加独立实体视图

下面以图 9.7.1 所示的焊件来讲述独立实体视图的一般创建过程。
Step1. 打开文件 D：\sw20.4\work\ch09.07\engineering_chart.SLDPRT。
Step2. 创建前的设置。

（1）选择命令。选择下拉菜单 工具(T) ➡ ⚙ 选项(P)... 命令。

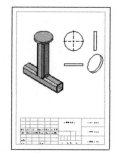

图 9.7.1 焊件模型、工程图及设计树

（2）在系统弹出的"系统选项（S）–普通"对话框的 系统选项(S) 选项卡中单击 工程图 中的 显示类型 选项，在 相切边线 区域中选中 ⊙ 使用线型(U) 单选项。单击 确定 按钮，完成创建前的设置。

Step3. 新建工程图文件。

（1）选择下拉菜单 文件(F) ➡ 新建 (N)... 命令，系统弹出"新建 SOLIDWORKS 文件"对话框（一）。

（2）在"新建 SOLIDWORKS 文件"对话框（一）中单击 高级 按钮，系统弹出 "新建 SOLIDWORKS 文件"对话框（二）。

（3）在"新建 SOLIDWORKS 文件"对话框（二）中选择"模板"，以选择创建工程图文件，单击 确定 按钮，完成工程图的创建。

Step4. 创建相对视图。

（1）选取模型。单击"模型视图"对话框中的 ⊕ 按钮，默认选取 engineering_chart 模型。

说明：可选择下拉菜单 插入(I) ➡ 工程图视图 (V) ▸ ➡ ⑤ 模型(M)... 命令，进入 "模型视图"对话框。

（2）创建一个"等轴测"视图，单击"带边上色"按钮 🔲，在图样上的显示如图 9.7.2 所示。

（3）把比例设为 1：1，在工程图纸上选取理想的位置单击。

Step5. 创建独立实体视图。

（1）选择命令。选择下拉菜单 插入(I) ➡ 工程图视图 (V) ▸ ➡ ⑤ 相对于模型(R) 命令，系统自动切换到零件窗口，切换后屏幕的左侧出现图 9.7.3 所示的"相对视图"对话框。

（2）定义视图参数。

① 选取实体。在"相对视图"对话框的 范围(S) 区域中选中 ⊙ 所选实体 单选项，选取图 9.7.4 所示的实体 1。

② 定义方向。在 方向(O) 区域的 第一方向: 下拉列表中选择 前视 选项，并选取图 9.7.4 所示的面 1；在 第二方向: 的下拉列表中选择 右视 选项，并选取图 9.7.4 所示的面 2。

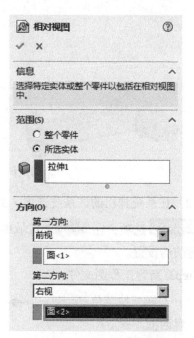

图 9.7.3 "相对视图"对话框

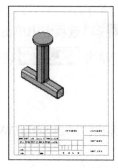

图 9.7.2 工程图

③单击 ✓ 按钮，完成"相对视图"的定义，系统自动切换到"工程图"对话框。

（3）定义工程图中的"相对视图"对话框。

①在工程图纸上选取理想的位置单击，零件的前视图就出现在工程图中。

②定义显示样式。在 **显示样式(D)** 区域中单击"消除隐藏线"按钮 ▢。

③定义缩放比例。在 **比例(S)** 区域选中 ⊙ 使用自定义比例(C) 单选项，在下拉列表中选择 **1:1** 选项，如图 9.7.5 所示。

图 9.7.4 焊件模型

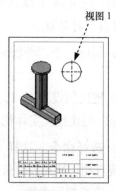

图 9.7.5 工程图

Step6. 定义"投影视图"。

（1）选择命令。选择下拉菜单 插入(I) ➡ 工程图视图(V) ➡ 投影视图(P) 命令。

（2）定义投影视图。选取图 9.7.5 所示工程图的视图 1，并创建图 9.7.6 所示的投影视图。

Step7. 保存焊件模型。选择下拉菜单 文件(F) ➡ 另存为(A)... 命令，并将其命名为 engineering_chart_ok，保存工程图文件。

9.7.2　添加切割清单表

下面以添加独立视图的创建过程来讲解添加切割清单的一般过程。

Step1. 打开文件 D:\sw20.4\work\ch09.07\engineering_chart_ok.SLDDRW。

Step2. 添加前的设置。

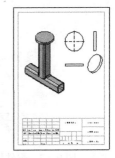

图 9.7.6　投影视图

（1）选择命令。选择下拉菜单 工具(T) ➡ ⚙ 选项(P)... 命令。

（2）在系统弹出的"系统选项（S）- 普通"对话框的 文档属性(D) 选项卡中单击 表格 选项，在对话框中单击 字体(F)... 按钮，在系统弹出的"选择字体"对话框中选择 宋体 选项。

（3）单击 确定 按钮，完成创建前的设置。

Step3. 添加切割清单表。

（1）选择命令。选择下拉菜单 插入(I) ➡ 表格 (A) ▸ ➡ 🔳 焊件切割清单 (W)... 命令，系统弹出图 9.7.7 所示的"信息"对话框。

（2）指定模型。选取图 9.7.8 所示的模型，系统弹出图 9.7.9 所示的"焊件切割清单"对话框。

（3）定义"焊件切割清单"对话框各选项。接受系统默认的设置，在"焊件切割清单"对话框中单击 ✓ 按钮，把"焊件切割清单"表格放到合适的位置，如图 9.7.10 所示。

Step4. 选取表格的第一列，系统弹出图 9.7.11 所示的"列"对话框，在 列属性(C) 区域中选中 ⊙ 项目号(I) ， 标题(E): 文本框的内容自动变成"项目号"。

Step5. 采用相同的方法将第二列设置为数量。

Step6. 选取表格的第三列，系统弹出"列"对话框，在 标题(E): 文本框中输入"说明"。

Step7. 选取表格的第四列，系统弹出"列"对话框，在 标题(E): 文本框中输入"长度"。

Step8. 在表格中添加一列。右击"说明"列，在系统弹出的快捷菜单中选择 插入 ▸ ➡ 左列 (B) 命令，系统弹出"插入左列"对话框。

Step9. 定义"插入左列"对话框中各选项。

（1）在 列属性(C) 区域中选中 ⊙ 切割清单项目属性(L) 单选项。

（2）在 自定义属性(M): 的下拉列表中选择 材质 选项， 标题(E): 文本框的内容自动变成 材质 。

（3）单击 ✓ 按钮，完成"插入左列"的设置。

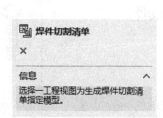

图 9.7.7　焊件切割清单的"信息"对话框

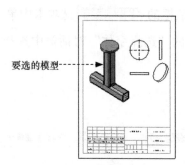

图 9.7.8　选取模型

图 9.7.9　"焊件切割清单"对话框

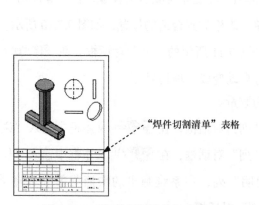

图 9.7.10　"焊件切割清单"表格

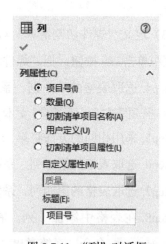

图 9.7.11　"列"对话框

说明： 标题(E): 文本框中的内容可以自定义。在 自定义属性(M): 下拉列表中选取任何一个选项，在"切割清单列表"的"插入列"中都会出现相应的已经定义的"焊件切割清单"属性（图 9.7.12）。

当需要改变行高和列宽时，有以下两种方法。

● 右击"切割清单列表"单元格，从系统弹出的快捷菜单中选择 格式化 ▶ 中的"行高度""列宽""整个表"等选项，在系统弹出的对话框中输入适当的数值，单击 ██ 确定 ██ 按钮。

● 把光标放在"切割清单列表"单元格边线上，通过按住左键拖动边线来改变行高和列宽。

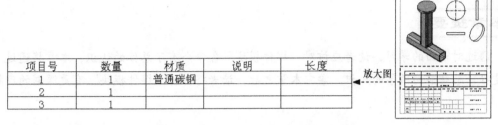

项目号	数量	材质	说明	长度
1	1	普通碳钢		
2	1			
3	1			

图 9.7.12　插入"焊件切割清单"属性

Step10. 至此，焊件工程图创建完毕。选择下拉菜单 文件(F) ➡ ██ 另存为(A)... 命令，将模型命名为 engineering_chart_incise_01_ok，保存零件模型。

第 10 章　焊件设计综合实例

┌────────────┐
本章提要
└────────────┘

　　通过对前面的学习，读者应该对"焊件模块"各命令有了总体的认识，本章将通过实例来复习、总结前面所学的知识。学完本章之后，读者将会对"焊件模块"有更深刻的理解。

10.1　实例 1——书桌

实例概述

　　本实例介绍了书桌的创建过程，在创建过程中重复运用了"结构构件""剪裁 / 延伸""角撑板""顶端盖""圆角焊缝""凸台 – 拉伸"等命令。值得注意的是，整个桌子框架草图的设计都在一个 3D 草图中建立，既简单又快捷，值得借鉴和学习。具体模型及设计树如图 10.1.1 所示。

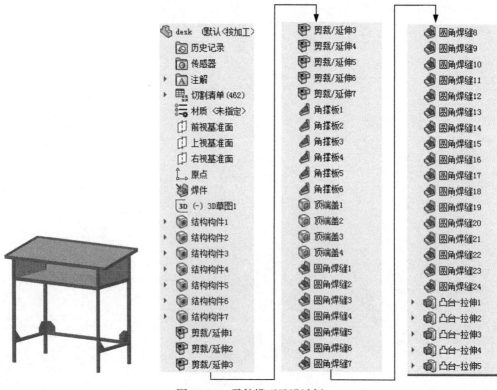

图 10.1.1　零件模型及设计树

Step1. 新建模型文件。选择下拉菜单 文件(F) ➡ 🗋 新建 (N)... 命令，在系统弹出的 "新建 SOLIDWORKS 文件" 对话框中选择 "零件" 模块，单击 确定 按钮，进入建模环境。

Step2. 用 3D 草图创建框架草图。选择下拉菜单 插入(I) ➡ 🔳 3D 3D 草图(3) 命令，或在工具栏中单击 "编辑 3D 草图" 按钮 🔳；正视于上视基准面绘制草图；在草绘环境中绘制图 10.1.2 所示的矩形，约束边线 3 沿 *X* 方向，约束边线 2 沿 *Z* 方向；单击图 10.1.2 所示的边线 1，在系统弹出的 "线条属性" 对话框的 选项(O) 区域选中 ☑ 作为构造线(C) 复选框，用同样的方法把边线 2、边线 3、边线 4 变成构造线，如图 10.1.3 所示；在构造线的四个顶点上创建图 10.1.4 所示的四条直线；创建图 10.1.5 所示的三条直线；创建图 10.1.6 所示的四条直线；创建图 10.1.7 所示的四条直线；单击 ↩ 按钮，完成 3D 草图的绘制。

说明： 构造线可以通过在 "线条属性" 对话框的 选项(O) 区域中取消选中 ☐ 作为构造线(C) 复选框而变成实线。

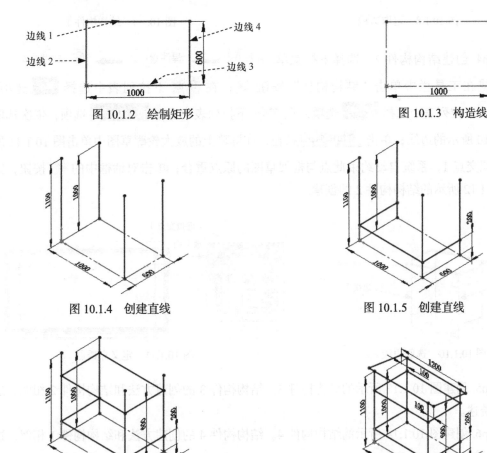

图 10.1.2　绘制矩形　　　　　　　　图 10.1.3　构造线

图 10.1.4　创建直线　　　　　　　　图 10.1.5　创建直线

图 10.1.6　创建直线　　　　　　　　图 10.1.7　创建直线

Step3. 创建结构构件 1。选择下拉菜单 插入(I) ➡ 焊件(W) ➡ 结构构件(S)... 命令，或在工具栏中单击"结构构件"按钮 ；在 标准: 下拉列表中选择 iso 选项，在 Type: 下拉列表中选择 角铁 选项，在 大小: 下拉列表中选择 35×35×5 选项；依次选取图 10.1.8 所示的边线；单击对话框中的 按钮，完成结构构件 1 的创建，如图 10.1.9 所示（注：具体参数和操作参见随书学习资源）。

说明： 此处的旋转角度随草图中直线的绘制顺序有所不同，读者可根据实际情况输入角度值，得到图 10.1.9 所示的结果即可。

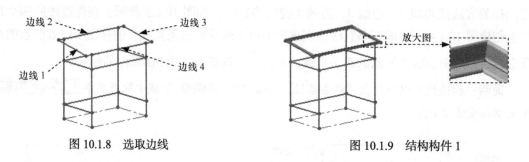

图 10.1.8　选取边线　　　　　　　　　图 10.1.9　结构构件 1

Step4. 创建结构构件 2。选择下拉菜单 插入(I) ➡ 焊件(W) ➡ 结构构件(S)... 命令，或在工具栏中单击"结构构件"按钮 ；在 标准: 下拉列表中选择 iso 选项，在 Type: 下拉列表中选择 方形管 选项，在 大小: 下拉列表中选择 30×30×2.6 选项；依次选取图 10.1.10 所示的边线；单击 找出轮廓(L) 按钮，在屏幕上的放大轮廓草图中单击图 10.1.11 所示的虚拟交点 1，系统自动约束此点与框架草图的原点重合；单击对话框中的 按钮，完成图 10.1.12 所示的结构构件 2 的创建。

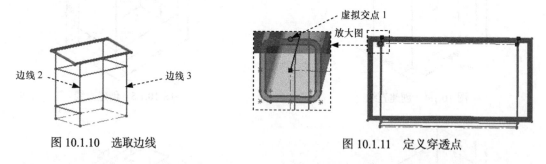

图 10.1.10　选取边线　　　　　　　　　图 10.1.11　定义穿透点

Step5. 创建图 10.1.13 所示的结构构件 3。结构构件 3 的创建方法和结构构件 2 相似，这里不再赘述。

Step6. 创建图 10.1.14 所示的结构构件 4。结构构件 4 的创建方法和结构构件 1 相似，这里不再赘述。

Step7. 创建图 10.1.15 所示的结构构件 5。结构构件 5 的创建方法和结构构件 2 相似，这里不再赘述。

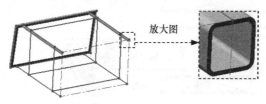

放大图

图 10.1.12　结构构件 2

图 10.1.13　结构构件 3

图 10.1.14　结构构件 4

图 10.1.15　结构构件 5

Step8. 创建图 10.1.16 所示的结构构件 6。结构构件 6 的创建方法和结构构件 2 相似，这里不再赘述。

Step9. 创建图 10.1.17 所示的结构构件 7。结构构件 7 的创建方法和结构构件 2 相似，这里不再赘述。

图 10.1.16　结构构件 6

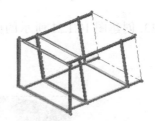

图 10.1.17　结构构件 7

Step10. 创建剪裁 / 延伸 1。选择下拉菜单 插入(I) —— 焊件(W) —— 剪裁/延伸(T)... 命令，或在工具栏中单击"剪裁 / 延伸"按钮 ；在 边角类型 区域中单击"终端剪裁"按钮 ；选取图 10.1.18 所示的实体 1 和实体 2；在 剪裁边界 区域中选中 ⊙ 面/平面(F) 单选项，选取图 10.1.18 所示的剪裁面；选中 ☑ 预览(P) 复选框和 ☑ 允许延伸(A) 复选框；将图 10.1.18 所示的实体 1 和实体 2 设置为要保留的实体；单击对话框中的 按钮，完成剪裁 / 延伸 1 的创建，如图 10.1.18b 所示。

Step11. 创建图 10.1.19 所示的剪裁 / 延伸 2。剪裁 / 延伸 2 的创建方法与剪裁 / 延伸 1 相似，具体操作方法参见 Step10。

Step12. 创建图 10.1.20 所示的剪裁 / 延伸 3。剪裁 / 延伸 3 的创建方法与剪裁 / 延伸 1 相似。

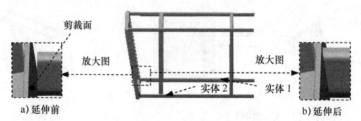

图 10.1.18　剪裁 / 延伸 1

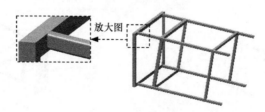

图 10.1.19　剪裁 / 延伸 2

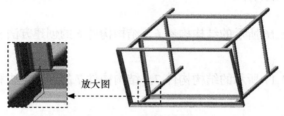

图 10.1.20　剪裁 / 延伸 3

Step13. 创建图 10.1.21 所示的剪裁 / 延伸 4。剪裁 / 延伸 4 的创建方法与剪裁 / 延伸 1 相似。

图 10.1.21　剪裁 / 延伸 4

Step14. 创建图 10.1.22 所示的剪裁 / 延伸 5。剪裁 / 延伸 5 的创建方法与剪裁 / 延伸 1 相似。

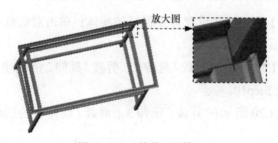

图 10.1.22　剪裁 / 延伸 5

Step15. 创建图 10.1.23 所示的剪裁 / 延伸 6。剪裁 / 延伸 6 的创建方法与剪裁 / 延伸 1 相似。

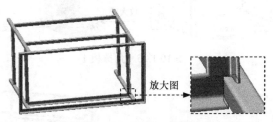

图 10.1.23　剪裁 / 延伸 6

Step16. 创建剪裁 / 延伸 7。选择下拉菜单 插入(I) → 焊件 (W) → 剪裁/延伸(T)… 命令，或在工具栏中单击"剪裁 / 延伸"按钮；在 边角类型 区域中单击"终端剪裁"按钮；选取图 10.1.24 所示的实体 1、实体 5、实体 7；在 剪裁边界 区域中选中 实体(B) 单选项，选取图 10.1.24 所示的实体 2、实体 3、实体 4、实体 6，选中 预览(P) 复选框和 允许延伸(A) 复选框，在 剪裁边界 区域中单击"实体之间的封顶切除"按钮；单击对话框中的 按钮，完成剪裁 / 延伸 7 的创建，如图 10.1.24 所示。

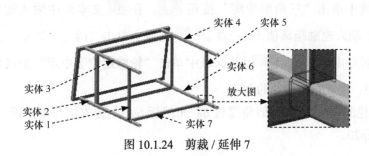

图 10.1.24　剪裁 / 延伸 7

Step17. 创建角撑板 1。选择下拉菜单 插入(I) → 焊件 (W) → 角撑板(G)… 命令，或在工具栏中单击"角撑板"按钮；选取图 10.1.25 所示的支撑面 1 和支撑面 2；在 轮廓(P) 区域中单击"多边形轮廓"按钮，在 d1: 文本框中输入轮廓距离值 100，在 d2: 文本框中输入轮廓距离值 100；在 d3: 文本框中输入轮廓距离值 50，在 a1: 文本框中输入轮廓角度值 45；在 厚度: 区域中单击"两边"按钮，在 文本框中输入角撑板厚度值 5；在 位置(L) 区域中单击"轮廓定位于中点"按钮；单击对话框中的 按钮，完成角撑板 1 的创建。

Step18. 创建图 10.1.26 所示的角撑板 2。角撑板 2 的创建方法与角撑板 1 相似，具体操作方法参见 Step17。

Step19. 创建图 10.1.27 所示的角撑板 3、角撑板 4。角撑板 3、角撑板 4 的创建方法与角撑板 1 相似。

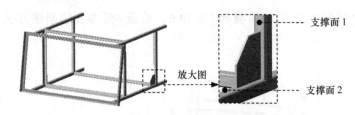

图 10.1.25　角撑板 1

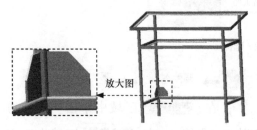

图 10.1.26　角撑板 2

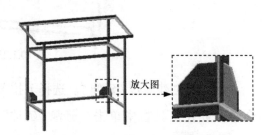

图 10.1.27　角撑板 3、角撑板 4

Step20. 创建角撑板 5。选择下拉菜单 插入(I) ➡ 焊件(W) ➡ 角撑板(G)… 命令，或在工具栏中单击"角撑板"按钮 ；选取图 10.1.28 所示的支撑面 1 和支撑面 2；在 轮廓(P) 区域中单击"三角形轮廓"按钮 ，在 d1: 文本框中输入轮廓距离值 100，在 d2: 文本框中输入轮廓距离值 100；在 厚度: 区域中单击"两边"按钮 ，在 文本框中输入角撑板厚度值 5；在 位置(L) 区域中单击"轮廓定位于中点"按钮 ；单击对话框中的 按钮，完成角撑板 5 的创建。

Step21. 创建图 10.1.29 所示的角撑板 6。角撑板 6 的创建方法与角撑板 5 相似，具体操作方法参见 Step20。

图 10.1.28　角撑板 5

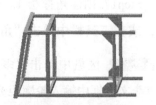

图 10.1.29　角撑板 6

Step22. 创建图 10.1.30 所示的顶端盖 1。选择下拉菜单 插入(I) ➡ 焊件(W) ➡ 顶端盖 (E)… 命令，或在工具栏中单击"顶端盖"按钮 ；选取图 10.1.31 所示的顶面，在 文本框中输入厚度值 5；在 等距(O) 区域中选中 厚度比率 复选框，在 文本框中输入厚度比例值 0.5，选中 边角处理(N) 区域中的 倒角 单选项，在 文本框中输入倒角距离值 1；单击对话框中的 按钮，完成顶端盖 1 的创建。

图 10.1.30　顶端盖 1

图 10.1.31　定义顶面

Step23. 创建图 10.1.32 所示的顶端盖 2。顶端盖 2 的创建方法与顶端盖 1 相似，具体操作方法参见 Step22。

Step24. 创建图 10.1.33 所示的顶端盖 3。顶端盖 3 的创建方法与顶端盖 1 相似。

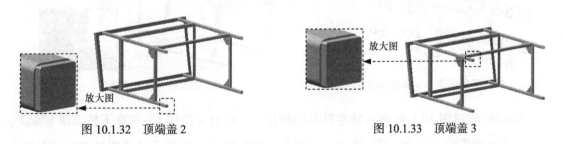

图 10.1.32　顶端盖 2　　　　　　　　　　　　　　图 10.1.33　顶端盖 3

Step25. 创建图 10.1.34 所示的顶端盖 4。顶端盖 4 的创建方法与顶端盖 1 相似。

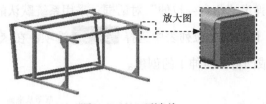

图 10.1.34　顶端盖 4

Step26. 创建圆角焊缝1。选择下拉菜单 插入(I) —▶ 焊件(W) ▶ 🗔 圆角焊缝(B)... 命令；在 箭头边(A) 区域的下拉列表中选择 间歇 选项，在 🖾 文本框中输入焊缝大小值 3，在 焊缝长度: 文本框中输入焊缝长度值 3，在 节距: 文本框中输入焊缝节距值 6，选中 ☑ 切线延伸(G) 复选框，选取图 10.1.35 所示的面 1 以及面 1 相对的面为面组 1，选取图 10.1.35 所示的面 2、面 3 为面组 2；单击对话框中的 ✅ 按钮，完成圆角焊缝 1 的创建。

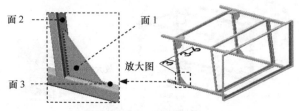

图 10.1.35　圆角焊缝 1

Step27. 创建图 10.1.36 所示的圆角焊缝 2、圆角焊缝 3、圆角焊缝 4、圆角焊缝 5、圆角焊缝 6。创建方法与圆角焊缝 1 的创建方法相似，具体操作方法参见 Step26。

Step28. 创建圆角焊缝 7。选择下拉菜单 插入(I) ➡ 焊件(W) ➡ 圆角焊缝(B)... 命令；在 箭头边(A) 区域的下拉列表中选择 全长 选项，在 文本框中输入数值 3，选中 ☑ 切线延伸(G) 复选框，选取图 10.1.37 所示的面 1，选取图 10.1.37 所示的面 2 及面 2 对面的平面；单击对话框中的 按钮，完成圆角焊缝 7 的创建。

Step29. 用 Step28 的方法依次创建剩下的所有交叉的焊件之间的焊缝。

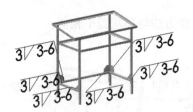

图 10.1.36　圆角焊缝 2 ~ 圆角焊缝 6

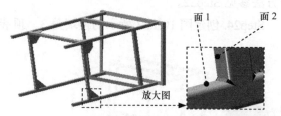

图 10.1.37　圆角焊缝 7

Step30. 创建图 10.1.38 所示的零件基础特征——凸台 – 拉伸 1。选择下拉菜单 插入(I) ➡ 凸台/基体(B) ➡ 拉伸(E)... 命令；选取图 10.1.39 所示的草图基准面，在草绘环境中绘制图 10.1.39 所示的横断面草图，选择下拉菜单 插入(I) ➡ 退出草图 命令，退出草绘环境，此时系统弹出"凸台 – 拉伸"对话框；采用系统默认的深度方向，在"凸台 – 拉伸"对话框 方向1(1) 区域的下拉列表中选择 给定深度 选项，在 文本框中输入深度值 10；单击 按钮，完成凸台 – 拉伸 1 的创建。

图 10.1.38　凸台 – 拉伸 1

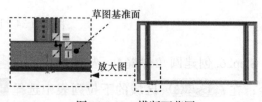

图 10.1.39　横断面草图

Step31. 添加材质。在设计树的 凸台-拉伸1 上右击，在系统弹出的快捷菜单中选择 ➡ Body 命令，在屏幕右侧弹出的"外观、布景和贴图"对话框中的"外观"树中选择 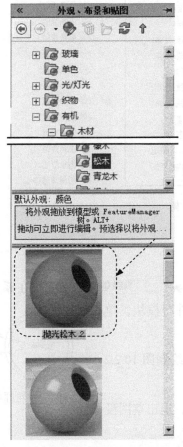 选项（图 10.1.40），然后在"预览"对话框中选中"抛光松木 2"材质图标（图 10.1.40），在 ⟨抛光松木 2　　　　　　　　⟩ 对话框中单击 ✓ 按钮，完成材质的设置。

Step32. 创建图 10.1.41 所示的凸台 – 拉伸特征 2、凸台 – 拉伸特征 3、凸台 – 拉伸特征 4、凸台 – 拉伸特征 5。创建方法与创建凸台 – 拉伸 1 的方法相同。

图 10.1.40　"外观、布景和贴图"对话框　　　　图 10.1.41　凸台 – 拉伸特征 2 ~ 凸台 – 拉伸特征 5

Step33. 至此，零件模型创建完毕。选择下拉菜单 ⟨文件(F)⟩ ➡ ⟨保存(S)⟩ 命令，将模型命名为 desk，保存零件模型。

10.2　实例 2——自行车三角架

实例概述

本实例不但运用了焊件的"结构构件""剪裁 / 延伸""圆角焊缝"命令，还综合运用了一些基本命令，如"放样""切除 – 拉伸""镜像"等命令，其中还涉及焊件轮廓的自定义。

特别强调的是，本实例综合运用了 2D 和 3D 草图，此方法值得借鉴。具体模型及设计树如图 10.2.1 所示。

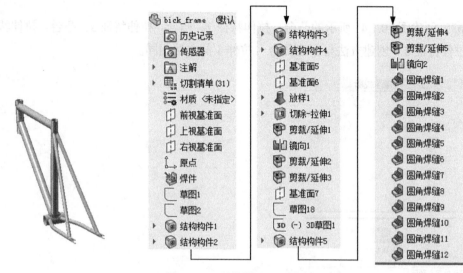

图 10.2.1　零件模型及设计树

Task1. 创建结构构件轮廓 1

Step1. 新建模型文件。选择下拉菜单 文件(F) ➡ 新建(N)... 命令，在系统弹出的"新建 SOLIDWORKS 文件"对话框中选择"零件"模块，单击 确定 按钮，进入建模环境。

Step2. 创建草图。选取前视基准面为草图基准面，绘制图 10.2.2 所示的轮廓草图 1。

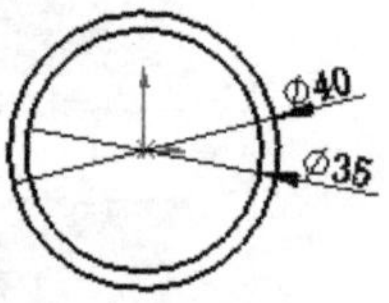

Step3. 选择下拉菜单 插入(I) ➡ 退出草图 命令，退出草图设计环境。

图 10.2.2　轮廓草图 1

Step4. 保存构件轮廓。在设计树中选中 草图1；选择下拉菜单 文件(F) ➡ 保存(S) 命令，在 保存类型(T): 下拉列表中选择 Lib Feat Part (*.sldlfp) 选项；在 文件名(N): 文本框中将草图命名为 40×35；把文件保存于 SolidWorks 安装目录 \Solidworks\lang\chinese-simplified\weldment profiles\user\cylinder 文件夹中。

Task2. 创建结构构件轮廓 2

Step1. 新建模型文件。选择下拉菜单 文件(F) ➡ 新建(N)... 命令，在系统弹出的"新建 SOLIDWORKS 文件"对话框中选择"零件"模块，单击 确定 按钮，进入建模环境。

Step2. 创建草图。选取前视基准面为草图基准面，绘制图 10.2.3 所示的轮廓草图 2。

Step3. 选择下拉菜单 插入(I) ➡️ 退出草图 命令，退出草图设计环境。

Step4. 保存构件轮廓。在设计树中选择 草图1；选择下拉菜单 文件(F) ➡️ 保存(S) 命令，在 保存类型(T): 下拉列表中选择 Lib Feat Part (*.sldlfp) 选项，在 文件名(N): 文本框中将草图命名为 30×25；把文件保存于 SolidWorks 安装目录 \Solidworks\lang\chinese-simplified\weldment profiles\user\cylinder 文件夹中。

Task3. 创建结构构件轮廓 3

Step1. 新建模型文件。选择下拉菜单 文件(F) ➡️ 新建(N)... 命令，在系统弹出的 "新建 SOLIDWORKS 文件" 对话框中选择 "零件" 模块，单击 确定 按钮，进入建模环境。

Step2. 创建草图。选取前视基准面为草图基准面，绘制图 10.2.4 所示的轮廓草图 3。

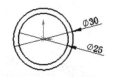

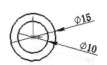

图 10.2.3　轮廓草图 2　　　　　　　　图 10.2.4　轮廓草图 3

Step3. 选择下拉菜单 插入(I) ➡️ 退出草图 命令，退出草图设计环境。

Step4. 保存构件轮廓。在设计树中选择 草图1；选择下拉菜单 文件(F) ➡️ 保存(S) 命令，在 保存类型(T): 下拉列表中选择 Lib Feat Part (*.sldlfp) 选项，在 文件名(N): 文本框中将草图命名为 15×10；把文件保存于 SolidWorks 安装目录 \Solidworks\lang\chinese-simplified\weldment profiles\user\cylinder 文件夹中。

Task4. 创建主体零件模型

Step1. 新建模型文件。选择下拉菜单 文件(F) ➡️ 新建(N)... 命令，在系统弹出的 "新建 SOLIDWORKS 文件" 对话框中选择 "零件" 模块，单击 确定 按钮，进入建模环境。

Step2. 创建框架草图 1。选择下拉菜单 插入(I) ➡️ 草图绘制 命令；选取前视基准面为草图基准面；在草绘环境中绘制图 10.2.5 所示的 2D 草图 1；选择下拉菜单 插入(I) ➡️ 退出草图 命令，退出草图设计环境。

Step3. 创建框架草图 2。选择下拉菜单 插入(I) ➡️ 草图绘制 命令；选取上视基准面为草图基准面；在草绘环境中绘制图 10.2.6 所示的 2D 草图 2；选择下拉菜单 插入(I) ➡️ 退出草图 命令，退出草图设计环境。

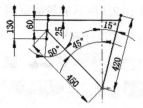

图 10.2.5　2D 草图 1

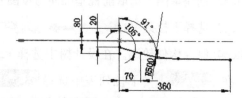

图 10.2.6　2D 草图 2

Step4. 创建结构构件 1。

（1）选择命令。选择下拉菜单 插入(I) → 焊件(W) → 结构构件(S)... 命令，或在工具栏中单击"结构构件"按钮 。

（2）定义各选项。在 标准: 下拉列表中选择 user 选项，在 Type: 下拉列表中选择 cylinder 选项，在 大小: 下拉列表中选择 40x35 选项，选取图 10.2.7 所示的边线 1。

（3）单击对话框中的 按钮，完成结构构件 1 的创建，如图 10.2.8 所示。

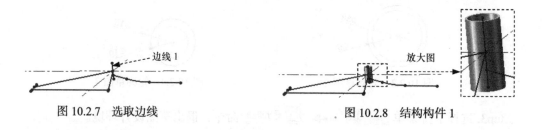

图 10.2.7　选取边线　　　　　　　　　　图 10.2.8　结构构件 1

Step5. 创建结构构件 2。选择下拉菜单 插入(I) → 焊件(W) → 结构构件(S)... 命令，或在工具栏中单击"结构构件"按钮 ；在 标准: 下拉列表中选择 user 选项，在 Type: 下拉列表中选择 cylinder 选项，在 大小: 下拉列表中选择 30x25 选项；选取图 10.2.9 所示的边线 1 作为 组1 的路径线段，然后单击 新组(N) 按钮，新建一个 组2，然后选取图 10.2.9 所示的边线 2 和边线 3 作为 组2 的路径线段；在 设定 区域中选中 ☑应用边角处理(C) 复选框之后单击"终端斜接"按钮 ；单击对话框中的 按钮，完成结构构件 2 的创建，如图 10.2.10 所示。

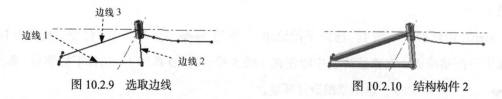

图 10.2.9　选取边线　　　　　　　　　　图 10.2.10　结构构件 2

Step6. 创建图 10.2.11 所示的结构构件 3。结构构件 3 的创建方法与结构构件 2 相似，这里不再赘述。

Step7. 创建结构构件 4。选择下拉菜单 插入(I) → 焊件(W) → 结构构件(S)...

命令，或在工具栏中单击"结构构件"按钮 ⬚ ；在 标准: 下拉列表中选择 user 选项，在 Type: 下拉列表中选择 cylinder 选项，在 大小: 下拉列表中选择 15x10 选项；依次选取图 10.2.12 所示的边线 1、边线 2 和边线 3；单击对话框中的 ✔ 按钮，完成图 10.2.13 所示的结构构件 4 的创建。

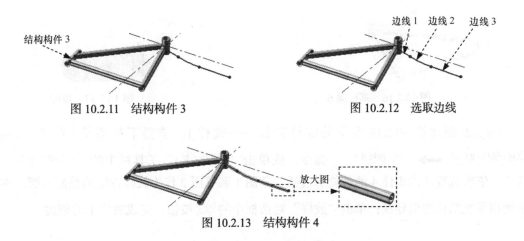

图 10.2.11　结构构件 3　　　　　　　　图 10.2.12　选取边线

图 10.2.13　结构构件 4

Step8. 创建图 10.2.14 所示的基准面 5（前文隐去基准面 1~ 基准面 4）。选择下拉菜单 插入(I) ➡ 参考几何体(G) ➡ ▦ 基准面(P)... 命令，系统弹出"基准面"对话框；选取图 10.2.14 所示的表面为参考平面（注：具体参数和操作参见随书学习资源）。

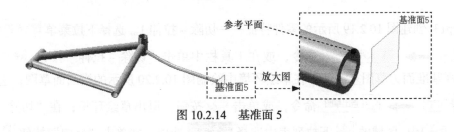

图 10.2.14　基准面 5

Step9. 创建图 10.2.15 所示的草图 1。选择下拉菜单 插入(I) ➡ ▭ 草图绘制 命令；选取基准面 5 作为草图基准面，在草绘环境中绘制图 10.2.15 所示的草图；选择下拉菜单 插入(I) ➡ ▭ 退出草图 命令，退出草图设计环境。

图 10.2.15　草图 1

Step10. 创建图 10.2.16 所示的基准面 6。选择下拉菜单 插入(I) ➡ 参考几何体(G) ➡ ▦ 基准面(P)... 命令，系统弹出"基准面"对话框；选取基准面 5 为参考平面，在

⊞ 文本框中输入数值 40；单击 ✅ 按钮，完成基准面 6 的创建。

Step11. 创建图 10.2.17 所示的草图 2。选择下拉菜单 插入(I) ➡ ⊞ 草图绘制 命令；选取基准面 6 作为草图基准面，在草绘环境中绘制图 10.2.17 所示的草图；选择下拉菜单 插入(I) ➡ ⊡ 退出草图 命令，退出草图设计环境。

图 10.2.16　基准面 6　　　　　　　　　　　图 10.2.17　草图 2

Step12. 创建图 10.2.18 所示的零件特征——放样 1。选择下拉菜单 插入(I) ➡ 凸台/基体(B) ➡ 🝰 放样(L)... 命令，或单击"特征（F）"工具栏中的 🝰 放样凸台/基体 按钮；依次选取结构构件 4 的外轮廓边线、草图 1 和草图 2 作为放样特征的截面轮廓；本例中使用系统默认的引导线；单击"放样"对话框中的 ✅ 按钮，完成放样 1 的创建。

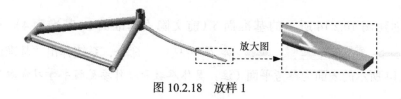

图 10.2.18　放样 1

Step13. 创建图 10.2.19 所示的零件特征——切除 – 拉伸 1。选择下拉菜单 插入(I) ➡ 切除(C) ➡ 🝰 拉伸(E)... 命令，或在工具栏中单击"切除 – 拉伸"按钮 🝰 拉伸切除 ；选取前视基准面为草图基准面，在草绘环境中绘制图 10.2.20 所示的横断面草图；选择下拉菜单 插入(I) ➡ ⊡ 退出草图 命令，或单击 ↳ 按钮，退出草绘环境；在"切除 – 拉伸"对话框 方向1(1) 区域的 ↗ 下拉列表中选择 完全贯穿 选项，并单击"反向"按钮 ↗；单击对话框中的 ✅ 按钮，完成切除 – 拉伸 1 的创建。

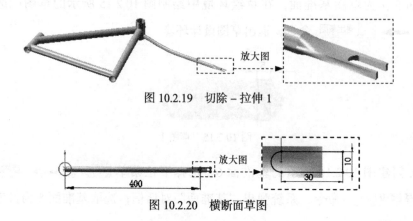

图 10.2.19　切除 – 拉伸 1

图 10.2.20　横断面草图

Step14. 创建图 10.2.21 所示的剪裁 / 延伸 1。选择下拉菜单 插入(I) ➡ 焊件(W) ➡
剪裁/延伸(T)... 命令，或在工具栏中单击"剪裁 / 延伸"按钮 ；在 边角类型 区域中单
击"终端剪裁"按钮 ，选取图 10.2.21 所示的实体 1；在 剪裁边界 区域中选中 ⊙ 实体(B) 单
选项，选取图 10.2.21 所示的实体 2；选中 ☑ 预览(P) 复选框和 ☑ 允许延伸(A) 复选框；单击对
话框中的 按钮，完成剪裁 / 延伸 1 的创建，如图 10.2.21 所示。

图 10.2.21　剪裁 / 延伸 1

Step15. 创建图 10.2.22b 所示的零件特征——镜像 1。选择下拉菜单 插入(I) ➡
阵列/镜向(E) ➡ 镜向(M)... 命令；选取前视基准面作为镜像基准面，选取图 10.2.22a 所
示的实体作为要镜像的实体，在 选项(O) 区域中选中 ☑ 延伸视象属性(P) 复选框；单击 按
钮，完成镜像 1 的创建。

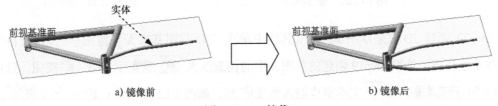

a) 镜像前　　　　　　　　　　　　　b) 镜像后

图 10.2.22　镜像 1

Step16. 创建图 10.2.23 所示的剪裁 / 延伸 2。剪裁 / 延伸 2 的创建方法与剪裁 / 延伸 1 相
似，具体操作方法参见 Step14。

图 10.2.23　剪裁 / 延伸 2

Step17. 创建图 10.2.24 所示的剪裁 / 延伸 3。剪裁 / 延伸 3 的创建方法与剪裁 / 延伸 1 相
似，这里不再赘述。

Step18. 创建图 10.2.25 所示的基准面 7。选择下拉菜单 插入(I) ➡ 参考几何体(G)
➡ 基准面(P)... 命令，系统弹出"基准面"对话框；选取右视基准面作为基准面参
考平面，在 文本框中输入数值 105；单击 按钮，完成基准面 7 的创建。

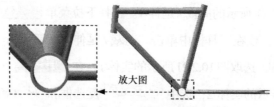

图 10.2.24　剪裁 / 延伸 3

Step19. 创建图 10.2.26 所示的草图 3。选择下拉菜单 插入(I) ➡️ ▦ 草图绘制 命令；选取基准面 7 作为草图基准面，在草绘环境中绘制图 10.2.26 所示的直线；单击绘制的直线，在系统弹出的"线条属性"对话框的 选项(O) 区域选中 ☑ 作为构造线(C) 复选框；选择下拉菜单 插入(I) ➡️ ▢ 退出草图 命令，退出草图设计环境。

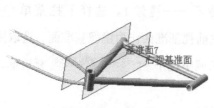

图 10.2.25　基准面 7

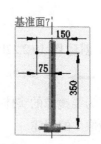

图 10.2.26　草图 3

Step20. 创建 3D 框架草图 1。在工具栏中单击"3D 草图基准面"按钮 ▦，系统自动进入 3D 草绘环境；选取 Step19 创建的草图 3 中的构造线为 第一参考，单击 ✗ 按钮，选取基准面 7 为 第二参考，在 ⚃ 文本框中输入角度值 35，如图 10.2.27 所示；选中 ☑ 反向(D) 复选框；单击该对话框中的 ✅ 按钮，完成 3D 基准面的创建。把 3D 基准面拖到合适大小，绘制图 10.2.28 所示的 3D 草图 1；选择下拉菜单 插入(I) ➡️ ▦ 基准面上的 3D 草图 命令，再选择下拉菜单 插入(I) ➡️ ▦ 3D 草图(3) 命令，完成 3D 草图 1 的绘制。

图 10.2.27　定义参考

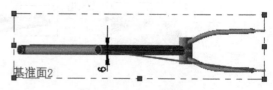

图 10.2.28　3D 草图 1

Step21. 创建结构构件 5。

（1）选择命令。选择下拉菜单 插入(I) ➡️ 焊件(W) ▸ ➡️ ▦ 结构构件(S)... 命令，或在工具栏中单击"结构构件"按钮 ▦。

（2）定义各选项。在 标准: 下拉列表中选择 user 选项，在 Type: 下拉列表中选

择 `cylinder` 选项，在 `大小:` 下拉列表中选择 `15×10` 选项。

（3）定义路径线段。选取 3D 草图 1 为路径线段。

（4）单击对话框中的 ✅ 按钮，完成结构构件 5 的创建，如图 10.2.29 所示。

图 10.2.29　结构构件 5

Step22. 创建剪裁 / 延伸 4。

（1）选择命令。选择下拉菜单 `插入(I)` ➡ `焊件(W)` ➡ `剪裁/延伸(T)...` 命令，或在工具栏中单击"剪裁 / 延伸"按钮 ⬚。

（2）定义边角类型。在 `边角类型` 区域中单击"终端剪裁"按钮 ⬚。

（3）定义要剪裁的实体。选取图 10.2.30 所示的实体 1。

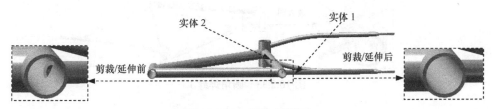

图 10.2.30　剪裁 / 延伸 4

（4）定义剪裁边界。在 `剪裁边界` 区域中选中 ⦿ `实体(B)` 单选项，选取图 10.2.30 所示的实体 2，选中 ☑ `预览(P)` 复选框和 ☑ `允许延伸(A)` 复选框。

（5）单击对话框中的 ✅ 按钮，完成剪裁 / 延伸 4 的创建，如图 10.2.30 所示。

Step23. 创建图 10.2.31 所示的剪裁 / 延伸 5。剪裁 / 延伸 5 的创建方法与剪裁 / 延伸 4 相似，这里不再赘述。

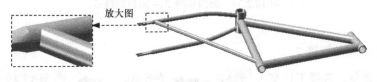

图 10.2.31　剪裁 / 延伸 5

Step24. 创建图 10.2.32b 所示的零件特征——镜像 2。

（1）选择命令。选择下拉菜单 `插入(I)` ➡ `阵列/镜向(E)` ➡ `镜向(M)...` 命令。

（2）定义镜像参数。选取前视基准面作为镜像基准面，选取图 10.2.32a 所示的实体作为要镜像的实体，在 `选项(O)` 区域中选中 ☑ `延伸视象属性(P)` 复选框。

（3）单击 ✓ 按钮，完成镜像 2 的创建。

a) 镜像前　　　　　　　　　　　　　　　b) 镜像后

图 10.2.32　镜像 2

Step25. 创建圆角焊缝 1。

（1）选择命令。选择下拉菜单 插入(I) ➡️ 焊件(W) ➡️ 🔧 圆角焊缝(B)... 命令。

（2）定义"圆角焊缝"各参数。在 箭头边(A) 区域的下拉列表中选择 全长 选项，在 🔧 文本框中输入数值 4，选中 ☑ 切线延伸(G) 复选框，选取图 10.2.33 所示的面 1 和面 2。

（3）单击对话框中的 ✓ 按钮，完成圆角焊缝 1 的创建。

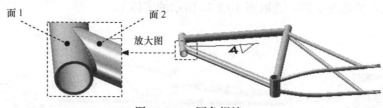

面 1　　　　　面 2　　　　　放大图

图 10.2.33　圆角焊缝 1

Step26. 创建图 10.2.34 所示的圆角焊缝 2 ~ 圆角焊缝 6。圆角焊缝 2 ~ 圆角焊缝 6 的创建方法与圆角焊缝 1 相似，这里不再赘述。

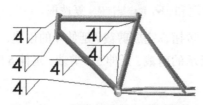

图 10.2.34　圆角焊缝 2 ~ 圆角焊缝 6

Step27. 创建圆角焊缝 7。

（1）选择命令。选择下拉菜单 插入(I) ➡️ 焊件(W) ➡️ 🔧 圆角焊缝(B)... 命令。

（2）定义"圆角焊缝"各参数。在 箭头边(A) 区域的下拉列表中选择 全长 选项，在 🔧 文本框中输入数值 3，选中 ☑ 切线延伸(G) 复选框，选取图 10.2.35 所示的面 1 和面 2。

（3）单击对话框中的 ✓ 按钮，完成圆角焊缝 7 的创建。

Step28. 用 Step27 的方法依次创建剩下的所有交叉的焊件之间的焊缝。

图 10.2.35　圆角焊缝 7

Step29. 至此，零件模型创建完毕。选择下拉菜单 文件(F) ➡ 保存(S) 命令，将模型命名为 bick_frame，保存零件模型。